海洋信息化项目建设及信息管理系统开发案例

曹丽娟　姜万钧　尹　杰◎编著

黑龙江科学技术出版社
HEILONGJIANG SCIENCE AND TECHNOLOGY PRESS

图书在版编目（CIP）数据

海洋信息化项目建设及信息管理系统开发案例 / 曹
丽娟, 姜万钧, 尹杰编著. -- 哈尔滨 : 黑龙江科学技术
出版社, 2024. 8. -- ISBN 978-7-5719-2630-4

Ⅰ . P75

中国国家版本馆CIP数据核字第2024FL0233号

海洋信息化项目建设及信息管理系统开发案例
HAIYANG XINXIHUA XIANGMU JIANSHE JI XINXI GUANLI XITONG KAIFA ANLI

作　　者	曹丽娟　姜万钧　尹　杰	
责任编辑	回　博	
封面设计	吉　祥	
出　　版	黑龙江科学技术出版社	
	地址：哈尔滨市南岗区公安街70-2号　邮编：150007	
	电话：（0451）53642106　传真：（0451）53642143	
	网址：www.lkcbs.cn	
发　　行	全国新华书店	
印　　刷	哈尔滨午阳印刷有限公司	
开　　本	710mm×1000mm　1/16	
印　　张	17	
字　　数	260千字	
版　　次	2024年8月第1版	
印　　次	2024年8月第1次印刷	
书　　号	ISBN 978-7-5719-2630-4	
定　　价	69.00元	

内容提要

本书围绕海洋管理和信息化建设任务，阐述了海洋管理信息系统建设与信息化项目研究的基本流程和框架结构。全书共收录了八个案例，案例1至案例5为海洋管理及业务信息系统建设，案例6至案例8为海洋信息化课题研究，涵盖了海洋行政执法、海洋督察、海洋环境保护、海洋观测数据传输等业务领域，在一定程度上促进了海洋管理工作的信息化、规范化与标准化。本书适合海洋信息管理与信息系统建设从业者阅读。

前　　言

本书收录了作者近十年从事海洋业务工作开展的信息化项目研究与系统开发案例，是作者对过去十年海洋信息化工作的回顾和总结，希望能对后续工作和行业内相关信息化建设提供一些经验借鉴。其中，"海洋环境基础数据可视化与专题图制作的研究"利用 GIS 制图模板技术，设计了海洋观测要素专题图可视化信息模型，实现了海洋要素专题图动态批量成图功能。"海洋行政执法信息化管理研究与应用实践"着重研究了海洋行政执法信息化管理机制，实现了执法信息的分类存储、在线检索、综合应用、业务流转与在线办公。"海洋疏浚倾废船舶动态监视监控数据判读与作业合法性研究"通过数据提取、作业分区、船舶航速、航向、吃水变化等信息分析倾废作业状态，设计船舶违章作业判定方法，输出船舶运行轨迹和作业记录，为违章倾废监管取证提供实测数据。"海洋环境保护行政审批办事大厅系统"实现了北海区海洋石油勘探开发环境保护监管工作的在线报批、业务流转、分级管理、传输交换与共享服务。"在线海洋督察综合业务平台"以海洋例行督察、专项督察、审核督察为核心业务，开发了 Web 端和移动端信息系统，通过 VPN 或业务专线实现数据汇交和远程推送。"海洋观测实时数据传输监控系统"通过实时观测数据的提取、分析与统计，排查数据异常和故障类型，定位故障点，并修改地图标识，发出报警短信，为海洋观测实时资料传输监管工作提供信息技术支持。

本书由曹丽娟主笔编著。姜万钧、尹杰两位领导对全书编排给予了专业指导。王金磊、林杨参与了案例 2 虚拟化资源配置、网络安全防护部分内容的编写，雷艳参与了案例 3 "海督通"部分内容的编写，陈烽参与了案例 4 基础数据部分内容的编写，高延铭主任对案例 4 的编写给予了专业指导，在此表示感谢。限于编者的学识和水平，书中难免存在缺点和错误，诚望读者批评指正。

作者

2024年8月27日

目　　录

案例 1
海洋观测实时数据传输监控系统

1.1 项目背景

海洋观测站点、站位浮标、雷达等海洋观测方式具有全天候、全天时和自动化观测特点，是海洋观测预报和防灾减灾业务体系的重要组成部分，在我国海洋环境立体观测网中起到重要作用。海洋观测实时资料的有效传输与监管是自然资源部各海区局一项重点任务，历年来，各海区局根据业务职责，组织海区信息中心、中心站等相关单位积极开展工作，经过多年的业务化建设，已经建成一套完整的包括数据采集、传输、存储、监控与共享应用为一体的数据链路，形成海洋站、中心站、海区局和国家海洋信息中心逐级数据传送与实时分发共享的业务体系。随着工作的持续开展，在新形势下贯彻实施新发展理念，围绕新发展格局，推动高质量发展的战略部署，对实时观测数据质量提出了更高的要求，既要保证实时观测数据的时效性和完整性，又要重点监控实时数据的到报质量，以提高实时观测数据的有效率。在此背景下，海区业务承担单位北海信息中心按照工作要求，积极探索实时观测数据有效率的判定方法，开展海洋观测实时资料传输监控系统升级建设工作，以实时数据采集、传输、存储与统一管理为基础，参考借鉴相对成熟的海洋观测延时数据质量控制方法，运用软件技术、GIS 技术、数据库技术实现系统升级开发，力求通过对实时数据的提取、分析与统计，及时排查出实时数据到报率和有效率异常的回传数据，同时分析研判故障类型和故障点，在监控系统地图中加以标识，并发出告警短信通知相关海洋站及时检查与修复，进而为海洋观测实时资料传输监管工作提供技术支撑与信息服务。

1.2 现状分析

根据任务要求，北海信息中心负责北海区海洋观测实时资料传输业务化运行和管理技术支撑，开展北海区海洋观测实时资料的接收、存储、传输和管理工作，负责北海区立体观测网数据传输状况在线监控，负责编制海洋观测实时资料数据和质量情况统计月报和年报，并根据自然资源部的统一部署和相关标准规范要求，做好地方海洋观测网运行的监督管理。

1.2.1　网络建设情况

前期开展的"国家海洋信息通信网建设地面专网整合"工作已完成多网整合，将原数字海洋网、海域网、行政财务网、观测数据网和预警报视频会商网逐个剥离并撤销线路，统一组建整合为海洋信息通信网地面专网。整合后的地面专网北海区节点包括局本部 1 个办公楼、局属 5 个中心站及 15 个海洋站，共计 21 个专线节点。

为保证海洋观测实时数据传输的时效性、连续性和完整性，网络连接最佳状态是前端测点与海洋站、海洋站与中心站、中心站与海区局之间同时开通地面专网和无线网（4G、微波、北斗等），形成双线互备传输链路，在地面专网线路发生故障的情况下，传输软件能够及时跳转至无线网进行数据传输，以保证分钟数据的时效性。继地面专网整合工作之后，通过北海预警监测处组织协调，北海信息中心、海区中心站和海洋站多方努力，共同建设完善了地面专网和无线网络，使各海洋站至中心站和海区局之间基本具备双网传输线路。

通过业务调研了解到，由于前端测点受地理条件限制，地面专网整合未纳入建设范围，目前前端测点网络基本上以 4G 无线为主，少数与站部距离较近的测点通过串口通信，个别测点采用了无线微波和北斗。而在实际应用中，某些地区 4G 无线网络信号不稳定，太阳能电池板电力供应不足，经常出现断网现象。下一步需要集中力量加强前端测点网络建设，为实时数据传输提供安全稳定的网络传输链路。

1.2.2　系统建设情况

根据北海局工作任务，北海信息中心于 2019 年初着手接管海洋观测实时资料传输与监管工作。首先以塘沽海洋站为试点进行了传输系统功能升级，在保证现有运行网络数据正常传输的基础上，增加信息中心数据传输节点，同时解决了地面专网和无线网络的双路传输与单网故障后的网络切换问题，保证实时数据的不间断传输。软件试运行状态稳定后，北海信息中心先后接入北海区 47 个业务化运行海洋站点实时数据。在数据接收、存储与统一管理的基础上，开发建设了北海区海洋观测数据传输状态监控系统，分为单机版后台数据处理与分析系统和网络版大屏幕状态显示与查询系统。单机版系统用于海洋站点基本信息管理、监控实时报文的到报情况和报文到报率统计输出。网络版系统用于各海洋观测站点数据传输状态的地图展示和值班监控。此后直至 2023 年，北海信息中心陆续接入浮标、志愿船、油气平台、雷达、GNSS 基准站和北海区省市地方海洋站点观测数据，本次系统升级建设应在前期工作基础上，完善海洋站点数据监控功能，同时集成上述新增数据，实现对各种类型数据的有效监控与管理。

1.3　建设目标

根据海洋观测实时数据传输与管理工作任务，进一步开发完善数据传输状态监控系统和大屏幕状态显示与查询系统，实现各种类型实时海洋观测资料的状态监控、分析判断与短信报警功能，实现观测数据要素的统计分析、在线查询、图表展示、浏览与输出功能，同时为海洋观测实时月报、年报的编报工作提供系统支持，为管理决策提供信息服务。

1.4　设计原则

系统建设遵循先进性、实用性、可靠性、可扩充性和安全性设计原则。

● **先进性**

系统在建设方案、开发设计、运行管理方面尽可能采用成熟先进的信息技术，系统的开发建设应采用软件工程学所倡导的开发模式及最新的理论、技术和方法，系统的设计应采用可视化技术、数据流与控制流集成化、软件功能部件化等最新分析设计方法。同时，考虑到系统的发展完善，在满足现期功能的前提下，系统设计应具有前瞻性，在今后较长时间内保持一定的技术先进性，以保证系统具有较长的生命周期。

● **实用性**

系统提供清晰、简洁、友好的人机交互界面，操作简便、灵活、易学易用，便于管理和维护；设计上充分考虑当前各业务层次、各环节管理中数据处理的便利和可行，把满足用户业务管理作为第一要素进行考虑。

● **可靠性**

系统软件采用技术成熟、应用广泛的软硬件平台和数据库管理软件。基础软件平台应选择应用广泛或通用性较强的软件，这对于将来的应用开发、数据安全及系统未来的扩展和应用范围的拓展均具有重要意义；部分应用软件自己开发，避免了低水平的重复开发现象。

● **可扩充性**

系统设计要考虑到业务未来发展的需要，要尽可能设计得简明，各个功能模块间的耦合度小，便于系统的扩展，满足不同时期的需要。对于存在旧有的数据库系统，则需要充分考虑兼容性。

● **安全性**

保证数据加工生产、传递、使用的安全性。严格遵循国家安全法规制度和总体方案数据安全管理要求，保证数据信息源的可靠性；实行专人负责制和信息使用认证制度，采取等级权限管理，保证特定用户使用特定数据；防止数据传输过程中的丢失和非法复制，确保数据的安全性。

1.5 建设内容

本次系统建设在前期开发的基础上，完善对海洋站点报文到报率的统计，完成浮标、志愿船、油气平台、雷达、GNSS 基准站和省市地方海洋站点报文文件的监控与中断报警及报文到报率的统计；完成观测数据要素到报率监控、数据质量监控、异常报警及要素到报率统计功能；完善大屏幕状态监控系统相关功能，增加浮标、志愿船、雷达等数据的实时状态监控；完善后台数据库，增加相应的观测要素表、状态分析表及关联表。保证所有观测数据统计值的准确性和完整性，可输出统计文档。

1.5.1 数据源

海洋观测实时数据传输与监控业务由 5 台虚拟服务器支撑，分别是海洋站实时报文监控服务器，海洋站实时报文接收服务器，浮标等实时报文监控服务器，浮标等实时报文接收服务器，浮标、志愿船、海洋站数据库服务器（图 1-1）。

海洋站和油气平台数据存储为文本格式，以区站号为扩展名，包含分钟报、整点报和正点报。海洋站数据已实时入库。

浮标、志愿船、雷达数据合成报存储为 XML 格式，本项目中浮标、志愿船数据需做实时读取、解析与入库处理。雷达、GNSS 数据应做到报文文件到报率的统计。

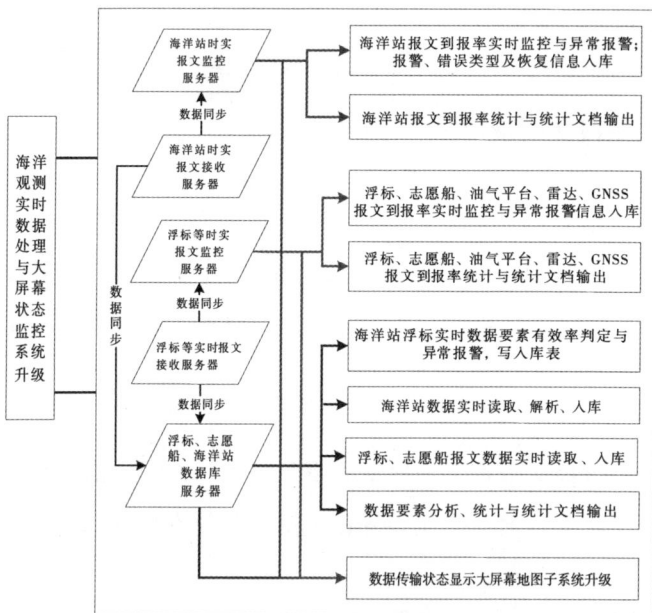

图 1-1 实时数据处理流程示意图

1.5.2 数据处理系统

根据海洋观测实时数据传输业务需求，将数据处理系统功能划分为三部分。一是观测数据实时解析入库，按照一定的规则读取报文文件，将水文和气象数据写入数据库，缺测数据写入时记录为空值。二是报文到报情况和数据质量实时分析判断与报警，系统实时监听文件接收变化情况，实现对缺测报文的状态记录；定时提取数据库数据，分别采用范围检验、相关性检验、连续性检验等方法，实现对缺测要素或异常要素值的判断；调用短信模板和平台接口发送报警短信。三是统计与报表输出，分别按照月度、年度或选择时段生成统计文档（图 1-2）。

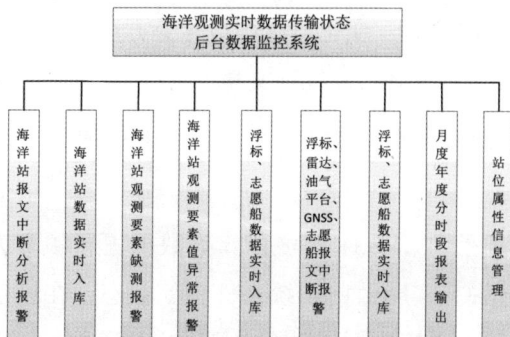

图 1-2 数据处理系统功能模块图

● **海洋站资料**

▶ 报文监控

对海洋站观测报文到报情况进行实时监控，实现报文传输中断及恢复报警功能，同时将报警信息、故障类型、恢复信息写入数据库。

▶ 入库报警信息

包括中心站、海洋站、故障类型、故障原因、中断时间、恢复时间。其中故障原因分为传输软件异常、停电、死机、无线网信号差、地面专线故障等，可后期更新录入。

▶ 要素监控

实现海洋站实时报文数据要素异常分析与报警，对设定时间段内持续缺测、超出要素有效值范围、要素值无变化等异常数据，及时发出报警信息，同时将故障类型写入数据库。

▶ 入库报警信息

包括中心站、海洋站、故障类型、故障原因、中断时间、恢复时间。其中故障类型包括要素值为空、要素值超出范围、要素值连续无变化等。

▶ 报警信息

实现报警信息查询与统计功能，提供报警记录的查询、浏览、故障类型更新录入与分类统计。

▶ 报文统计

在前期基础上完善海洋站报文文件到报率统计功能，可选择中心站、海洋站、时间段，可按照月度、年度或自定义时段统计，可导出 Excel 统计文档。

▶ 要素统计

实现海洋站实时数据要素到报率及有效率统计，提取海洋站实时入库数据，根据要素范围检验、连续性检验、变化连续性检验等方法，分析水文、气象各类要素值的有效情况，统计结果导出 Excel 统计文档。

● **浮标、雷达、志愿船等类型资料**

▶ 报文监控

北海区浮标、志愿船、GNSS、X 波段雷达数据更新频率为 1 小时，地波雷达数据更新频率为 10 分钟，实时监听系统文件更新状态，在设定时间段内（可根据实际情况更新配置文件）未接收到实时报文则发出报警信息，报文恢复传输时发送恢复确认短信。

▶ 实时数据入库

实现浮标、雷达、志愿船实时报文数据读取入库功能，实时读取 XML 数据报文，提取要素值写入数据库表。

▶ 浮标监控

浮标回传位置信息偏离站位坐标时发出报警信息。

▶ 报文统计

实现浮标、志愿船、雷达、油气平台、GNSS 等报文文件到报率统计，可统计月度、季度、年度值，统计值包括文件大小，可导出 Excel 统计文档。

▶ 要素统计

实现浮标、志愿船实时数据要素到报率及有效率统计，根据给定观测要素有效值范围，提取分析入库数据，统计结果导出 Excel 统计文档。

1.5.3 大屏幕状态监控系统

1）地图中显示观测要素值异常标识图标。

2）鼠标悬停弹出信息窗口，显示最新数据信息。

3）图层按照中心站及下辖海洋站顺序排列。

4）地图中海洋站加载显示站名标签。

5）地图中增加浮标、志愿船、油气平台、GNSS 站位分类标签。

6）点击地图图层，放大地图及中心地位。

7）地图中增加志愿船历史轨迹加载显示。

8）优化数据传输网络状态监控，通过 ping 前端地址和海洋站工控机地址，判断并标识网络故障节点。

9）增加海洋站数据要素统计图表功能。

10）增加实时数据分时段查询导出功能。

11）调整大屏幕主页布局，划分为五大板块，分别为地图系统、实时报文接收状态、数据要素接收状态、数据传输故障异常报警信息和观测数据要素统计图表（图 1-3）。

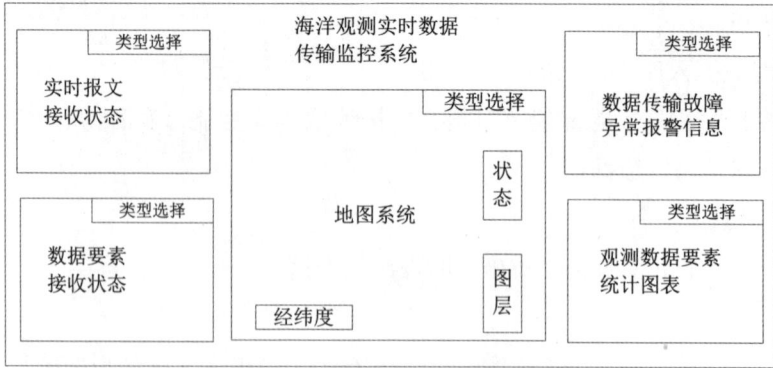

图1-3 大屏幕监控系统示意图

1.6 系统架构设计

1.6.1 设计要求

分离关注点,将应用划分为在功能上尽可能不重复的功能点。主要的参考因素是最小化交互,高内聚、低耦合。

▶ 职责单一

每一个组件或者模块应该只有一个职责或者功能,功能要内聚。

▶ 最小知识原则

一个组件或者对象不应掌握其他组件或者对象的内部实现细节。

▶ 不重复原则

特殊的功能只能在一个组件中实现,在其他组件中不应该有副本。

▶ 最小化预先设计

只设计必需的内容。若是应用需求不清晰,不要做大量的预先设计。

系统开发要求符合软件开发标准规范,拥有完整的开发过程文档资料。系统应该达到系统设计的功能性目标和非功能性目标,功能性目标应该符合技术方案中设计的功能,非功能性目标应符合性能参数、安全性、扩展性、部署方便性、可用性等,整体系统应达到成熟、完整、易操作、功能完善等各项标准。

1.6.2 性能要求

项目性能指标约束前提为网络环境、硬件环境、软件环境均满足给定的指标,在此次基础上,系统性能指标的设定将严格按照系统设计进行,本系统保证多用户并发访问时的可靠性和性能不受到严重影响。系统从总体上要求具有方便、实用、开放、先进、安全、可靠的架构。系统需要满足的性能如下：

● **系统并发处理能力**

内网 50 个用户并发。

最大浏览、查询、定位响应指标不超过 2 秒，不包括长事务处理。

● **系统访问控制**

系统的访问控制按用户权限进行限制。

● **单用户的系统性能**

单用户的总体平均响应指标为 2 秒内。

● **安全性和灾难恢复**

采用原系统安全验证和灾难恢复机制。

● **运行长效性**

系统 7×24 小时的连续运行，平均年故障时间（MTBF）≤ 5 天，平均故障修复时间（MTTR）≤ 24 小时。

1.6.3　总体架构

1.6.3.1　数据处理系统

数据处理系统采用 .NET 平台 C# 编程语言开发，构建 CS 结构的软件系统，对数据报文到报情况、数据要素有效率进行实时分析与处理。数据处理系统包括 5 个系统模块，分别是实时更新报文到报率和缺测报文信息、实时监控网络状态及故障率、数据要素信息及实时更新统计、站位管理和统计报表导出。

1.6.3.2　大屏幕监控系统

大屏幕监控系统架构将采用 Spring Boot 框架，支持 CAS 单点登录，默认所有数据均通过 RESTful 读取。如果需要 JavaScript 直接读取数据，可考虑使用 DWR 等框架并通过 JSON 传递数据，所有字符串定义、常量定义和关键字定义必须使用独立的 JavaScript 资源文件（图 1-4）。

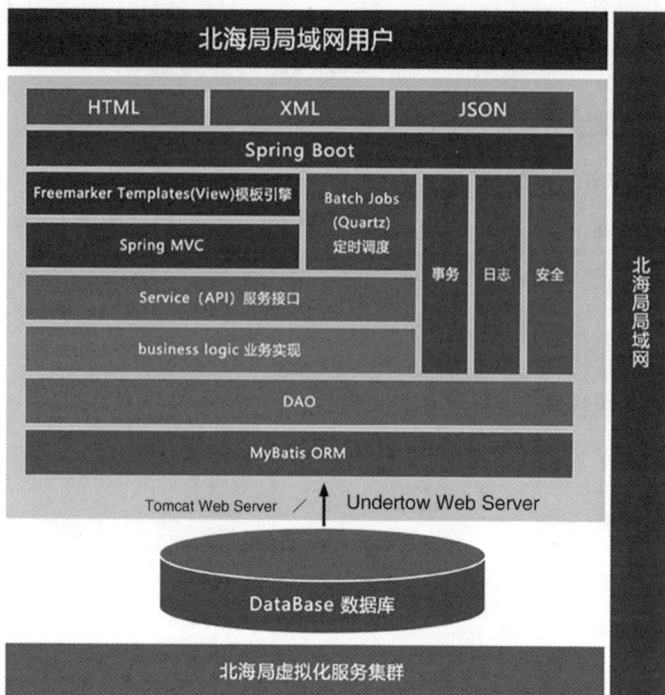

图 1-4　系统架构图

1.6.3.2.1　Spring Boot 微服务架构

Spring Boot 是由 Pivotal 团队提供的全新框架，其设计目的是用来简化新 Spring 应用的初始搭建以及开发过程。该框架使用了特定的方式来进行配置，从而使开发人员不再需要定义样板化的配置。通过这种方式，Spring Boot 致力于在蓬勃发展的快速应用开发领域（rapid application development）成为领导者。

Spring Boot 为基于 Spring 的开发提供更快的入门体验，开箱即用，没有代码生成，也无需 XML 配置，同时也可以修改默认值来满足特定的需求。Spring Boot 提供了一些大型项目中常见的非功能特性，如嵌入式服务器、安全、指标、健康检测、外部配置等。Spring Boot 并不是对 Spring 功能上的增强，而是提供了一种快速使用 Spring 的方式。

1.6.3.2.2　AJAX 安全技术

AJAX（Asynchronous JavaScript + XML）是 Web 浏览器技术的集合体，它允许 Web 页面内容飞速地更新而无需刷新页面。在使用 AJAX 的 Web 页面背后，数据（通常格式化为 XML，但也可以是 HTML、JavaScript 等格式）在 Web 服务器与客户端浏览器之间来回传输。比如在 Gmail 应用场景中，新的邮件信息被自动接收和显示。在 Google Maps 应用场景中，用户可以通过鼠标拖拽的方式在地图中的街区之间穿梭漫游。这种执行异步数据传输的机制是一个嵌入在所有现代 Web 浏览器内部的、被称为 XML HTTP Request（XHR）的软件库。XHR 是 Web 站点获得 AJAX 商标的关键。另外，它也是一些实现了奇思妙想的 JavaScript。

1.6.3.2.3　数据获取方式

默认所有数据使用 REST 风格的 Soap 协议进行数据的获取。因为 RESTful 简化了 Web Service 的设计，不再需要 wsdl，也不再需要 Soap 协议，而是通过最简单的 HTTP 协议传输数据（包括 XML 或 JSON）。它既简化了设计，也减少了网络传输量（因为只传输代表数据的 XML 或 JSON，没有额外的 XML 包装）。使用 TCPMON 这个工具监控一下，可以看到 HTTP body 中只是简单的 JSON 串，没有像 Soap 协议那样的 "信封" 包装，使用 RESTful 设计风格传输 JSON 数据格式可以大大地简化 Web Service 的设计并提高传输效率。

REST 被重视，很大一方面原因是其具有高效以及简洁易用的特性。这种高效一方面源于其面向资源接口设计以及操作抽象简化了开发者的不良设计，同时也最大限度地利用了 HTTP 最初的应用协议设计理念。REST 能够很好地融合当前 Web2.0 的很多前端技术来提高开发效率。

REST 特别适合对于效率要求很高，但是对于安全要求不高的场景。本系统运行在内网，可天然屏蔽掉一些攻击。另外在安全性上，我们将做好三件事：

1）对客户端做身份认证，即增加签名参数。

2）对敏感的数据做加密，并且防止篡改。

3）系统中将用户认为重要的数据进行加密返回。

1.6.3.3　数据库平台

SQL Server 是一个关系数据库的管理系统，它最初是由 Microsoft Sybase 和 Ashton-Tate 三家公司共同开发的，于 1988 年推出了第一个 OS/2 版本。在 Windows NT 推出后 Microsoft 与 Sybase 在 SQL Server 的开发上就分道扬镳了。Microsoft 将 SQL Server 移植到 Windows NT 系统上，专注于开发推广 SQL Server 的 Windows NT 版本，Sybase 则较专注于 SQL Server 在 UNIX 操作系统上的应用。目前 SQL Server 一般都指 Microsoft SQL Server，简称为 SQL Server 或 MS SQL Server。微软 2012 年 3 月 8 日正式宣布已经面向制造商发布了 SQL Server 2012，包括三大

主要版本：企业版（Enterprise）、标准版（Standard）、商业智能版（Business Intelligence）。SQL Server 2012 发布时还包括了 Web 版、开发者版本以及精简版。

Microsoft SQL Server 是微软推出的大型的关系数据库，适合重型企业使用。它建立于 Windows 的可伸缩性和可管理性之上，提供功能强大的客户/服务器平台，高性能客户/服务器结构的数据库挂历系统可以将 Visual Basic，Visual C++ 作为客户端开发工具，而将 SQL Server 作为存储数据的后台服务器软件。随着 SQL Server 产品性能的不断扩大和改善，已经在数据库系统领域占有非常重要的地位。

全新一代 SQL Server 2012 为用户带来更多全新体验，独特的产品优势使用户获益良多。企业版是全功能版本，而其他两个版本则分别面向工作组和中小企业，所支持的机器规模和扩展数据库功能都不一样，价格方面是根据处理器核心数量而定的。

● **安全性和高可用性**

提高服务器正常运行时间并加强数据保护，无需浪费时间和金钱即可实现服务器到云端的扩展。

● **企业安全性及合规管理**

内置的安全性功能及 IT 管理功能，能够在极大程度上帮助企业提高安全性能级别并实现合规管理。

● **超快的性能**

在业界首屈一指的基准测试程序的支持下，用户可获得突破性的、可预测的性能。

● **快速的数据发现**

通过快速的数据探索和数据可视化对成堆的数据进行细致深入的研究，从而能够引导企业提出更为深刻的商业洞见。

● **可扩展的托管式自助商业智能服务**

通过托管式自主商业智能、IT 面板及 SharePoint 之间的协作，为整个商业机构提供可访问的智能服务。

● **可靠、一致的数据**

针对所有业务数据提供一个全方位的视图，并通过整合、净化、管理帮助确保数据置信度。

● **全方位的数据仓库解决方案**

凭借全方位数据仓库解决方案，以低成本向用户提供大规模的数据容量，能够实现较强的灵活性和可伸缩性。

● **根据需要进行扩展**

通过灵活的部署选项，根据用户需要实现从服务器到云的扩展。

● **解决方案的实现更为迅速**

通过一体机和私有云 / 公共云产品，降低解决方案的复杂度并有效缩短其实现时间。

● **工作效率得到优化提高**

通过常见的工具，针对在服务器端和云端的 IT 人员及开发人员的工作效率进行优化。

1.6.3.4　开发平台

● **地图开发平台 OpenLayers**

OpenLayers 是一个用于开发 WebGIS 客户端的 JavaScript 包。OpenLayers 支持的地图来源包括 Google Maps、Yahoo Map、微软 Virtual Earth 等，用户还可以用简单的图片地图作为背景图，与其他的图层在 OpenLayers 中进行叠加，在这一方面 OpenLayers 提供了非常多的选择。除此之外，OpenLayers 实现访问地理空间数据的方法都符合行业标准。OpenLayers 支持 Open GIS 协会制定的 WMS（Web Mapping Service）和 WFS（Web Feature Service）等网络服务规范，可以通过远程服务的方式，将以 OGC 服务形式发布的地图数据加载到基于浏览器的 OpenLayers 客户端中进行显示。OpenLayers 采用面向对象方式开发，并使用来自 Prototype.js 和 Rico 中的一些组件。

OpenLayers 是一个专为 WebGIS 客户端开发提供的 JavaScript 类库包，用于实现标准格式发布的地图数据访问。从 OpenLayers2.2 版本以后，OpenLayers 已经将所用到的 Prototype.js 组件整合到了自身当中，并不断在 Prototype.js 的基础上完善面向对象的开发，Rico 用到的地方不多，只是在 OpenLayers.POPup.AnchoredBubble 类中圆角化 DIV。

OpenLayers2.4 版本以后提供了矢量画图功能，方便动态地展现"点、线和面"这样的地理数据。

在操作方面，OpenLayers 除了可以在浏览器中帮助开发者实现地图浏览的基本效果，比如放大（Zoom In）、缩小（Zoom Out）、平移（Pan）等常用操作之外，还可以进行选取面、选取线、要素选择、图层叠加等不同的操作，甚至可以对已有的 OpenLayers 操作和数据支持类型进行扩充，为其赋予更多的功能。例如，它可以为 OpenLayers 添加网络处理服务 WPS 的操作接口，从而利用已有的空间分析处理服务来对加载的地理空间数据进行计算。同时，在 OpenLayers 提供的类库当中，它还使用了类库 Prototype.js 和 Rico 中的部分组件，为地图浏览操作客户端增加 AJAX 效果。

● .NET 开发平台

Microsoft.NET 是 Microsoft.NET XML Web Services 平台。XML Web Services 允许应用程序通过 Internet 进行通信和共享数据，而不管采用的是哪种操作系统、设备或编程语言。Microsoft.NET 平台提供 XML Web Services 并将这些服务集成在一起，为个人用户提供的好处是无缝的、吸引人的体验。通俗点来讲就是设计了一套接口，这套接口可以部署到任何操作系统（前提是有人去部署，目前微软只部署了自家的 Windows 操作系统），然后所有调用该接口的软件都可以实现无缝连接通信等，目前针对这套接口最流行的开发工具就是微软自己做的 Visual Studio。

C#（读作"C sharp"）是一种编程语言，它是为生成在 .NET Framework 上运行的各种应用程序而设计的。C# 简单、功能强大、类型安全，而且是面向对象的。C# 凭借在许多方面的创新，在保持 C 语言风格的表现力和雅致特征的同时，实现了应用程序的快速开发。Visual C# 是 Microsoft 对 C# 语言的实现。Visual Studio 通过功能齐全的代码编辑器、编译器、项目模板、设计器、代码向导、功能强大且易用的调试器以及其他工具，实现了对 Visual C# 的支持。通过 .NET Framework 类库，可以访问许多操作系统服务和其他有用的精心设计的类，这些类可显著加快开发周期。

1.7　建设成果

北海区海洋观测数据传输与监控系统升级，从数据处理入库、数据接口、数据访问方式、后台统计分析、大屏幕控制几个方面优化原系统，完善报警机制，细化统计输出，增强地图信息可视化，实现了对各类海洋观测数据的实时状态监控。

案例 2
海上卫星数据接收存储与同步传输

2.1 项目背景

进入 21 世纪，海洋在国家经济发展格局和对外开放中的作用愈加重要，在维护国家主权、安全、发展利益中的地位更为突出，在国家生态文明建设中的角色更加显著，在国际政治、经济、军事、科技竞争中的战略地位明显上升。当今国际海洋形势正在发生深刻变革，突出表现为世界各主要海洋国家纷纷加强和调整海洋政策。以海权角逐为核心的海洋地缘战略争夺不断加剧，海洋领域的非传统安全威胁的影响日益凸显。在此背景下，中国的海洋安全面临着日趋严峻的挑战。

党的十八大报告明确指出："提高海洋资源开发能力，发展海洋经济，保护海洋生态环境，坚决维护国家海洋权益，建设海洋强国。"这是我们党准确把握时代特征和世界潮流，深刻总结世界主要海洋国家和我国海洋事业发展历程，统筹谋划党和国家工作全局而做出的战略抉择。党的十八大以来，以习近平同志为核心的党中央将建设海洋强国作为中国特色社会主义事业的重要组成部分和实现中华民族伟大复兴的重大战略任务。我国作为海洋大国，海洋事业关系民族生存发展状态，关系国家兴衰安危，习近平总书记关于建设海洋强国和军民融合发展的重要论述，为建设海洋强国、发展海洋事业提供了基本遵循和发展方向。

本项目是提高我国海洋综合实力、实施海洋强国战略的一项基础性工作，项目的实施将有效增强我国在中远海和远洋航线的实时监测和海洋环境信息收集能力，对于促进海洋科学研究、应对全球气候变化、加强海上交通运输与渔业生产安全、提高海上突发事件应急响应能力、保障和促进沿海地区经济社会发展、维护国家海洋权益具有重要作用。

2.2 建设目标和内容

2.2.1 建设目标

以市军民融合发展战略布局、统筹管理与总体规划为目标导向，充分利用北海信息中心完善的信息化安全防护体系、完备的信息化软硬件设施，建立稳定高效的互联网、局域网数据交换机制，通过卫星通信系统实现远洋志愿船观测数据实时稳定的接收、存储与内外网同步传输，数据经预报部门实时质量控制分析后，再通过专线网络传输至气象保障大队，实现共享应用。

2.2.2 建设内容

本项目建设内容主要包括专线网络搭建、宽带网升级建设、Coremail 邮件系统功能升级、志愿船测报卫星收发系统配置、安全隔离网闸系统配置、虚拟服务器环境搭建、数据传输系统升级开发以及网络安全设置，最终实现远洋志愿船数据实时稳定的接收、存储，并最终传输共享至气象保障大队内部网络。概括为以下三部分：

2.2.2.1 卫星数据的接收、解析与本地存储

搭建北海局至气象保障大队联通专用线路。

升级互联网联通光纤专线带宽至 100Mbps，延迟不高于 5ms，配套设置路由器、交换机、宽带接入服务器等设备。

升级自运维 Coremail 邮件服务系统，启用 POP3 邮局协议，实现客户端软件对邮件服务器电子邮件的线下管理。

配置志愿船测报卫星收发系统，实现卫星回传数据的实时读取、解析，生成符合船舶测报规范的报文文件。

合理规划虚拟化资源配置，搭建 1 台外网、2 台内网虚拟服务器，分别用于内外网数据同步传输和数据备份。

2.2.2.2 卫星数据的内外网同步传输

通过安全隔离网闸端口映射访问配置和网闸内部控制软件参数设置，访问内外网数据同步服务器的 IP 地址和端口所提供的指定服务，实现内外网主机通信和数据交换。

利用路由器、交换机等网络设备实现预报中心观测数据网和信息中心办公网的互联互通。

升级开发 FTP 数据传输系统，实现互联网服务器指定路径的实时监听，实时将新生成的船舶测报文件通过网闸同步传输至内网服务器，经预报部门质量控制后，再由内网数据传输系统实时传输至气象保障大队内网服务器。

2.2.2.3　网络安全设置

北海局内网应用系统防护体系具备抗 DDoS 攻击能力，具有防火墙、防毒墙、Web 防火墙等直路设备，具有 IDS、漏洞扫描、网络审计和安全态势感知旁路设备，保障完善的网络安全监控环境，有效实施系统安全监控，保证卫星数据安全稳定地接收与同步传输。

2.3　技术方案

2.3.1　海上卫星数据接收

本项目采用宽带网专线和邮件系统实现卫星数据的双路接收，保证数据接收的时效性、稳定性和完整性。北海信息中心具备自主运维的互联网邮件系统，通过启用 POP3 邮局协议，可实现志愿船测报卫星收发系统对服务器邮件的离线管理。为实施本项目，北海信息中心升级搭建了 100Mbps 联通宽带专线，用于实现宽带网专线数据接收（图 2-1）。

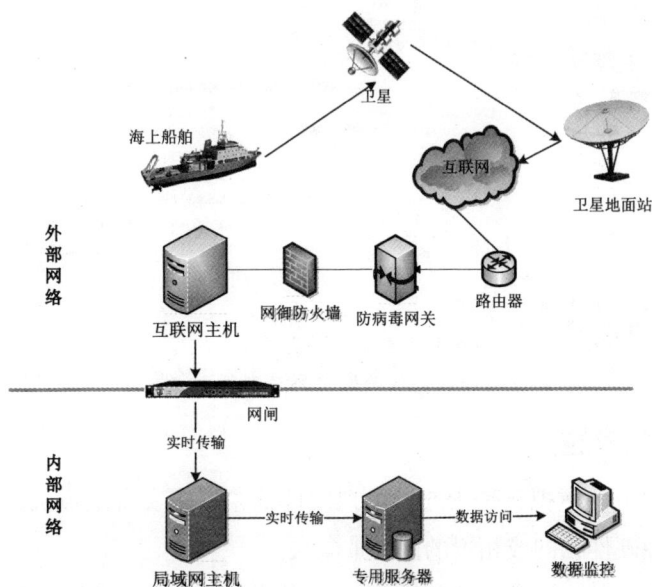

图 2-1　网络拓扑示意图

海上船舶观测数据通过卫星通信网发送至卫星地面站，通过互联网传送至北海信息中心数据接收主机，由船舶测报软件实时解析生成 XML 文件，然后通过安全隔离网闸同步至内网服务器，再实时传输至北海预报中心内部主机，供市气象保障大队实时访问，进而实现卫星数据的接收、存储、实时传输与共享应用。

2.3.1.1　联通线路接入

为满足项目建设要求，北海信息中心接入了一条 100Mbps 联通宽带专线，带有 30 个公网 IP 地址，为数据接收提供更优质的网络环境。

2.3.1.2　Coremail 邮件系统

北海信息中心具备自运维的 Coremail 安全邮件系统。为满足项目建设要求，对邮件系统进行 POP 功能模块升级，启用 POP3 邮局协议，负责处理终端用户发出的 POP3 请求，并按照 POP3 协议返回相应的信息。本项目 POP3 协议主要用于支持卫星数据接收软件远程管理在邮件服务器上的电子邮件。为增强邮件系统自身的安全性，Coremail 安全邮件系统提供全方位安全保障措施。系统自身防护具备内部防护和外部防护，内部防护即系统模块安全设计，外部防护即私有安全通信协议和系统安全管理控制机制，包括安全认证、系统攻击防护和个人邮箱安全防护（图 2-2）。

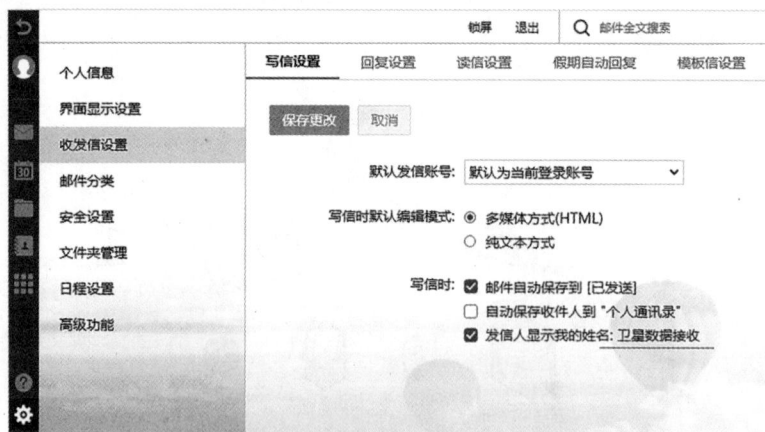

图 2-2　卫星数据接收专用账户界面

2.3.1.3　虚拟化资源配置

硬件抽象层上的虚拟化是指通过虚拟硬件抽象层来实现虚拟机，为客户机操作系统呈现和物理硬件相同或相近的硬件抽象层。

操作系统层上的虚拟化是指操作系统的内核可以提供多个相互隔离的用户态实

例。这些用户态实例对于用户来说就好似一台真实的计算机,有自己独立的文件系统、网络、系统设置和库函数等。

北海信息中心虚拟化平台由中心内外网所有服务器、存储硬件资源设备组成,通过对所有服务器、存储硬件设备资源的虚拟化建设,形成统一兼容、可无缝扩充的动态资源池,达到了所有硬件资源设备统一管理、高可用性的目的,为北海区信息化建设工作提供了稳定的运行资源环境支撑(图 2-3)。

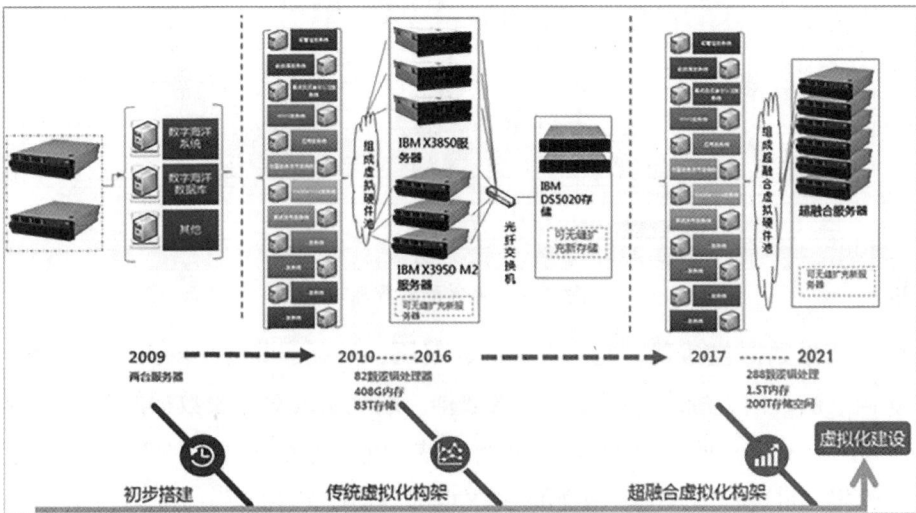

图 2-3　虚拟化架构示意图

北海信息中心虚拟化平台自 2010 年开始搭建使用,经过 9 年的不断完善,已经形成了一套标准的业务化运行体系,为中心和北海局各单位提供不间断的各类资源支持服务,提高了工作效率,极大地节省了人力资源及硬件资源。

为满足本项目硬件资源使用需求,搭建 1 台外网服务器、2 台内网服务器,分别用于内外网数据同步传输和数据安全备份。外网服务器提供志愿船测报卫星收发系统、数据传输系统运行与卫星数据实时接收,内网服务器提供数据实时同步、存储与管理。

2.3.1.4　志愿船测报卫星收发系统

志愿船测报卫星收发系统是原船舶测报系统的功能升级版,集成了卫星数据的邮件接收和网络接收功能。通过系统参数设置,配置 POP3 服务地址和授权码为北海信息中心卫星数据接收专用账户,即可接收与远程管理邮件;配置客户端 IP 为北海信息中心联通专线地址和端口,即可通过互联网专线接收卫星数据(图 2-4)。

图 2-4　系统配置界面

　　船舶测报数据包括真风速、真风向、气压、气温、湿度、皮温、能见度、航速、航向、航首向、经度、纬度等要素数据。系统实现对接收数据的解析、显示、存储、统计、查询、曲线恢复和生成船舶报表功能。系统生成多种符合船舶测报规范的航次报、可进行国际交换报文的 BBX 报及 XML 文件报等（图 2-5，图 2-6）。

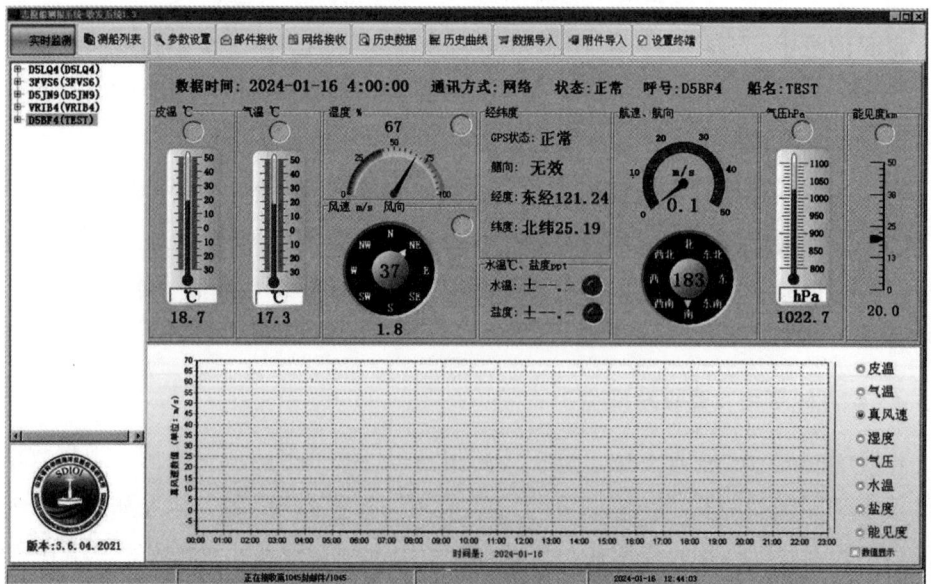

图 2-5　船舶测报数据实时监测界面

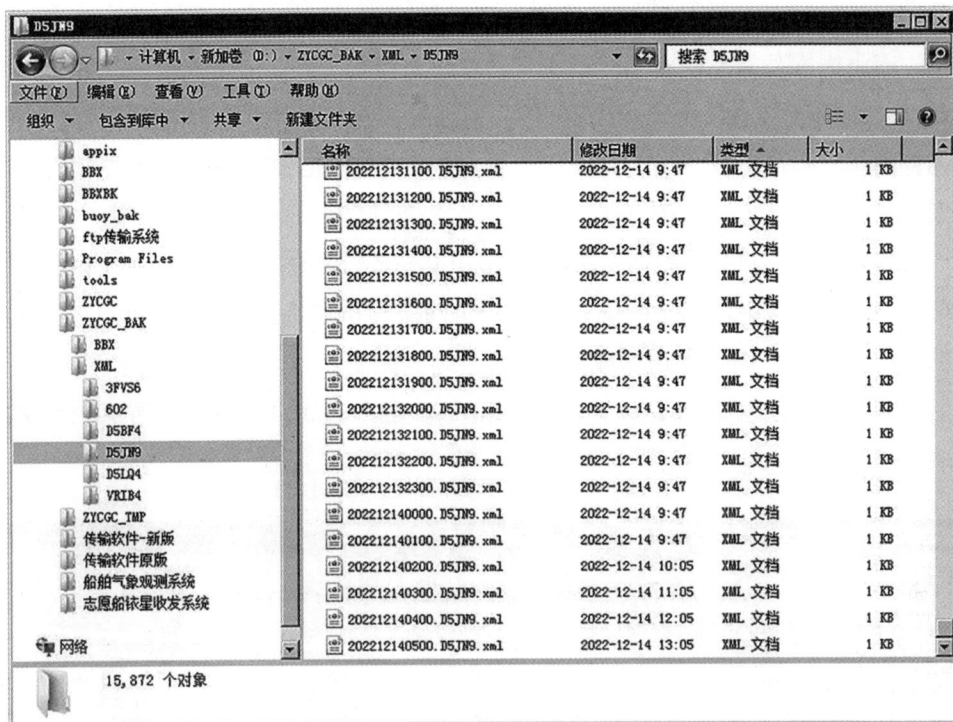

图 2-6　实时接收的志愿船测报文件界面

2.3.2　内外网数据同步

网闸作为拥有安全隔离与信息交换功能的网络安全设备，在企事业单位信息化业务工作中起到非常关键的作用。本项目使用网闸的映射功能，在网闸中配置外网数据接收服务器，使其能够访问内网服务器的 IP 和端口所提供的指定服务，实现内外网主机通信，然后使用数据传输软件实时监听数据文件的更新状态，进而实现卫星数据的内外网实时同步。

2.3.2.1　安全隔离网闸

安全隔离网闸是一组具有多种控制功能、由软硬件组成的网络安全设备，它在电路上切断了网络之间的链路层连接，并能够在网络间进行安全的应用数据交换。与同类产品比较，网闸具有更高的安全性和可靠性，作为目前业界公认的较为成熟可靠的网络隔离解决方案，在政府部门信息化建设中逐渐推广使用。网闸通过内部控制系统连接两个独立网络，利用内嵌软件完成切换操作。作为数据传递"中介"，网闸在保证内部网络与外部网络隔离的同时进行数据安全交换。

网闸工作原理在于，中断两侧网络的直接相连，剥离网络协议并将其还原成原始数据，用特殊的内部协议封装后传输到对端网络。网闸不依赖于 TCP/IP 和操作系统，而由内嵌仲裁系统对 OSI 的七层协议进行全面分析，在异构介质上重组所有的数据，实现了"协议落地、内容检测"。因此，网闸真正实现了网络隔离，在阻断各种网络攻击的前提下，为用户提供安全的网络操作、邮件访问以及基于文件和数据库的数据交换。

北海信息中心目前运行两台天融信 TopRules 系列安全隔离网闸，用于内外网数据传输。首先确定内外网服务器 IP 地址、子网掩码和网关，再确定经过网闸传输的数据端口及访问方向（外访内或内访外），确定需要经过网闸访问的内网 IP 地址，然后登录网闸管理端软件，设置外端机和内端机的 eth0 IP 地址，设置并启用 FTP 应用通道（图 2-7）。

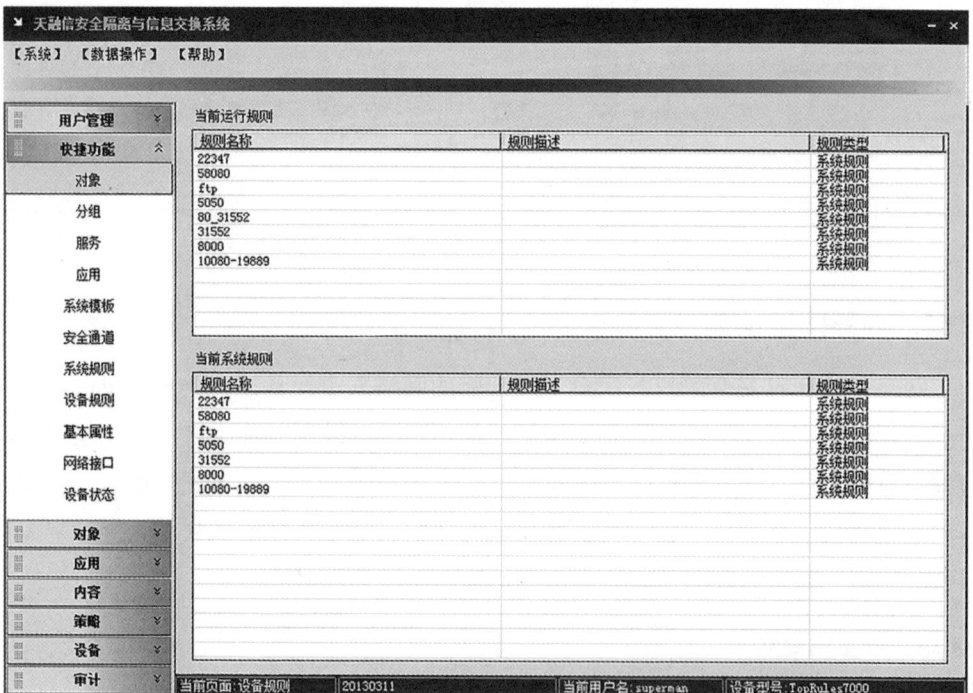

图 2-7 网闸管理端界面

2.3.2.2 数据传输软件

为满足项目建设要求，北海信息中心将升级开发 FTP 数据传输系统，实现数据的无间隔实时传输，以满足特定时期对特定海况信息的实时获取。数据传输采用 FTP 协议，用以实现海洋观测数据和预报信息产品的实时收集、存储、传输、管理等功能。由于数据传输量大，数据传输部分将采用 FTP 多线程数据传输技术、断点续传技术、自适应文件分割保存算法、多线程调度算法等，以提高大文件数据传输的效率。整个传输网络的每个传输节点都统一采用同一种传输系统软件，传输软件的配置支持权限控制，可由管理中心统一配置传输参数，具有远程自动升级功能、时钟同步功能。

2.3.2.2.1 系统总体框架

数据传输系统是基于 FTP 文件传输协议下的数据传输客户端。由于需要实时传输大量卫星回传数据，为了提高传输效率，系统需要设计多线程传输以及断点续传功能。总体功能设计如图 2-8：

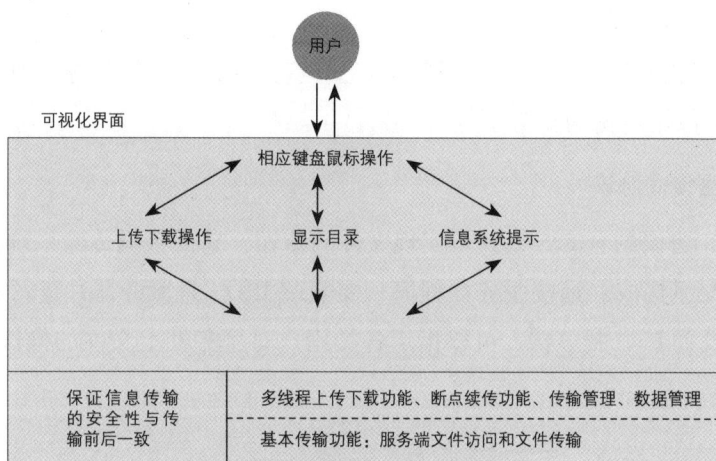

图 2-8 总体功能设计示意图

2.3.2.2.2 数据传输体系

数据传输体系采用节点分级的传输方式，从互联网服务器通过网闸配置 IP 地址和端口映射实现与内网机的通信，将数据实时传输至局域网服务器，再从局域网服务器实时传输至北海预报中心内网服务器和数据备份服务器。每个节点按照制定好的策略向下一节点进行数据传输，且允许并发传输。

采用单机数据传输模式的优点如下：

● **传输链路可控性**

每个节点在发起数据传输前须先同后台服务端进行连接，获取相关数据传输策略，并严格按照策略进行数据传输，便于监控和掌握每个节点数据传输动向，以实现对整个传输体系统一掌控。

● **需求变更适应性**

通过服务端策略设置来控制每个级别单数据传输走向，即便将来传输体系组织架构和传输需求发生改变，只需修改部分节点的策略就能够满足新的要求，而无需对软件系统进行重新开发。因此采用单级数据传输模式能够更好地适应需求变更带来的风险。

● **节点管理灵活性**

当需要新增或删除一个节点，须先同服务端进行连接，由服务端进行审核授权后才能将其迁入或移除传输体系，这给节点管理带来极大的便利性和灵活性。

● **数据传输安全性**

由服务端进行统一数据传输控制，禁止节点自行设定传输目标，避免了人为的干扰，保证了数据传输的安全性。

2.3.2.2.3 数据传输协议

采用 FTP 协议结合 C/S 模式可实现文件的传输，它由数据传输系统客户端程序和服务器端程序构成。远端服务器程序只要安装 IIS 信息服务器并进行相应的设置即可。通过设置 FTP 服务器，可以指定各类用户对服务器上文件的操作权限。FTP 系统模型如下（图 2-9）：

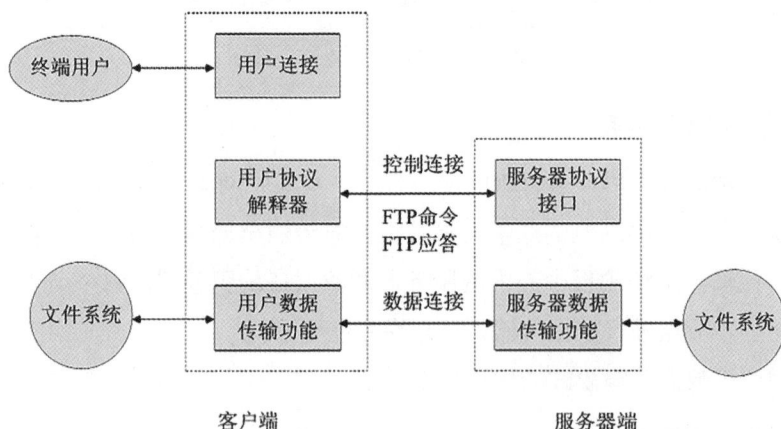

图 2–9　FTP 系统模型

FTP 应用的是 C/S 模式，即"客户端—服务器"模式，通过控制连接和数据连接这两个 TCP 连接通道完成文件传输的功能。控制连接负责传输命令和应答，数据连接负责文件数据传输。

● **控制连接**

服务端首先在 FTP 专用的 TCP 端口 21 建立监听，等待客户端连接，客户端主动连接到服务端 TCP 端口 21，建立控制连接。控制连接负责客户端与服务端之间的命令交互，它在两端通信过程中一直存在，直到 FTP 连接结束。

● **数据连接**

当需要进行文件数据传输时，客户端与服务端之间建立第二个 TCP 连接。数据连接的建立根据连接方向可分为主动连接（PORT）和被动连接（PASV）两种方式。PORT 方式，是由客户端开放自己的数据端口，让服务端主动连接到客户端；PASV 方式，是由服务端开放自己的数据端口，被动接收客户端的连接。数据连接用来在服务端和客户端之间传送文件或文件列表，数据发送结束后，通常以关闭数据连接作为文件发送结束的标志。因此，需要时建立数据连接，结束后及时关闭连接，下次文件传送重新建立数据连接。

2.3.2.2.4　功能描述

● **实时收集功能**

软件实时监听服务器指定文件目录，收集船舶测报与卫星收发系统生成的报文文件，自动存储至文件发送节点目录。

● **传输功能**

根据用户设置，通过 FTP 协议实现数据的上传与下载，实现北海信息中心内外网服务器，北海信息中心和预报中心内网服务器之间的数据传输。

选择本地待发送的文件，支持文件多选和文件夹的选择。数据传输功能支持断点续传、多线程下载、下载管理等功能，可节约客户端下载的时间，以及减轻服务器压力。

发送前从后端系统服务器获取相应权限和传输策略，根据策略设置，通过 FTP 协议实现数据的发送。

● **管理功能**

实现对数据传输功能进行管理，可对网络优先级、数据目录、FTP 上传、FTP 下载等进行设置，并可对数据上传、下载进行控制管理。

● **传输管理功能**

注册管理：第一次使用前须进行注册登记，后端审核通过方可进行操作。

节点管理：审核前端系统接入申请，增加节点、删除节点，修改节点参数，分配节点权限等。

数据传输策略管理：通过服务端权限设置控制前后端系统数据传输的流向，即可设置每个节点的发送对象。

● **日志管理**

管理数据传输、报警信息、用户登录、系统操作等记录。

● **系统管理**

设置和分配用户权限（图 2-10）。

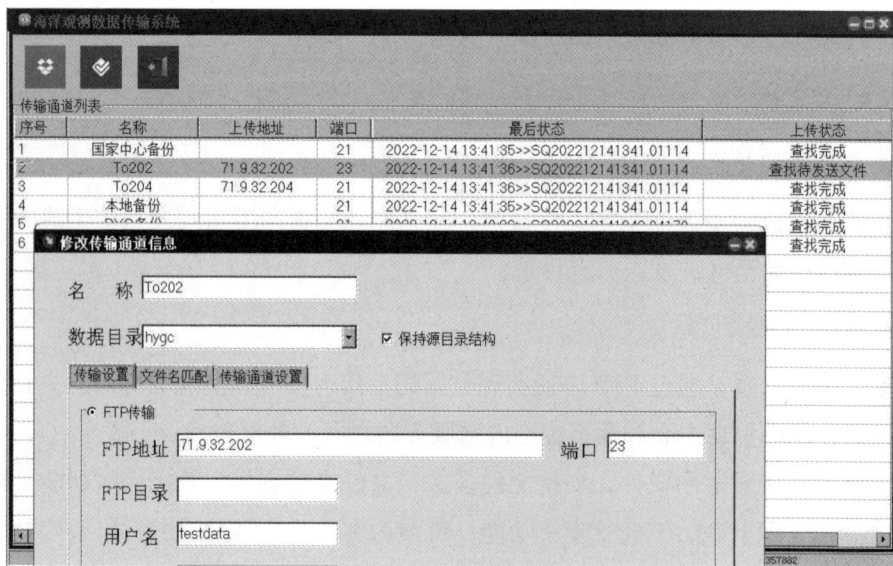

图 2-10　数据传输界面

2.3.2.2.5　系统设计关键技术

● **多线程传输技术**

数据传输系统在数据传输上需采用多线程传输技术来实现多个任务同时处理的功能，充分利用系统的资源，提高数据传输的效率。

● **断点续传技术**

在用户从数据传输系统客户端向服务器传输数据文件时，当遇上外界故障导致网络不通、传输中断的情况，系统会自动记录下文件已经传输完毕时的位置，再次连接后会从记录的传输中止处继续上传文件。采用这样的机制传输文件，既节省了上传的时间，也方便了用户。

● **自适应的文件分割保存算法**

数据传输系统除了通过采用断点续传和多线程技术来实现文件的传输功能外，还根据大体积文件的特点和多线程技术的需要提出了一种自适应的文件分割保存算法。该算法能够快速高效地完成大体积文件传输前的准备工作，为充分利用多线程技术高效率地传输文件做好基础。

在数据传输系统中，可通过使用多线程技术来实现大体积文件的快速传输。文件在传输前会被分割成固定大小的数据块，然后文件发送线程会将这些数据块发送到消息队列中等待多线程的传输。对于文件多线程传输前的动态压缩和分割功能的实现，数据传输系统提出了一种自适应的文件分割保存算法来加以解决。

● **多线程调度算法**

在系统执行任务时，并非开启的线程越多，执行的效率越高，使用过多的线程也可能会导致控制过于复杂甚至造成很多的 Bug。在数据传输系统中提出了一种基于网络状况的多线程调度算法用来调节线程的开启和关闭等相关操作，其可实现对线程池中多线程的管理和优化。

2.3.3　网络安全防护

网络安全主要是指网络硬件基础设施的安全和网络访问的安全，主要用于防范黑客攻击，如防火墙系统、入侵检测安全技术等。北海信息中心作为信息化服务与技术支撑部门，负责北海局互联网安全防护工作。为保证网络信息系统安全，降低外界系统和网络对内网数据的安全威胁，提高网络使用效率，保证网络的连续性，北海信息中心通过升级网络安全设备及安全系统平台，提高了网络的高可用性，进一步完善了网络安全防护机制。

2.3.3.1　网络设计

网络升级设备包括负载均衡、防火墙、上网认证服务器三台设备的备份设备安装，与已有设备形成"主 - 备"模式。通过部署监测管理平台、网络安全监测探针等，实现有效发现未知威胁攻击，达到从局部安全提升为全局安全、从单点预警提升为协同预警、从模糊管理提升为量化管理的效果。拓扑设计如图 2-11：

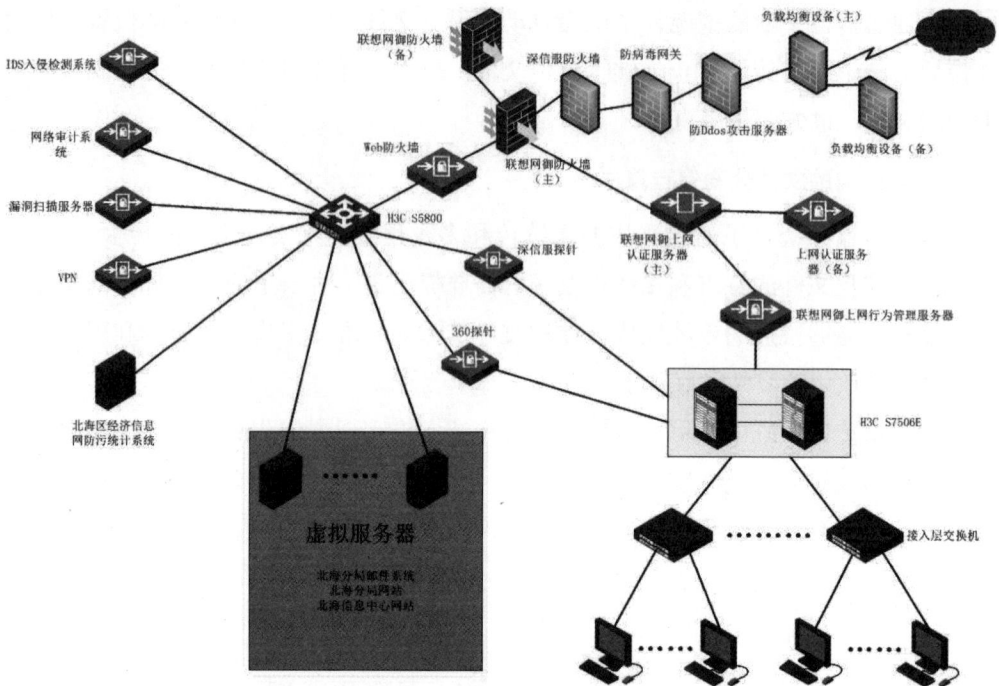

图 2-11　网络安全防护拓扑图

升级后的北海局互联网网络最外层是负载均衡设备，该设备能动态分配联通和电信线路的访问流量，同时互为冗余，当其中一条线路发生故障时，另一条线路能及时替代工作，保证网络访问不中断。负载均衡设备还提供端口映射功能，满足从外网访问内网服务器指定端口的需要。

负载均衡设备下联抗 DDoS 攻击服务器，用来防止来自外网的拒绝服务攻击。

抗 DDoS 攻击服务器下联防病毒网关，用以保护网络进出数据的安全。防病毒网关主要有以下功能：病毒杀除、关键字过滤、垃圾邮件阻止等。

防病毒网关下联下一代防火墙，用来防范僵尸木马、SQL 注入等网络攻击，保障互联网各业务的安全。

北海局互联网分用户区和服务器区，两个区域之间通过防火墙进行访问控制。只有特定的用户才能访问服务器区的设备。

服务器区和用户区安装了安全态势感知系统，可以对所有终端进行安全监测，对安全事件进行告警和分析。

服务器区安装了 Web 应用安全防护系统、网络审计系统、漏洞扫描系统、IDS、VPN 等安全设备，确保了分局各网站的稳定运行。

用户区安装了上网认证服务器、上网行为管理服务器，能对用户的上网行为进行有效的控制。安全局也安装了网络监控设备，能够记录用户的访问流量。

2.3.3.2　负载均衡

Internet 本质上是一种端到端（end-to-end）的技术，任何一个复杂的应用，最终都会归根于在 Client 和 Server 之间的数据交互，而其所经过 Internet 的环节却纷繁复杂。对于应用的运营者来说，其中的任何一个环节处理不好，都会导致业务无法正常提供或者效率低下。

Application Delivery Networks（ADN），正是面向于保障 Client 和 Server 之间稳定且高效的数据交互而提出的一套技术体系，其主要是面向基于浏览器（Web-Based）并借助于 Internet 向用户提供服务的业务模式。ADN 产品按照国际著名资讯机构 Gartner 的阐述，主要包含广域网优化 WAN Optimization Controller（WOC）和应用交付控制器 Application Delivery Controller（ADC）两个领域。广域网优化产品，主要是用于多个数据中心，或者总部和分支机构之间进行数据的压缩以提升传输效率，节约带宽成本。

ADC 产品是从负载分担（Load Balance）产品演进而来的，负载分担产品通过对外提供唯一的访问 IP 地址（虚拟服务），对内通过地址池（Pool）关联多个提供相同服务的节点（Server），这样就可以把进入的流量按照事先定义好的策略分发给这些服务器，同时监控这些服务器的状态，当某个节点失效时，可以把流量重新分配到其他正常的服务器上。运营者可以随时增加或者减少这组服务器的数目，以满足业务变化的需要。这样就实现了 Web 服务器侧的可用性和弹性扩展。

2.3.3.3　防火墙

防火墙是实现网络安全最重要的基础设施之一，而访问控制则是防火墙最基础也是最核心的安全特性。传统防火墙使用 IP 和端口信息作为其实现访问控制和流量分类的基础参数，然而在新一代业务环境下，新的攻击者通常对网络流量进行了伪装。此外，用户对带宽资源的管理需求也日益增强。面对海量应用、复杂攻击，传统防火墙基于 IP 和端口的分类方式难以有效落实管理意图，难以将安全控制能力有效落地。

启明星辰 T 系列防火墙从业务、用户、应用和行为的角度出发，重新实现了安全控制、流量分类、攻击防护和 QoS 等所有传统防火墙功能，并基于这些功能进行了高级抽象，提供用户策略、应用策略和行为策略等智能控制手段，有效解决了传统防火墙无法解决的问题。

2.3.3.4　安全感知系统

基于"看清业务逻辑、看见潜在威胁、看懂安全风险、辅助分析决策"的思路，此安全感知解决方案主要通过技术监测平台和相关安全监测服务共同实现，由安全感知系统建立基本的潜伏威胁检测和安全感知能力。通过部署潜伏威胁探针、全网安全感知可视化平台，构成持续检测、快速响应的技术架构。

2.3.3.4.1　潜伏威胁探针

在核心交换层部署潜伏威胁探针，通过网络流量镜像，在内部对用户到业务资产、业务的访问关系进行识别，基于捕捉到的网络流量，对内部进行初步的攻击识别、违规行为检测与内网异常行为识别。探针以旁路模式部署，简单且完全不影响原有的网络结构，降低了网络单点故障的发生率。此时探针获得的是链路中数据的"拷贝"，主要用于监听、检测局域网中的数据流及用户或服务器的网络行为，以及实现对用户或服务器的 TCP 行为的采集。

2.3.3.4.2　安全感知平台

在内网部署安全感知平台全网检测系统对各节点安全检测探针的数据进行收集，并通过可视化的形式为用户呈现内网业务资产及针对内网关键业务资产的攻击与潜在威胁，并通过该平台对现网所有安全系统进行统一管理和策略下发。

2.3.4　项目技术指标

项目技术指标见表 2-1。

表 2-1　项目技术指标表

序号	技术指标	指标参数
1	运行环境指标	提供本项目运行的数据中心机房环境。服务器 2 台，存储设备 1 台，服务器配置 2 颗 4 核以上 CPU，主频 2.0Hz，内存 8GB 及以上。存储设备的存储空间 1TB 及以上
2	互联网带宽指标	互联网带宽 10Mbps，延迟不高于 5ms
3	互联网安全指标	提供的安全设备及安全措施内容包含防火墙、防 DDoS 系统、Web 应用防火墙、安全运维审计系统、入侵检测系统、网络审计系统、防病毒网关、漏洞扫描系统、SSL VPN、防篡改系统、安全态势感知系统、网络防病毒系统、日志审计系统等

序号	技术指标	指标参数
4	网闸指标	性能要求：吞吐不少于 800Mbps，并发不少于 80000Mbps，延时小于 1ms； 内网接口：不少于 1 个 CONSOLE 口、3 个 10Mbps/100Mbps/1000Mbps 电口（其中包含 1 个管理口、1 个 HA 口）、2 个 USB 口，管理口与业务口相互独立，可扩展至 6 个 10Mbps/100Mbps/1000Mbps 电口和 4 个 SFP 插槽； 外网接口：不少于 1 个 CONSOLE 口、3 个 10Mbps/100Mbps/1000Mbps 电口（其中包含 1 个管理口、1 个 HA 口）、2 个 USB 口，管理口与业务口相互独立；可扩展至 6 个 10Mbps/100Mbps/1000Mbps 电口和 4 个 SFP 插槽，含全功能模块
5	电子邮件指标	具备自运维电子邮件系统； 电子邮件系统应具备 POP3 服务功能，便于客户端进行邮件管理； 电子邮件系统应具备反病毒库、反垃圾邮件安全防护能力
6	数据传输指标	系统功能要求：实时收集、存储、传输与管理接收数据；数据传输部分实现多线程技术、断点续传技术，保证数据传输时效性、完整性； 传输链路可控性：节点发起数据传输必须严格执行服务端定制策略，便于监控和掌握各节点传输动向； 需求变更适应性：通过服务端策略控制每个节点的数据传输走向，若传输需求发生变更，只需修改服务端策略； 数据传输安全性：由服务端进行统一的数据传输控制，禁止节点自行设定传输目标，保证数据传输安全性

2.4 总结

根据项目任务要求，北海信息中心已完成项目建设与部署，包括联通互联网 100Mbps 宽带专线升级；Coremail 邮箱系统 POP3 模块升级，建立了卫星数据接收专用邮箱并定期维护；搭建了互联网、局域网虚拟服务器 3 台，双核处理器、8G 内存，1T 硬盘空间，用于数据存储与内外网同步；完成志愿船测报和卫星接收系统在互联网主机的安装配置；完成安全隔离网闸系统配置，实现了内外网主机端口通信；完成数据传输系统升级部署和任务配置，实现了志愿船数据内外网同步，并按照项目要求实时传输至气象保障大队内网服务器。下一步，北海信息中心将继续做好卫星数据接收、存储与同步，以及系统、设备、网络运维工作，保证项目建设成果高质量运行。

案例 3
在线海洋督察综合业务平台

3.1 项目背景

2016 年 12 月，国务院同意印发实施《海洋督察方案》，授权国家海洋局代表国务院对沿海省、自治区、直辖市人民政府及其海洋主管部门和海洋执法机构进行监督检查。方案的出台是海洋领域深化改革取得的重大进展，是社会共识逐渐凝聚、实践经验逐步积累的成果，党中央、国务院高度重视海洋督察。海洋督察将是海洋管理部门今后一个时期的重点工作。

北海分局作为国家海洋局派出机构，应当主动作为，积极探索，努力形成科学管控、监管有效的海洋督察管理机制。在海洋例行督察、专项督察、审核督察核心业务范围内，如何通过督察工作机制的探索与创新，构建海洋督察制度的有效工作模式，是海洋督察机构当前面临的重大问题。在此背景下，北海督察委员会办公室提出，应当借助信息化手段促进海洋督察工作的规范化、标准化，利用信息化思维审视、思考、探究海洋督察建设工作，为海洋督察工作稳步推进打下良好基础。

海洋督察是党中央、国务院赋予国家海洋局的一项新职能。海洋局及其海区分局高度重视海洋督察工作，在线海洋督察综合业务平台是在北海海洋督察工作总体部署下，在深入学习研究海洋督察工作流程的基础上，结合海域管理、海洋环保、海洋执法相关法律法规及管理规定，借鉴土地督察、环保督察相关信息系统开发经验，利用现代信息技术建设开发的督察业务信息系统，旨在为海洋督察工作提供技术支持与信息服务。

3.2 建设目标与设计原则

3.2.1 总体目标

采用先进的计算机技术、网络通信技术、GIS 技术、数据库技术及 Web 编程技术，组建 VPN 数据传输网络，搭建海洋督察业务数据库、地理信息数据库，开发在线海洋督察综合业务平台和互联网发布平台、"海督通" PAD 版和现场版。各系统之间通过 VPN 网络或海域专线实现数据汇交及远程推送，为海洋督察工作提供有力的技术支撑和信息服务。

3.2.2 具体目标

● **组建 VPN 数据传输网络**

利用 CDMA EVDO 3G/VoLTE 4G 动态 VPDN 技术原理与组网方式，建立海洋督察远程终端（督察进驻终端电脑、外业核查手持设备）与北海分局局域网的数据链路，实现 IP 数据包在无线 3G/4G 网与 IP 网间的安全传输。

● **搭建海洋督察数据库**

搭建在线海洋督察综合业务数据库，采用 SQL Server、Oracle 数据库技术管理督察业务数据，采用 MySQL、SQLite 数据库技术管理"海督通" PAD 版和现场版数据；搭建督察地图系统空间地理数据库，采用 ArcSDE for Oracle 的方案存储，通过 ArcGIS Server 实现地图服务的发布。

● **开发在线海洋督察综合业务平台**

在分局局域网搭建海洋督察综合业务平台，实现海洋督察工作流程从督察准备、督察进驻到立卷归档七个业务环节的在线办理、调阅查看和一键归档功能；此外，围绕海洋督察工作增设督察快报、督察舆情、信访举报、督察员与专家库信息、督察地图等系统模块；同时综合业务平台作为数据流转中心，负责接收"海督通"设备回传数据，推送 PAD 版督察工作进展数据。

● **开发"海督通" PAD 版**

系统采用混合开发，根据登录用户获取文件调阅权限，提供督察舆情、法律法规、行政批复、疑点疑区、快报、统计、海洋督察业务流程相关数据和文件，以及督察员库、专家库的查询查看等功能。并在后台消息中间件的支持下与海洋督察综合业务平台进行用户、数据、文件的同步与配置。

● 开发"海督通"现场版

系统采用 Android 原生开发,实现业务专题图的浏览、查询,图层管理,GPS 定位数据采集、多媒体数据采集,法律法规及行政批复等业务文件查询等功能,并构建了后台推送服务和文件服务平台,提供实时的消息推送、附件上传、设备状态信息回传等功能。

● 开发海洋督察公共发布平台

按照海洋督察工作流程,建立互联网公共发布平台,向社会发布新闻通稿,公开督察工作主要内容、联系方式及受理举报等信息,并实现与内网业务平台的数据同步。

3.2.3 设计原则

系统建设遵循"综合性、先进性、实用性、可靠性、可扩充性、安全性"设计原则。

● 综合性

系统本身必须具有综合性,其目的是全面、准确地反映海洋的成果信息,为业务部门管理工作提供及时、准确的各类数据,使研究和管理人员能够从宏观到微观全面了解管理海洋信息等概况。除了系统界面外,数据库设计是系统综合性的最集中体现。

● 先进性

系统在技术方案、系统设计、运行管理等方面应具有一定的先进性,系统的开发建设应采用软件工程学所倡导的开发模式及最新的理论、技术和方法,系统的设计应采用可视化技术、数据流与控制流集成化、软件功能部件化等最新的分析设计方法。同时,考虑到系统的发展完善,在满足现期功能的前提下,系统设计应具有前瞻性,在今后较长时间内保持一定的技术先进性,以保证系统具有较长的生命周期。

● 实用性

系统提供清晰、简洁、友好的文人机交互界面,操作简便、灵活,易学易用,便于管理和维护;设计上充分考虑当前各业务层次、各环节管理中数据处理的便利和可行,把满足用户业务管理作为第一要素进行考虑。

● 可靠性

系统软件采用技术成熟、应用广泛的软硬件平台和数据库管理软件。基础软件平台应选择应用广泛或通用性较强的软件，这对于将来的应用开发、数据安全及系统未来的扩展和应用范围的拓展均具有重要意义；部分应用软件可自己开发，但应避免低水平的重复开发现象。

● 可扩充性

系统设计要考虑到业务未来发展的需要，要尽可能设计得简明，各个功能模块间的耦合度小，便于系统的扩展，满足不同时期的需要。对于存在旧有的数据库系统，则需要充分考虑兼容性。

● 安全性

保证数据加工生产、传递、使用的安全性。严格遵循国家安全法规制度和总体方案数据安全管理要求，保证数据信息源的可靠性；实行专人负责制和信息使用认证制度，采取等级权限管理，保证特定用户使用特定数据；防止数据传输过程中的丢失和非法复制，确保数据的安全性。

3.3　业务调研

为推进海洋生态文明和法治海洋建设，切实加强对地方海洋生态保护、围填海管理及执法工作的监督，国家海洋局依据中共中央、国务院多项文件精神及有关要求，于 2016 年首次开展了海洋专项督察工作。根据此次督察试点与实践，国家海洋局认真梳理、总结经验，先后印发了《国家海洋局关于印发海洋督察方案的通知》（国海发〔2016〕27 号）和《全国海洋督察委员会办公室关于印发海洋督察工作流程（试行）的通知》（海法字〔2017〕1 号）。文件进一步制定完善了海洋督察工作方案，明确了督察对象和督查内容，细化了督察方式与督察程序，提出了督察工作要求。显然，形成体系化监督管理制度，开展常态化监督检查，加强海洋管理法制建设，规范海洋开发利用秩序，是海洋督察工作的核心任务。

2017 年，国家海洋局海洋督察方案中制定了海洋督察制度和督察工作机制，将督察方式分为例行督察、专项督察和审核督察。根据海法字〔2017〕1 号文件，海洋例行督察、专项督察工作一般应包括督察准备、督察进驻、督察报告、督察反馈、整改落实、移交移送和立卷归档七个工作流程（图 3-1）。

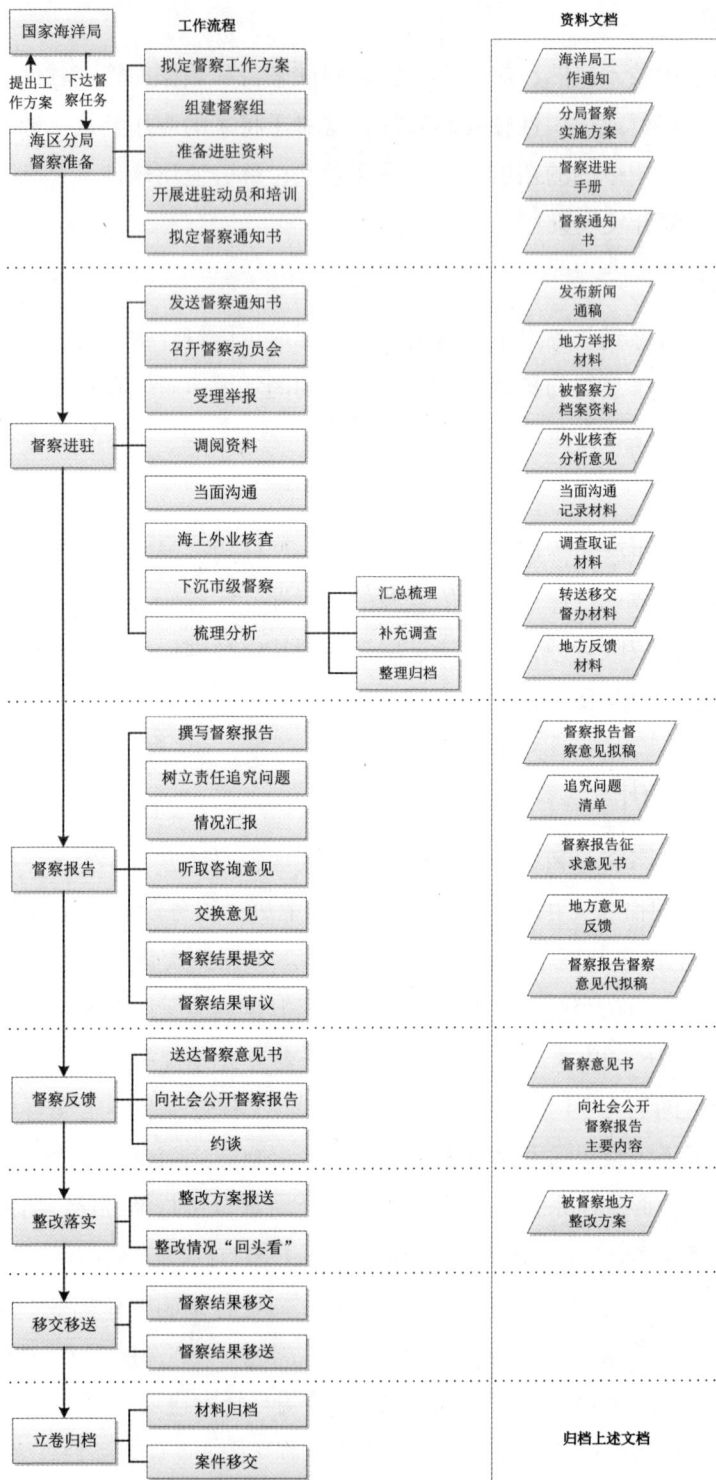

图3-1 海洋督察工作流程图

3.4　建设内容

3.4.1　总体计划

建设在线海洋督察系统，一是要通过网络传输与共享技术，在局域网中通过在线督察业务平台，将督察组工作进展情况及督察舆情、督察快报、信访举报等信息及时汇交，同时向 PAD 系统推送工作信息，实时了解与掌握督察进度，并通过互联网站向社会发布新闻通稿，公开督察工作主要内容、联系方式及受理举报等信息；二是通过信息比对分析与审核技术，及时发现线索，锁定督察目标，为督察内业提供信息技术支持；三是通过手持终端，以采集坐标点、拍照、录像等方式，为外业核查提供现场取证技术支持，并将取证结果及时回传至本地服务器；所有督察工作中产生的文档资料均通过系统立卷归档。在线督察系统将采用框架式、模块化设计方式，系统模块将分期分步开展建设，最终实现集综合办公、信息分析、比对核查、实地巡查、跟踪督察、远程指挥于一体的网上办公操作平台。

3.4.2　分布实施计划

3.4.2.1　系统一期建设

3.4.2.1.1　督察业务基础平台

根据海洋督察工作流程和北海督察委员会办公室工作要求，开展在线海洋督察综合业务平台（运行于局域网）和海洋督察公共发布平台（运行于互联网）建设工作。

在线海洋督察综合业务平台主要完成督察准备、督察进驻、督察报告、督察反馈、整改落实、移交移送和立卷归档七大流程二十九个环节的方案定制、工作通知、督察组工作汇交、地方表格填报及意见反馈、督察报告和督察意见书上报及档案材料归档等各项业务的在线办理、调阅查看和一键归档功能。

在以督察工作流程为主体的综合业务平台上扩展开发督察舆情、督察快报、督察地图、督察邮件、法律法规、信访举报及督察人员管理功能模块，为督察工作提供信息查询与参考。作为海洋督察数据流转中心，综合业务平台还需开发"海督通"数据接口模块，将督察业务信息及时推送至 PAD 版系统，同时读取、调用"海督通"外业核查数据，以督察地图的形式定位与展示数据信息。

海洋督察公共发布平台主要完成工作流程中要求的向社会发布新闻通稿，公开督察主要任务、时间安排和工作方式，公布督察组联系方式，明确受理举报起止时间等内容。

3.4.2.1.2 "海督通"

在线海洋督察移动办公 APP"海督通"根据目标用户业务工作的差异化，分为以业务交流与汇报功能为主的 PAD 版和以信息导航和调查取证功能为主的现场版两款 APP，并根据功能目标及硬件性能采用了完全不同的技术路线进行系统开发。

"海督通"PAD 版采用混合开发，根据登录用户获取文件调阅权限，提供督察舆情、法律法规、行政批复、疑点疑区、快报、统计、海洋督察业务流程相关数据和文件，以及督察员库、专家库的查询查看等功能，并在后台消息中间件的支持下与海洋督察综合业务平台进行用户、数据、文件的同步与配置。

"海督通"现场版采用 Android 原生开发，实现业务专题图的浏览、查询，图层管理，GPS 定位数据采集、多媒体数据采集，法律法规及行政批复等业务文件查询功能，并构建后台推送服务和文件服务平台，提供实时的消息推送、附件上传、设备状态信息回传等功能。

3.4.2.1.3 督察网络建设

督察工作组进驻地方期间，可以通过国家海域专网地方节点或 VPN 专线的方式访问分局局域网。CDMA 增强型数据业务采用虚拟专用拨号网技术，为用户提供基于高速分组数据网之上的 VPN 数据专网，VPDN 为分支点建立连接到企事业内部的私密隧道。基于隧道可以实现企事业内部数据安全、高速、便捷的传输，从而使企事业用户在任何地点都能够通过 CDMA 网络无缝、安全地连接到企事业内网，实现信息共享、交互和相关业务应用的处理，节省用户通信成本，提高工作管理运作效率。本系统网络建设将采用 EVDO/VoLTE 动态 VPDN 相关技术原理与组网方式实现督察工作组与分局的远程通信。

3.4.2.2 系统二期建设

系统二期建设计划在一期系统运行的基础上，参照审核督察相关工作流程，完成审核督察功能模块开发，完善海洋督察三种在线工作模式。此外，通过对基础数据、业务数据的集成，建立信息比对分析与审核单机版系统，为及时发现线索、快速锁定目标，更好地了解和掌握海域使用计划执行情况、海洋环境保护批复及执行情况、海洋行政执法查处情况提供技术支持与信息服务。

3.4.2.3　系统长期规划

随着海洋督察工作的深入开展，在督察数据积累到一定程度之后，可以考虑在数据统计分析的基础上开展海洋督察评价系统建设工作。

3.5　系统设计

3.5.1　网络通信框架

北海分局局域网是督察业务综合平台运行的主体，为系统运行提供基础网络支持和数据传输链路。分局前期网络建设工作中，已经将分局局域网与国家海域专网互联互通，督察组进驻地市可通过海域专网或者 VPN（互联网加密隧道专线网）拨号的方式连接至分局局域网。"海督通" PAD 版和外业调查版设备均使用 VPN 加密网络（图 3-2）。

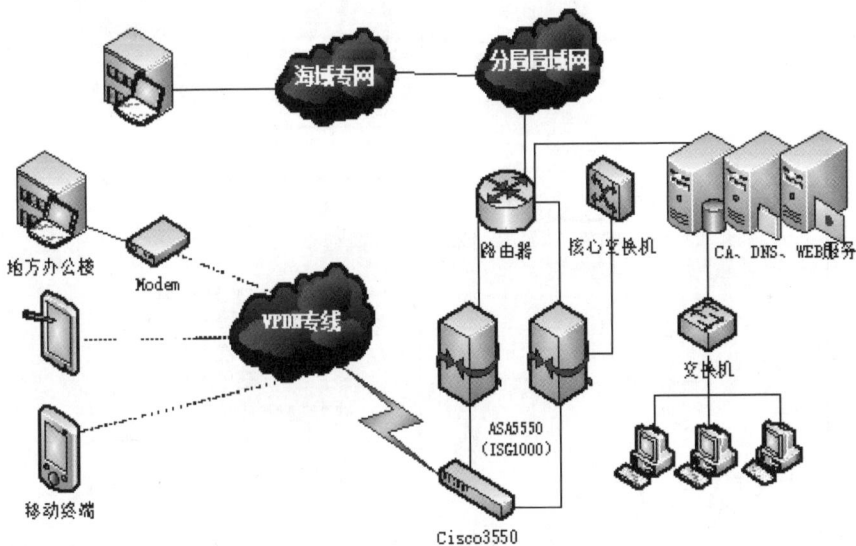

图 3-2　网络拓扑图

3.5.2　系统总体框架

在线海洋督察系统，总体框架包含一库、两网、三系统，分为数据层、网络层和业务层（图 3-3）。数据层即建立海洋督察信息数据库，数据内容包含海洋督察文件通知、法律法规、督察组工作汇交、地方填报表格等基础文案资料，基础地理、遥感影像、海洋行政管理（区域用海规划、确权用海、生态红线、自然保护区等）地理信息数据，还包含坐标采集、照片、视频等外业核查多媒体数据。两网指分局局域网络和互联网络，互联网络用于发布新闻信息稿，督察组通过海域专网或者 VPN 专线连接分局局域网进行数据传输。三系统指局域网海洋督察综合业务系统（包括海洋督察综合业务平台、海洋督察互联网公共平台）、手持端"海督通"系统（包括外业核查手持系统、PAD 版系统）和单机版海洋督察数据分析与处理系统（图 3-4）。

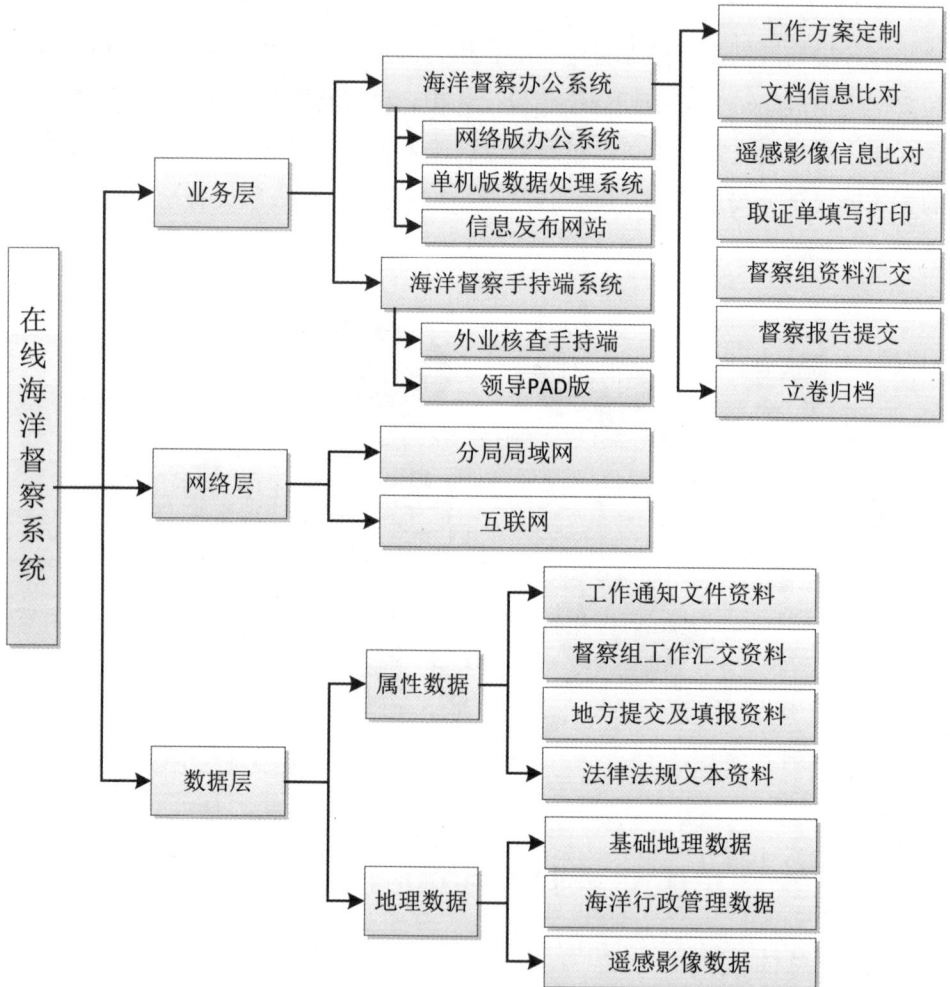

图 3-3　系统框架图

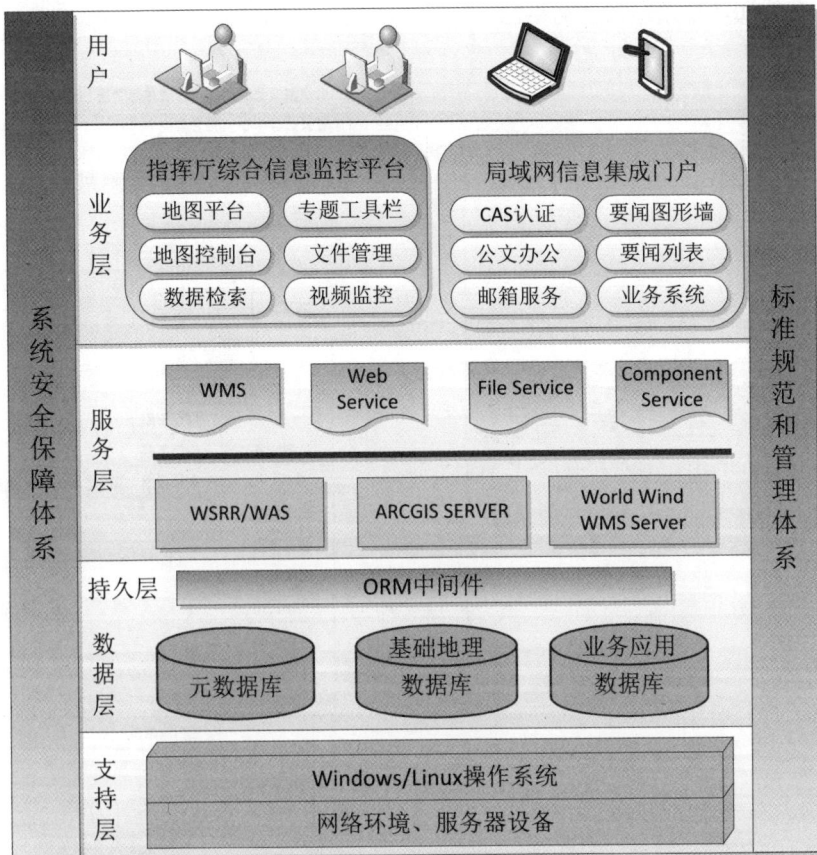

图 3-4 系统层次图

3.5.3 系统功能设计

本次系统开发完成整体系统的一期建设，依照国家海洋局海洋督察方案和全国海洋督察委员会海洋督察工作流程，根据海洋督察北海委员会及北海委员会办公室工作要求，实现在线海洋督察综合业务系统（运行于局域网）、"海督通"手持端系统（VPN 专网）和海洋督察公共平台（运行于互联网）开发建设（图 3-5）。

3.5.3.1　在线海洋督察综合业务平台

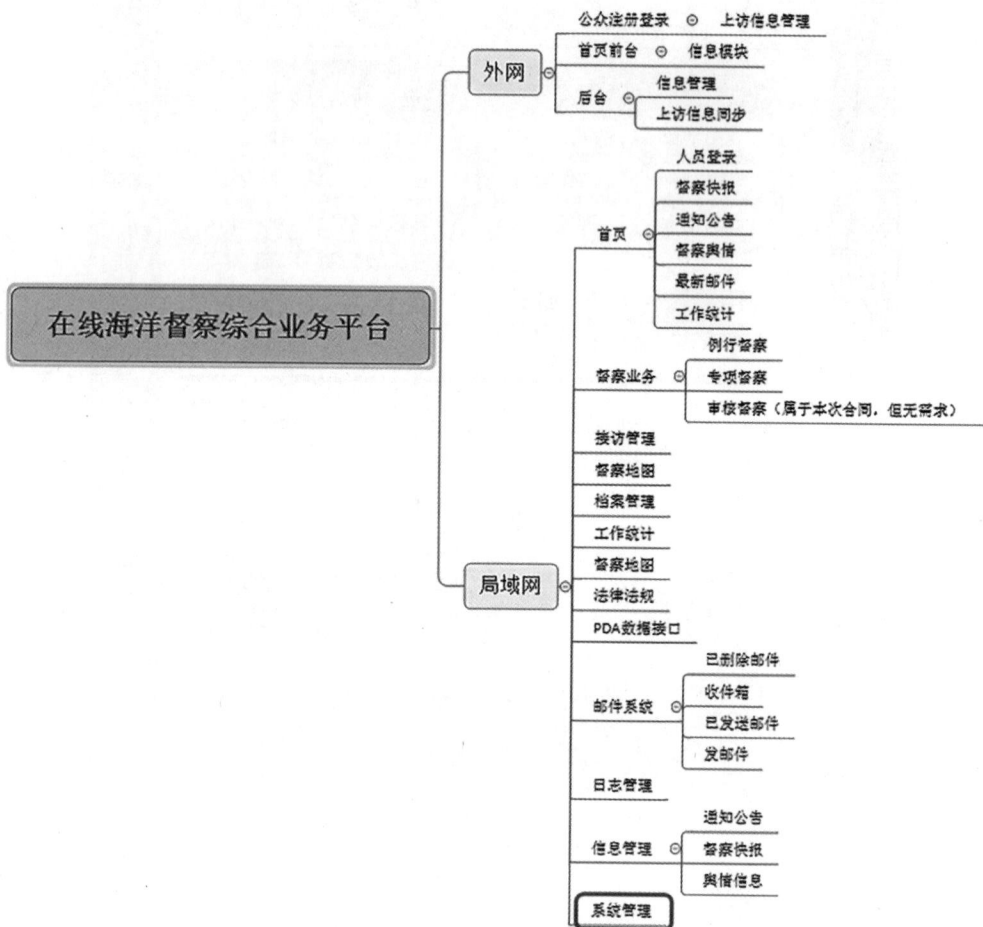

图 3-5　督察业务平台功能结构图

3.5.3.1.1　系统首页

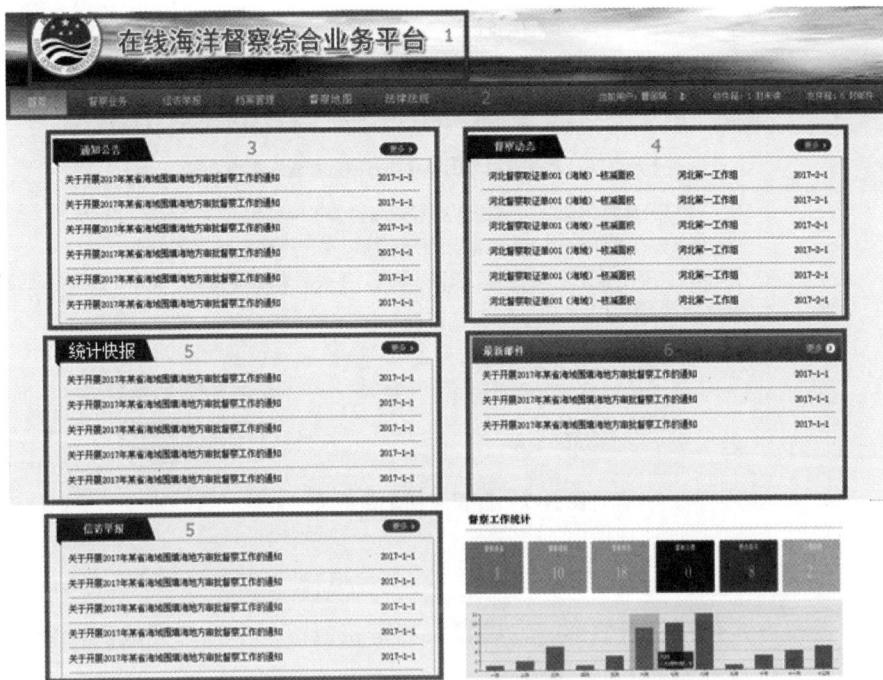

图 3-6　系统首页界面

系统首页分 6 个区域，1 区域为系统平台名称，2 区域为系统菜单，1 和 2 为系统通用上部区域（图 3-6）。2 区域的菜单内容为首页、督察业务、接访管理、档案管理、督察地图、法律法规、日志管理、信息管理、通知公告管理，根据用户权限显示不同的菜单项。关于用户权限，本系统大部分栏目均为开放式查看修改，用户可查看发布的信息和添加、删除的信息，但在督察任务中上传的文件只有上传人可以删除。其他各个功能如督察舆情会有特殊权限，以各功能描述为准设计制作。

3 区域内容为工作方案、通知公告。4 区域为督察动态，信息为督察业务中所上传产生的文件，显示督察工作流程中上传的所有文件信息。5 区域为督察快报，显示近期督察工作小结或最新督察相关信息。6 区域为邮件信息，显示登录用户收到的所有邮件信息。7 区域为督察舆情，显示从网络等各种渠道获取的舆情信息。8 区域提供统计图表功能，按进驻工作组统计督察工作量及督察进展、督察舆情、督察快报等数据信息。

登录后如果有新邮件，在页面底部弹出消息如图 3-7 所示。用户可以在消息区域看到邮件标题，可以点击阅读按钮进入邮件显示页面，如果有多条用户未读邮件，可以在此区域点击上一条，下一条切换邮件内容，用户可点击关闭弹出消息框。

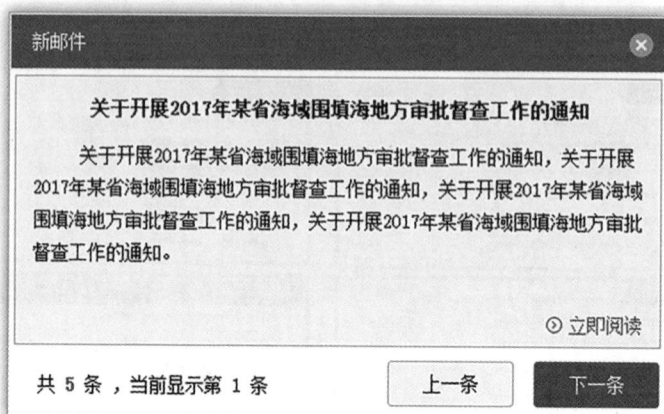

图 3-7　页面底部邮件界面

3.5.3.1.2　督察业务

海洋督察方式包括例行督察、专项督察和审核督察，本系统完成例行督察和专项督察业务（审核督察流程确定之后，完成系统功能开发）。例行督察和专项督察的业务流程完全一致，只是项目类别不同。用户点击督察业务进入督察业务首页。默认进入例行督察功能（图 3-8）。所有督察方式按照建立时间倒序排列。

● **例行督察**

图 3-8　例行督察界面

添加功能：页面添加例行督察内容（督察任务），内容包括督察时间、督察名称、督察地区（省）、督察人员组成、下沉地区（省、市、区联动）、督察类别、督察备注、创建人、创建时间、删除标志。督察人员从督察数据库表中读取，用户可以对选择的人员进行排序，下沉地区可选择多个，督察类别内容为例行督察、专项督察。

查询功能：用户可根据督察名称和督察时间查询督察项目。

列表功能：根据督察的时间，按照降序排列，提供修改和删除功能，删除功能只是做假删除。点击督察名称进入督察业务中。

结构图如图 3-9 所示：

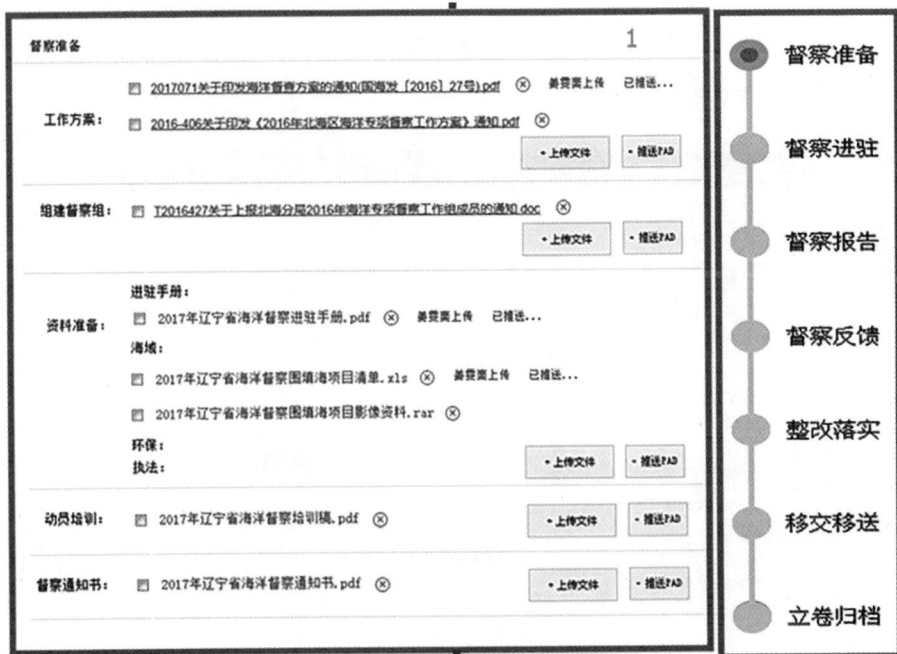

图 3–9　督察业务结构图

1 区域为工作区，选择相应文件资料提交，2 区域为工作流程选项卡，通过点击选项卡切换不同工作区，工作流程选项卡的位置顺序为督察准备、督察进驻、督察报告、督察反馈、督察落实、移交移送和立卷归档。

督察准备：文档类别包括工作方案、组建督察组、资料准备、动员培训和督察通知书。上传成功后，用户可选择推送至 PAD 按钮，推送用户选择接收人可以是所有，也可以是某一个人或者几个人，还要选择业务类别（督察进展、督察舆情、督察快报、举报核查等），将选择的这个文件信息和选择的人员存放到"海督通" PAD 信息表中，提供该表的公共接口方法以供 PAD 端程序调用。接口使用 JSON 数据格式。督察文档上传窗口与 PAD 信息推送窗口如图 3-10 所示：

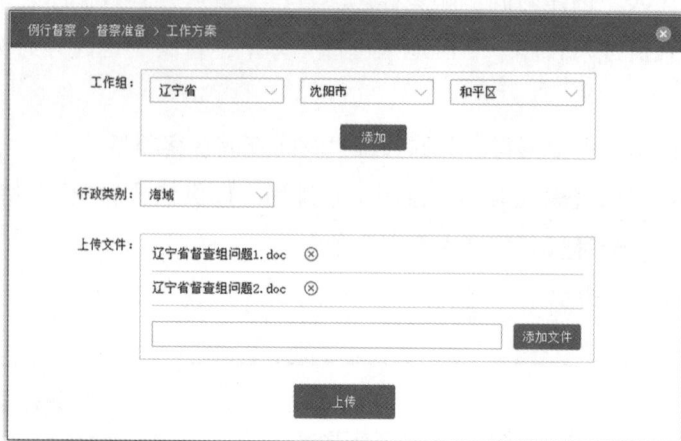

（a）督察文档上传窗口

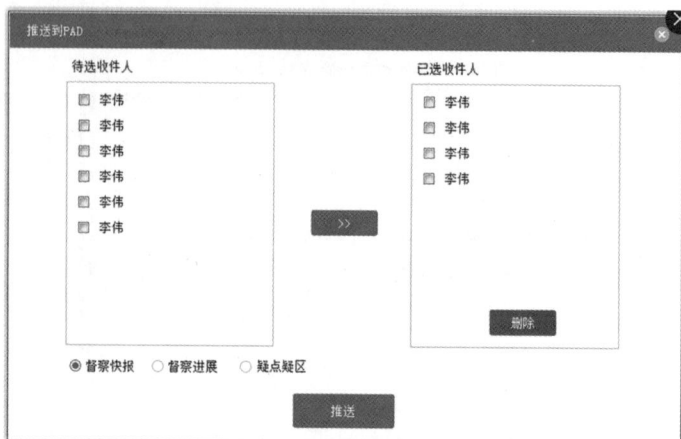

（b）PAD 信息推送窗口

图 3-10　督察准备界面

督察进驻：文档类别包括督察动员会、新闻通稿、内业外业业务文档、梳理分析归档。

督察报告：文档类别包括督察报告、责任追究问题、交换意见、督察结果、督察结果审议。

督察反馈：文档类别包括社会公开稿、约谈记录。

督察落实：文档类别包括整改方案、"回头看"。

移交移送：文档类别包括督察结果移交、督察结果移送。

立卷归档：按照年份、督察类型、督察阶段分类归档。

● **专项督察**

按照海洋督察工作流程，专项督察的功能与例行督察系统功能完全一致，只是督察的任务分类不同。

● **审核督察**

国家海洋局制定具体工作流程后，补充建设审核督察功能模块。

● **接访管理（举报）**

接访信息从互联网公共平台导入内网业务系统中，做到数据同步。显示的信息包括举报信息以及接访反馈。

接访登记功能描述：

用户点击接访管理，进入接访管理列表界面，再点击进入详细内容界面（图3-11）。

投诉人	手机号码	标题	时间	操作
张三	13121212121	投诉中国石化公司围填海项目	2017-04-26	删除

姓名： 张三

手机号码： 13121212121

电子邮箱： sadf@3.com

联系地址：

证件类型：

证件号码： 324

信件标题： 投诉中国石化公司围填海项目

信件内容： 有照片为证

文件

时间： 2017-04-26 16:43:33

图 3-11 接访管理详细内容界面

接访信息反馈是通过外网导入内网的，内网可查看外网同步过来的数据。点击删除可删除该记录，并记录到系统操作日志中。

接访信息登记如图 3-12 所示：

▌ 信访举报

功能说明：打*号为必填项，手机号码填写不正确既认为投诉无效！
您所填资料我们不会向第三方透露，保证不外泄。

| *姓名 | 请输入真实姓名 | *手机号码 | 请输入手机号码 |

| 电子邮箱 | 请输入电子邮箱 | 联系地址 | 请输入联系地址 |

| 证件类型 | 请输入证件类型 | *证件号码 | 请输入证件号码 |

*信件标题　请输入标题

*信件内容　请输入内容

相关文件　+ 上传文件

立即提交

图 3–12　接访信息登记界面

3.5.3.1.3　督察地图

督察地图模块主要由基础图层和外业核查数据（"海督通"外业核查数据调用）
两大模块组成。

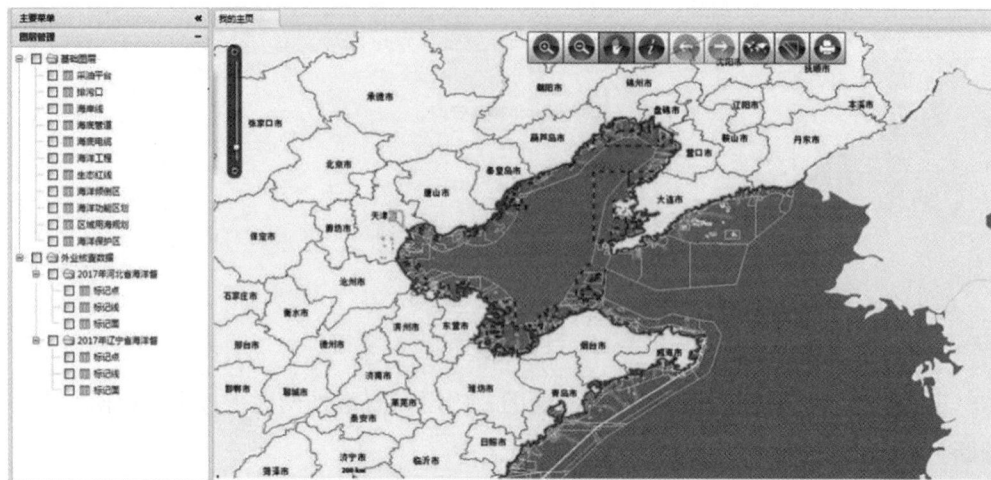

图 3–13　基础图层界面

▶ 基础图层

行政区划、海岸线、海洋功能区划、区域用海规划、确权用海、生态红线、自然保护区等（图 3-13）。

▶ 外业核查数据

以外业任务名称为一级菜单，标记点线面为二级菜单。选择后在地图中以点线面的形式显示外业任务详细信息（包括图片、视频、文字）。外业数据从"海督通"本地服务器 ORACLE 数据库获取（图 3-14）。

图 3-14　外业核查数据结构图

▶ 地图基础功能

1）放大：在使用带有滚轮的鼠标时，向上滚动鼠标滚轮，可放大地图。

2）缩小：在使用带有滚轮的鼠标时，向下滚动鼠标滚轮，则缩小地图。

3）漫游：点击漫游按钮，在地图某处按下鼠标左键（不放开），移动鼠标，可以查阅当前缩放比例地图的任意区域。

4）信息查看：点击地图上的图元，可打开图元的详细信息显示面板。

5）全图：使用全图地图工具可以使系统地图显示全貌。

6）选择：选择地图上的地理对象，查看其详细信息。

7）清除：当您使用图元选择工具（或数据查询）之后，地图上的地理对象，比如标记对象、倾倒区等在地图上高亮显示。使用清除标记工具可以清除选择集。

8）导出：可将当前视野范围的地图以图片的形式输出。

9）地图切换：实现遥感影像地图与矢量地图的切换显示。

3.5.3.1.4　工作统计

统计图表按管理后台设置统计的督察任务来操作；上方依次显示督察进展，督察快报，督察舆情的数量；下方按督察工作组（进驻地市）来显示督察任务的数量（图 3-15）。

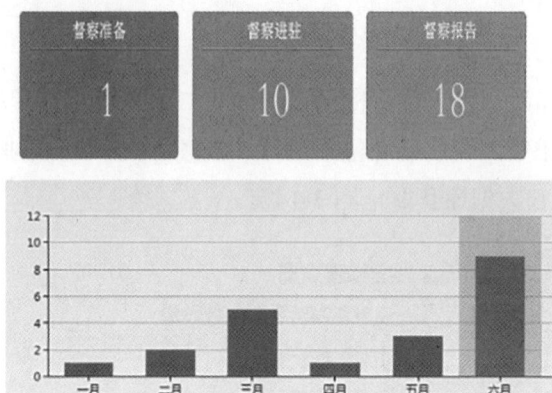

图 3-15　工作统计图表界面

3.5.3.1.5　法律法规

图 3-16　法律法规模块界面

法律法规模块界面左侧为目录，右侧为具体文章列表及内容。目录内容包括章节名称、父章节、章节标识。文章内容包括文章标识、章节标识、文章名称、文章内容、发布实施时间、发布单位、文号、附件。提供全文搜索功能，除了搜索目录还可搜索文章的名称、内容、文号（图 3-16）。

3.5.3.1.6　信息管理

信息管理模块包括通知公告、督察舆情、督察快报，用户可查看、添加、编辑、删除信息。

通知的内容包括信息标识、栏目、标题、内容、置顶标志、发布人、发布日期、发送 PAD 标志，可生成 PDF 文档，可选择是否公开标志、删除标志、信息来源（图 3-17）。当选择栏目为督察快报时，督察快报需要添加的信息如图 3-18 所示，采用内嵌下图模板方式进行编辑。当用户选择栏目为督察舆情时，直接上传标题及主要内容。公开标志的作用在于选择公开所有人可以查看，而选择不公开，仅本人可以查看该信息。

图 3-17 公告管理通知界面

图 3-18 督察快报添加界面

3.5.3.1.7 通讯录

通讯录包含所有督察员库和专家库人员信息，点击分类进入该分类的具体人员信息界面。后台提供人员管理界面，实现添加、查询、删除、修改功能。在督察任务创建时，可根据督察员库和专家库建立每次行动的人员信息表，从通讯录库表中提取（图3-19）。

图 3–19　通讯录人员信息界面

3.5.3.1.8 "海督通" PAD 版接口

PAD 版接口通过 Web Service 发布，提供获取信息的接口。接口内容包括上传人，上传时间，接收人，工作组，行政类别，工作分类，督察类别，工作文档 PDF 地址，图片地址，阅读状态。

3.5.3.1.9　日志管理

日志管理记录用户所有的操作，包括修改、上传、删除业务文档等。记录的信息包括操作人，操作时间，操作内容。日志管理功能只提供给系统管理员使用。日志仅提供添加功能（图 3-20）。

日志管理

操作内容	操作人	操作时间	操作
登录了系统	刘丽萍	2017-04-24 15:35:46	删除
删除了关于印发《2017年北海区海洋专项督察工作方案》通知	王铮	2017-04-24 10:48:25	删除
上传了国家海洋局关于印发海洋督查方案的通知	孙涛	2017-04-24 14:32:30	删除
发布了河北督察取证单001◎(海域)-核减面积	李伟强	2017-04-24 16:46:50	删除

操作时间：2016-04-24　查询

图 3-20　上传日志查询页面

3.5.3.2　"海督通" PAD 版

"海督通" PAD 版采用混合开发，必须在后台服务端支持下才能实现各功能模块。功能清单如下：

3.5.3.2.1　系统首页

功能说明：在首页上以不同的方式展示系统各个功能模块（图 3-21）。

顶部图标菜单：法律法规、行政批复、方案文件、疑点疑区；

督察舆情：由 Web 独立分类推送至 App。首页展示时间最近的三条，更多链接进入。如图 3-22 所示，点击标题，界面从首页进入舆情信息页，并打开相应的文档；

快报：由 Web 独立分类推送至 App。首页展示时间最近的三条，更多链接进入。如图 3-23 所示，点击文件标题，界面从首页进入快报页，并打开相应的文档；

统计：App 主动调用接口获取统计数据，动态绘制。首页展示缩略图，点击图片从首页进入统计图表页。

底部菜单：首页、督察、通讯录、我。

图 3-21 系统首页示意图

3.5.3.2.2 督察舆情

功能说明：登录用户根据 Web 推送权限可以看到舆情标题、摘要、推送时间形成的舆情列表页（图 3-22）。

点击其中一条进入舆情信息详情页，页面内展示舆情标题、摘要、推送时间、推送人、舆情信息及其附件。

图 3-22 舆情界面

3.5.3.2.3　督察快报

功能说明：登录用户根据 Web 推送权限可以看到快报标题、摘要、推送时间形成的快报列表页（图 3-23）。

点击其中一条进入快报信息详情页，页面内展示快报标题、摘要、推送时间、推送人、快报信息及其附件。

特别要求：当快报信息为空且附件唯一时，点击该条快报则跳过详情页，直接打开附件。

图 3-23　工作快报界面

3.5.3.2.4　工作统计

功能说明：根据 Web 版提供的接口获取统计图标题、数据项及数据内容，动态绘制（图 3-24）。

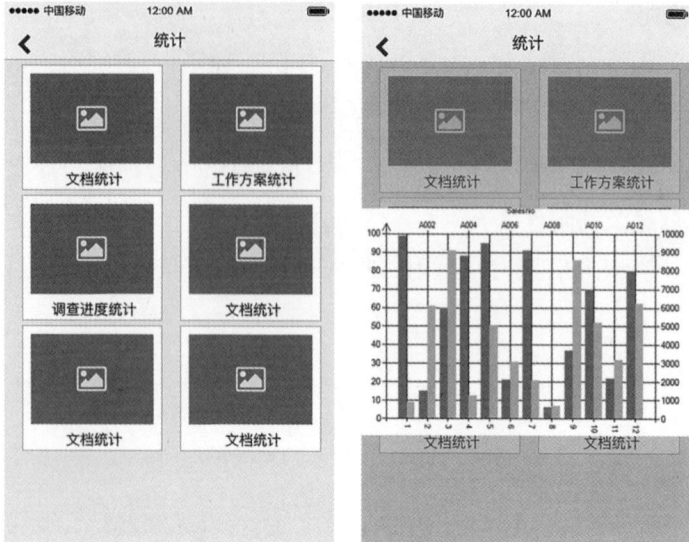

图 3-24　统计界面

3.5.3.2.5　法律法规

功能说明：按照指定的数据库表结构进行查询，展示关联 HTM 文件。查询条件分两级"标题查询"、"内容查询"，录入关键词进行查询；查询结果分两级显示"国家级"、"地方级"；如无查询，默认全部。

本功能可拆分为法律法规、规范性文件、行政批复等子模块，分类查询和展示。

3.5.3.2.6　方案文件

功能说明：登录用户根据 Web 推送权限可以看到由方案文件标题、摘要、推送时间形成的方案文件列表页。点击其中一条进入快报信息详情页，页面内展示方案文件标题、摘要、推送时间、推送人、方案文件信息及其附件。

特别要求：当方案文件信息为空且附件唯一时，点击该条快报则跳过详情信息页，直接打开附件。

3.5.3.2.7　疑点疑区

疑点疑区：数据主表应包括 ID、名称、图片附件（位置图及疑点疑区图多个）、说明，附加可自定义的业务流程过程，如准备、自查、举报、调阅、面谈、外业、下沉、补充、责任、咨询、意见、结果；对每个业务流程给出状态、更新时间、状态描述等信息（图 3-25）。

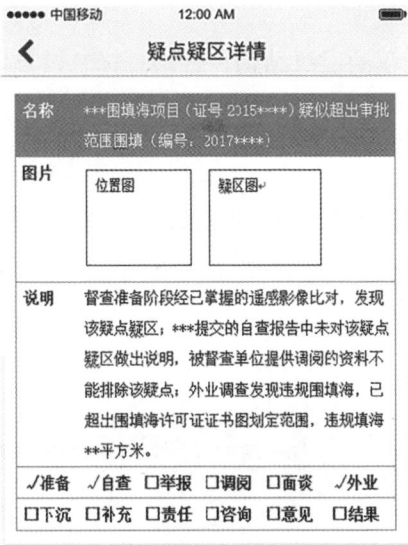

图 3-25　疑点疑区详情界面

3.5.3.2.8　后台支持及对接

以上所有功能的实现均需要后台管理平台的支持。后台管理平台配置并定义了PAD 端的框架结构、展现内容等，保障了"海督通"PAD 版稳定、独立、灵活的运作，以及与综合业务平台的对接。

▶ 后台管理平台登录（图 3-26）

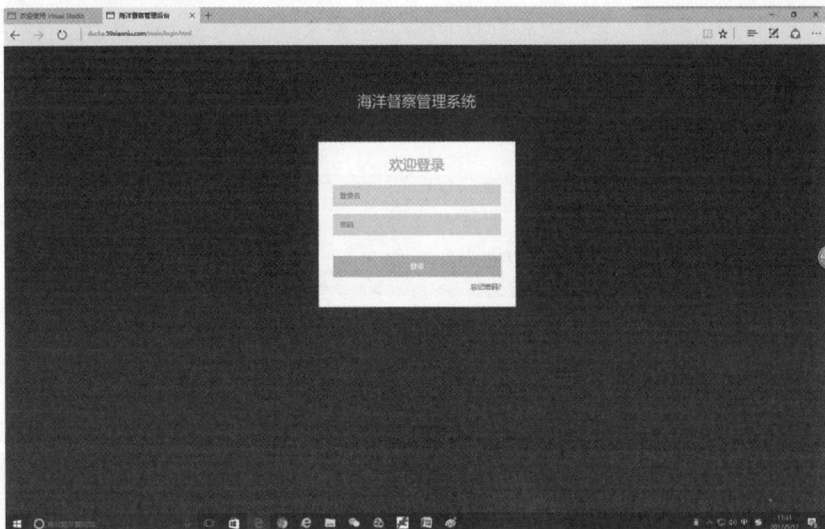

图 3-26　海洋督察管理后台登录界面

▶ 海洋督察业务流程管理

配置海洋督察业务流程的层级结构、分组、标签以及摘要信息、附件文件等内容。对上述内容进行增、删、修，并建立对应的关联关系（图 3-27）。

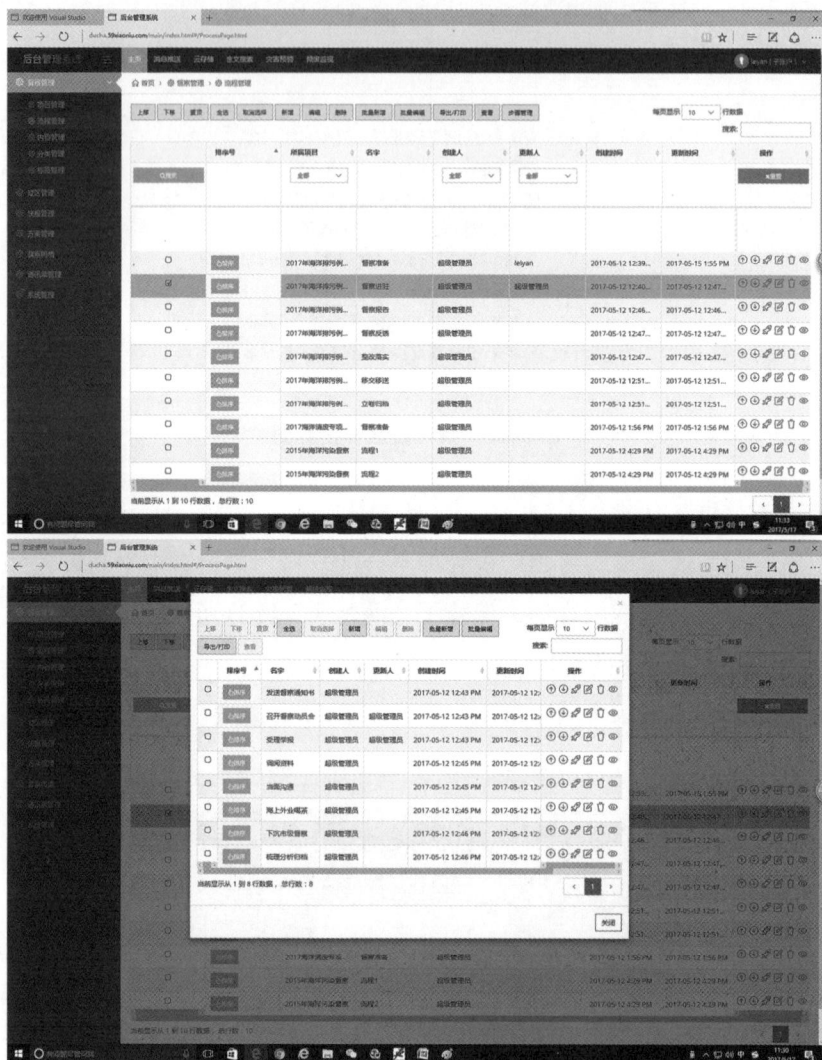

图 3-27　后台管理系统界面

▶ 通讯录管理

建立通讯录，具备以下要求：

查询：按照电话号码或人员姓名查询。

录入：增删修改人员及分组情况。

▶ 统计数据管理

建立统计数据录入模块：录入统计标题、统计数据项及数据内容，展现统计表达形式的功能。

▶ 快报配置

建立快报录入模块：录入快报标题、摘要、关联附件文件。

▶ 格式支持

保障支持 HTML 编辑器的特殊格式，以及 Word，PDF，xlsx，PPT，txt 等附件的文件格式。

▶ 疑点疑区配置

按照指定的要求定义、录入（增删修）疑点疑区，灵活配置各个疑点疑区的业务流程过程，并给每个业务流程赋予状态、更新时间、状态描述等信息。

▶ 附件管理

建立附件管理模块：对增删修改各个功能模块所对应的附件进行统一的维护。

▶ 法律法规

根据提供的法律法规、规范性文件、行政批复等文件的约定格式，提供对应的查询及展示功能，并提供后续的约定格式数据入库的服务。

▶ 舆情管理

建立舆情录入模块：简单录入舆情标题、摘要、关联附件文件等信息。

▶ 数据对接

通过调用 Web Service 接口提供的约定格式的数据，对数据进行翻译并转入上述特定模块中。包括：用户同步，获取工作统计数据、督察业务文件、督察快报等。

3.5.3.3　"海督通"现场版

"海督通"现场版基于 Android 原生开发，硬件选用 Getac Z710 三防平板，地图平台采用超图 SuperMap iMobile for Android 8C，本地数据库使用 SQLite + SpatiaLite。主要功能如下：

3.5.3.3.1　地图浏览

实现高效率的地图浏览：放大、缩小、平移、初始化范围，浏览范围限制；并实现行政区划快捷定位、专题图图层管理、专题图查询等功能，向用户提供有效的专题信息，同时提供图例，帮助用户有效解读地图图面内容（图 3-28）。

图 3–28　地图浏览界面

3.5.3.3.2　文件

在文件菜单中查询查看法律法规和行政批复（图 3-29）。

1）标题查询：根据标题中是否包含用户录入的关键词，列出法律法规及行政批复的标题列表，点击标题链接进入法律法规及行政批复全文页面。

2）内容查询：根据用户录入的关键词，对法律法规及行政批复进行全文搜索，列出全文中含有关键词的法律法规及行政批复的标题列表，点击标题链接进入法律法规及行政批复全文页面。

图 3–29　文件菜单法律查询界面

3.5.3.3.3　数据采集

通过 GPS 定位坐标、已知坐标录入、地图图面点击等方式获取图形数据，并在地图上进行展示，确认空间方位；同时，可录入部分属性信息，拍照、录像等有效支持现场取证。

3.5.3.3.4　二维码数据交互

对于单独的调查要素，将其图形及关键属性进行加密编码，生成二维码图形；通过扫码解码，将二维码转为相应的调查要素。以这种方式在手持端之间进行快捷的数据交互。

3.5.3.3.5　截图

将用户指定范围的地图转为图片文件用于完成报告或说明，并对这些文件进行增删管理。

3.5.3.3.6　导航

根据专题图中现有图形或 GPS 获取的空间位置信息，设置导航起止及其他参数并生成二维码，通过手机扫码，跳转至用户自备手机及搭载的百度或高德导航完成导航过程。

3.5.3.3.7　通讯

在后台推送平台的支持下，保持用户对应关系，实时收 / 发消息，并有序处理收 / 发的消息；缓存消息队列等；同时建立自定义消息格式，除一般文本类型的消息外，支持 D、S 等绘图消息类型，在用户之间传输图形数据，有效提升用户沟通效率，减少现场数据采集工作量（图 3-30）。

图 3-30　通讯界面

3.5.3.3.8　数据上传与接收

在后台推送服务及文件服务的支持下，实现单个调查要素上传至中心数据库服务器对应数据表、调查要素的附件（照片）文件上传至文件服务器的功能，为综合业务平台及数据分析系统提供数据基础支持。

3.5.3.4 海洋督察公共平台

3.5.3.4.1 公共平台首页

提供公共督察动态、督察舆情等信息，提供公共注册登录窗口（图 3-31，图 3-32 ）。

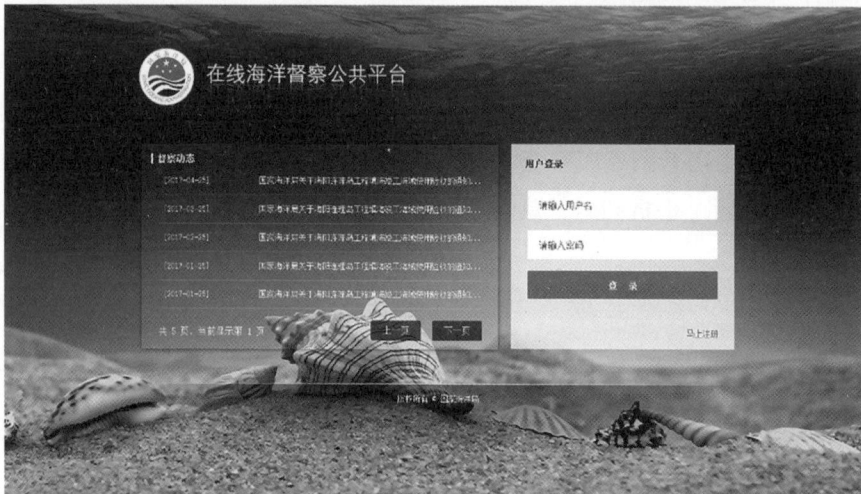

图 3–31 公共平台登录界面

图 3–32 内容界面

3.5.3.4.2　公共后台

公共用户外网注册登录后，可以在此后台提交举报材料，并查看督察工作人员的反馈结果（图3-33）。

图3-33　投诉举报界面

3.5.3.4.3　管理员后台

外网后台主要用来发布海洋督察公众类新闻信息，以及将群众举报的信息生成同步到内网的数据文件。内网接收到同步文件后更新内网数据库（图3-34）。

图3-34　信息管理界面

3.6 督察数据

3.6.1 工作通知类文档

● **督察工作通知**

《国家海洋局关于开展 2016 年海洋专项督察工作的通知》（国海法字〔2016〕375 号）

《关于印发 2016 年北海区海洋专项督察工作方案的通知》（海北督发〔2016〕406 号）

《国家海洋局关于印发海洋督察方案的通知》（国海发〔2016〕27 号）

《全国海洋督察委员会办公室关于印发海洋督察工作流程（试行）的通知》（海法字〔2017〕1 号）

《北海分局关于成立全国海洋督察北海委员会及有关事项的通知》（海北办法〔2017〕112 号）

《关于全国海洋督察北海委员会及其办公室人员组成有关事宜的通知》（海北办法〔2017〕113 号）

● **督察工作方案**

全国海洋督察办研究提出年度督察工作方案。

各海区海洋督察委员会根据督察工作方案和督察任务要求，编制具体实施方案。

● **督察进驻手册**

手册内容包括：法律法规文件汇编，被督察地方海洋资源环境基本情况和主要问题线索。

● **督察通知书**

各督察组与被督察地方协调进驻具体事宜，拟定督察通知书。

● **新闻通稿**

按规定向社会发布新闻通稿，公开督察主要任务、时间安排和工作方式，并公布督察组联系方式，明确受理举报的起止时间。

● **督察报告**

各分局汇总内业审核和实地核查发现问题情况，形成分省专项督察报告。

● **督察报告征求意见书**

《督察报告征求意见书》送达被督察地方政府。被督察地方政府提出书面反馈意见。

● **督察意见书**

督察意见书包括督察组织实施情况、存在的问题、处理意见及整改建议等内容。

● **督察报告公开稿**

通过中央或当地省级主要新闻媒体向社会公开。

● **整改方案**

被督察地方政府收到督察意见书后 30 个工作日内将整改方案报至全国海洋督察委员会。

● **整改落实情况**

被督察地方政府收到督察意见书后 6 个月内向全国海洋督察委员会报送督察整改落实情况。

3.6.2　法律法规海洋政策文档

参照《国家海洋局规范性文件汇编》《海洋政策法制文件汇编》《海域执法依据汇编》等书籍。

▶ 信息公开类

▶ 法制类

▶ 海岛管理类

▶ 海洋环保类

▶ 海域管理类

▶ 预报减灾类

▶ 科技管理类

▶ 极地管理类

▶ 党中央、全国人大、国务院依法行政文件

- ▶ 国家局重要文件
- ▶ 立法
- ▶ 行政许可
- ▶ 行政处罚
- ▶ 信息公开
- ▶ 行政强制
- ▶ 执法监督
- ▶ 行政复议
- ▶ 行政诉讼
- ▶ 普法
- ▶ 国家赔偿
- ▶ 其他

3.6.3 督察组工作文档

● **资料交接单**

进驻时被督察单位根据督察要求向督察组整体移交的档案卷宗、自查报告、统计信息表等资料的交接清单。

● **补充资料清单**

根据督察工作需要，由被督察单位向督察组进一步补充提交的资料清单。

● **取证单**

督察发现问题取证记述工作单，一个问题一个单号。

● **实地核查项目清单**

内业审核资料不足以验证问题，需开展现场核查进一步落实的，列出实地核查项目清单。

● **外业核查记录**

外业核查工作记录及现场情况描述。

● **问题审核汇总表**

督察进驻阶段发现问题的汇总清单。

● **督察相关文档**

现场调阅资料上传。

3.6.4　地图数据

● **基础地理数据**

▶ 低分辨率卫星遥感影像（季度更新）

▶ 低分辨率卫星遥感影像（季度更新）

▶ 高分辨率卫星遥感影像（年度更新）

▶ 基础地理底图数据（行政区划、交通、地物标识等）

● **管理专题数据**

▶ 海洋倾倒区

▶ 海域权属（现状、注销、变更）

▶ 海岛（含苏鲁归属争议海域海岛）

▶ 海岸线

▶ 海域界线

▶ 海洋保护区

▶ 生态红线区

▶ 石油平台

▶ 海底电缆

▶ 海底管道

▶ 海洋功能区划（2011—2020 版）

▶ 区域用海规划

● **督察业务数据**

▶ 疑点疑区

▶ 现场量测数据（外业核查工作的测量成果数据矢量图）

● **问题标识数据（内业核查工作标识的矢量图）**

案例 4
北海区海洋综合管理信息服务平台

4.1 项目背景

4.1.1 背景

随着计算机技术、通信技术、网络技术的发展，人类正走进一个以信息技术为核心的信息化时代。信息技术正以极其广泛的渗透性、无与伦比的先进性、举足轻重的无形价值与传统产业相结合，信息化已成为推进各行业发展的助推器，世界各国都把加快信息化建设作为首要发展战略。近年来，党中央和国务院采取了一系列重大举措加大信息化发展力度，并成立了中央网络安全和信息化委员会，全面负责我国信息化建设工作。

海洋信息化是国家信息化的重要组成部分，在海洋事业发展中起着基础性、公益性和战略性的重要作用。原国家海洋局领导在分局调研时强调要注重提高海洋认知能力、海洋保护能力、开发利用海洋能力的建设，而这"三种能力"的提升均与海洋信息化建设息息相关。北海分局作为国家海洋局驻青岛海洋行政管理机构，行使渤、黄海海域海洋行政管理诸多重要职能。针对当前信息化发展大趋势和海洋部门重组新格局、新形式，分局领导积极谋划工作思路，加快信息化建设进程，从海洋行政管理、海洋业务职能入手，大力支持"北海区海洋综合管理信息服务平台"建设。系统建设面向海洋行政管理、海域与海岛管理、海洋环保、防灾减灾、科技调查、公益服务、海洋经济，打造北海区信息服务一体化网络平台，形成北海区海洋管理决策支持和高技术含量的信息服务能力，切实体现"监督、指导、协调、服务"的海区管理职能，全面提高北海区海洋综合管理与服务的信息化水平。

4.1.2　项目概述

　　海洋对我国经济社会发展具有重大战略意义。随着人口级数增长与陆地资源的日益衰竭，人类对海洋资源的需求度和汲取度与日俱增，人口、资源、环境问题进一步加剧，海洋环境研究、海洋资源开发利用、保护与管理备受关注。中国海洋环境状况公报指出，中国近岸海域环境问题突出，主要表现在陆源排污压力巨大，近岸海域污染严重，局部区域海水入侵、土壤盐渍化、海岸侵蚀等灾害严重，浒苔绿潮频发，近海生态环境恶化，海洋溢油等突发性事件的环境风险加剧。进一步强化海洋行政监管职能，以技术手段提高海洋管理决策和科学化水平，确保海洋资源的合理开发与利用，将是我国未来解决人口不断增长、资源日益紧缺、海洋环境日趋恶化等矛盾，保证海洋经济健康可持续发展的重要保障。

　　北海区海洋综合管理信息服务平台建设是指在海域与海岛管理、海洋环境保护、海洋防灾减灾、海洋应急处置、海洋科学技术、海洋基础建设等海洋行政管理信息化能力建设的基础上，坚持实用性、先进性、前瞻性、安全性、可扩展性原则，建立实用、易用、准实时的，覆盖分局业务处室及分局属各业务单位的海洋信息综合管理平台。系统建设以海洋行政管理、海洋基础业务为主线，运用海洋观监测、海洋环保、海洋灾害、海洋应急、科学调查、基础建设、海监飞机、船舶、海洋基础地理等数据，打造北海区海洋基础业务综合数据库，融合国家海洋局、北海区各业务应用专网，集成国家海洋局、北海区、分局属单位业务系统，构建多网、多系统、多类型数据统一集成、应用合一的海洋综合信息管理平台，实现海洋管理信息的数据集成、业务集成、成果集成与共享。

4.2　必要性及需求分析

4.2.1　必要性

　　《国家海洋事业发展规划》中提出"统筹海洋信息化工作，编制海洋信息化发展规划。加快海洋信息标准化建设，推进信息资源的统一管理和共享，依托国家电子政务网络，整合改造海洋信息业务网。建设海洋环境与基础地理信息服务平台，以海域海岛管理、生态环境保护、海洋防灾减灾、海洋经济监测、基础科学研究为主题，推进海洋管理与服务信息化工作。继续建设'数字海洋'，加快海洋数字档案与图书馆建设。健全海洋信息发布制度，强化信息公共服务。进一步加强信息管理，保障国家海洋信息安全"。

信息化是推动海洋综合管理科学化、现代化的必经之路，而信息集成水平则是海洋管理各领域综合决策水平的体现。目前北海分局信息化应用体系已初具规模，但网络信息资源的集成开发与综合利用还存在着明显不足。科学化、现代化海洋管理工作迫切需要全面、及时、准确的信息支持。"北海区海洋综合管理信息平台"建设旨在进一步开发利用信息资源，深化以分局海洋行政管理、基础业务为主体的综合管理体系建设，着力构建现代化信息网络，建立全面、完整、综合的一体化应用平台，全面推进北海区海洋行政管理信息化建设进程。

4.2.2 需求分析

北海分局本级及分局属业务单位一直高度重视海洋信息化建设工作，已基本搭建成功能较为完善的海洋行政管理、业务应用系统平台。业务数据方面，各业务单位也已基本建成以局域网、业务专网为主，互联网、卫星网为辅的，具有数据接收、集成、处理、存储功能的数据管理中心，为北海区各项业务工作提供数据支持。由国家海洋局各业务司组织搭建的业务专网、业务系统均已完成分局节点的接入。经过前期信息化建设，虽然取得了一定成绩，但是还存在突出问题，表现在各业务专网、基础数据分散，未能有效整合与利用，信息孤岛、信息资源浪费现象严重，信息资源开发、数据挖掘与分析能力不足，面向海洋行政监管决策信息支持能力欠缺，综合信息服务发展相对滞后。

在信息技术革命的冲击下，传统的工作模式与管理机制已经难以适应当前海洋行政管理工作的要求。要提高工作效率，增强监管力度，必须大力发展信息技术在海洋行政管理工作中的应用性建设。经过前期调研与分析，总结北海分局海洋行政管理信息化，大体包括网络及通信环境、基础软硬件平台、数据库及信息源、信息量、信息应用现状及相关体系、规范、制度的完善。

4.2.2.1 网络通信需求

4.2.2.1.1 网络现状分析

北海分局的网络体系主要由分局局域网、国家业务专网、海区业务专网及相关的通信线路、终端节点等构成。经过前期的建设与发展，分局网络已经初具规模，并逐步形成以分局局域网为主体，上联国家网络，下联海区网络，覆盖分局及分局属单位的数据通信网络。

北海分局现有网络主要包括三类：一是国家级网络，主要由国家海洋局规划建设，在各海区建立专网，通过专线接入国家级网络，海区用户通过专网访问国家级网络及应用系统；二是海区级网络，主要由分局规划建设，在海区建立内部办公局域网，通过内部线路或专线连接分局机关及分局属单位；三是分局属单位业务专网，主要由分局属单位建设，在单位内部建立局域网。

目前，北海信息中心已经根据分局办公及业务工作开展的需要，通过分局网络的整体规划以及多网融合设计方案，在国家级网络、海区级网络、局属单位业务网络建设与运行的基础上，利用数字通信专线、内部综合布线以及路由、交换等网络技术，以分局局域网为主体对分局网络整体布局，初步建立了一体化的北海分局网络平台。主要工作包括：

● 以分局局域网为基础，完成分局机关及全部分局属单位的网络接入，建立覆盖海区的数据通信网络，为海区一张网奠定基础；

● 与国家级网络在海区的专网进行整合，完成网络接口改造，实现分局局域网与国家级网络的互联互通，主要包括"数字海洋"专网、海洋观测资料延时数据传输网、海域动态监视监测专网等；

● 与其他海区级网络、部分分局单位业务专网进行整合，完成接口改造，实现分局局域网与海区级网络、分局单位业务专网的互联互通，主要包括海区卫星通信专网、海区预报观测网等；

● 预留与其他网络进行互联互通的网络接口，如国家海洋局政务专网、海监专网等。

4.2.2.1.2　网络整合需求

分局网络经过前期建设已经初具规模，但从国家海洋局网络及信息化发展整体来说，由于缺少顶层设计，分局的网络建设往往要依托于某个项目或者某个业务进行，造成现有网络普遍存在业务单一、重复建设、资源浪费、缺乏联系等问题，网络没有形成整体，无法通过一个集中的、统一的网络平台为分局机关及分局单位提供规范、标准、安全、可靠的网络与数据通信服务。因此，分局的网络需要根据分局信息化及业务工作开展的需要，在现有基础上进行整合，实现各级网络互联互通，形成一体化的网络平台，便于提供综合性的网络服务，同时具备一定的扩展能力、升级能力，能够为分局信息化的持续发展提供保障。主要目标包括：

● 完成海区数据通信网络的总体规划，合理设计并分配网络资源，建立网络接入及运行保障体系，能够满足网络整合及未来发展的需要；

● 建立海区核心网络，保证主干网络线路及核心网络设备的冗余备份，具备规范、灵活的网络接入方式，能够提供安全、稳定、可靠的网络服务；

● 建立与分局机关及分局属单位的通信连接，保证分局机关及分局属单位的网络接入，形成集中、统一、共享的北海分局一体化网络平台，能够为海区的网络运行与信息化建设提供保障；

● 合理设计与国家级网络、海区级网络、分局单位业务专网的网络接口，保证网络的互联互通，能够满足国家海洋局及分局网络的进一步整合与发展的需要。

4.2.2.2　软硬件环境需求

4.2.2.2.1　现有软硬件环境

信息中心前期建设"数字海洋"原型系统和"渤海海洋环境信息集成及动态管理技术示范应用"项目系统时构建了一批计算机软、硬件基础设施，包括数据库服务器和数据库软件、集成登录认证服务器、基础地理 WMS 服务器、基础地理 WFS 服务器、数据总线服务器和消息服务器、局域网和互联网邮件系统服务器、局域网和互联网即时通信服务器等。

● 数据库服务器
● 集成登录认证服务器
● 基础地理 WMS 服务器
● 基础地理 WFS 服务器
● 数据总线服务器
● 消息服务器
● 邮件服务器
● 即时通信服务器
● IBM Websphere SOA 云计算平台搭建
● 虚拟机
● 无盘工作站
● 服务器设备

4.2.2.2.2　软硬件环境建设需求

软硬件环境在上述系统环境建设基础之上，增加本次系统建设所需的应用服务器、Web服务器、图形工作站等设备。

4.2.2.3 系统集成需求

4.2.2.3.1 现有系统应用情况

北海分局现有业务化运行应用系统包括国家海洋局、北海区、北海分局、局属业务单位业务系统，具体为：

国家海洋局："数字海洋"北海分局节点原型系统、国家海洋局海域动态监管系统、国家海岛管理系统；

北海区：北海区海洋倾废动态监控系统、北海区执法监管综合信息系统、北海区海洋石油开发监视系统、北海区海洋环境监测数据报送系统；

北海分局：北海分局公文流转系统、北海分局OA自动化办公系统、北海分局党建系统、北海分局科研基金管理系统、北海分局局域网邮件系统、北海分局局域网即时通信系统。

4.2.2.3.2 系统集成需求

上述系统分布于卫星通信网、"数字海洋"专网、国家海域动管专网、各单位业务内网等，系统数据未能有效整合与利用，造成信息孤岛与资源浪费。采用技术手段将上述网络统一融合到局域网，通过局域网信息管理系统的建立，对各网段信息系统建立集成登录与权限访问控制，达到信息集成与资源共享。

4.2.2.4 制度和环境需求

信息化建设需要监管层的支持和技术支撑单位自身的努力。监管层是推动信息化建设的助推器，技术支撑单位则是加速信息化建设的动力源，只有二者合力才能更快、更好地推进信息化建设步伐。

要提高认识，加强一把手工程。领导者应先充分认识到：信息化建设是对管理模式、组织结构、思维方式进行的一场"自上而下"的创新和变革。实践证明：领导的主持和参与是信息化建设取得成功的首要条件，是信息化建设起步与成功的关键。

要积极营造信息化建设良好的外部环境。经验表明：监管层的支持、鼓励和引导在信息化建设工作中至关重要。监管层对信息化建设环境的改进和完善包括网络基础设施建设、配套体系的建立和完善，网络安全以及制定相应的规章制度，从而为信息化建设营造一个良好的基础环境。

4.3 建设目标与设计原则

4.3.1 建设目标

4.3.1.1 总体目标

采用先进的计算机技术、网络通信技术、GIS 技术、数据库技术、Web 编程技术，在"数字海洋"北海分局节点建设基础上，利用现有局域网资源和硬件池，通过适当补充网络设备和计算机设备，通过对业务专网、业务系统、业务数据、行政管理系统、管理数据的集成与应用，建设"北海区海洋综合管理信息服务平台"，实现信息的集中管理、显示、查询、统计、分析、传输、共享和服务功能，为海洋行政主管部门提供及时准确的信息服务和辅助决策支持。

4.3.1.2 具体目标

● **业务网络集成**

集成国家海洋局"数字海洋"专网、国家海域动态监视监测网、海洋实时数据传输网、海洋延时数据传输网、海洋观测数据实时传输网、海洋观测数据延时传输网、北海区海洋环境监测专网、监测数据报送专网，北海分局 VSAT 卫星通信网。

● **业务系统集成**

集成国家海域动态管理系统、国家海岛管理系统、北海区倾废动态监控系统、北海分局科研基金管理系统、北海分局公文流转系统、北海分局办公自动化系统、北海分局党建信息系统、北海分局邮件服务系统、北海分局即时通信系统、北海监测中心业务系统、北海预报中心业务系统、北海信息中心业务系统、北海计量中心业务系统、北海技术中心业务系统、北海海洋工程勘察研究院业务系统、北海区各海洋中心站业务系统。

● **业务数据集成**

集成北海区海洋观测数据、海洋监测数据，海洋灾害数据、海洋灾害应急数据，海监飞机、船舶指挥调度数据，海底电缆管道、海上石油平台、海洋倾废区、海洋功能区划、海域权属、海岛等行政管理数据，海洋重大事件发生地、范围、相关文件数据及海域海岛管理系统数据，分局属各单位业务系统数据。

● **建立统一数据存储与服务架构**

建立局域网综合数据服务数据库和综合数据服务总线，集成上述北海区行政管理、基础业务、卫星影像、航空遥感、图片、视频、基础地理等数据，为综合信息管理系统提供数据支持。通过符合安全管理规定的数据转换方式，将位于互联网的海洋业务相关数据集成到局域网综合数据库。

● **建立指挥厅（监控厅）综合信息监控平台**

建立基于海洋行政管理、海域与海岛管理、海洋环保、海洋防灾减灾、海洋应急、海洋科技、基础建设等数据信息的，具备数据集成、浏览、检索、统计、分析、辅助决策功能的综合信息平台；平台系统分别建立文档管理、数据集成、地图平台、视频加载等功能模块，利用计算机技术、软件开发技巧、电子屏分屏显示技术调节各模块间切换、居中、放大显示设置。

▶ 文档管理模块

根据分局每日交接班工作制度，建立各会议汇报文档管理系统，设置文档的统一格式处理、分类上传、浏览、检索等功能。文档类型包括飞机船舶、台风、绿潮、赤潮、海冰、溢油及其他，各类文档存储在以当天日期命名的文件夹下，提供在线浏览和历史文档文件名搜索服务。

▶ 视频在线监控模块

接入石油平台视频监控信息、海洋站海洋观监测实时视频信息、团岛码头视频监控信息、无人机视频信号、海上船舶视频信号等即时视频信息，以及时掌握前端运行状态；同时建立指挥厅与现场人员的语音通信，实现远程指挥与远程决策。

▶ 地理信息数据服务模块

通过局域网建立综合数据检索系统，将与海洋行政管理及海洋业务相关的功能区划、确权用海、区域用海、石油平台、电缆管道、遥感影像、台风、绿潮、赤潮、海冰、溢油、飞机、船舶、海洋观监测等信息进行集成，形成具备统一定位和检索界面的地理信息一张图服务平台。

▶ 地图信息控制台模块

实现地图信息加载与显示控制。包括观测（海洋站、浮标、石油平台）、监测、视频、船舶、飞机等即时在线状态显示，不同类型底图数据、行政管理数据、遥感影像、专题地图的选择与加载，地图控制工具栏、分类检索、关键词模糊查询等功能。

▶ 信息检索与分页显示模块

根据用户分类检索或关键词模糊查询操作，建立查询结果信息列表并做分页显示；实现列表信息对应要素在地图中的定位，同时在页面中显示其详细内容。

▶ 专题数据地图加载工具模块

设置专题数据地图加载工具栏，包括交接班、海域、海岛、环保、预报、海洋灾害（台风、绿潮、赤潮、海冰、溢油）和视频工具按键。交接班工具用于在文档管理模块中显示各科室汇报文件，地图中显示飞机、船舶、海洋站等在线状态；海域、海岛、环保、预报工具用于在地图中分别加载功能区划、确权海域、海岛、石油平台、倾倒区、海洋站、浮标、平台等相关图层；台风、绿潮、赤潮、海冰、溢油工具用于在文档管理模块中显示各海洋灾害相关文档，地图中叠加相应的遥感影像；视频工具用于在电子屏除地图平台以外的四块屏幕上同时加载视频信息，包括石油平台、海洋站、码头、船舶等，并实现地图要素（石油平台、海洋站等点位图标）与对应视频（蓬莱 19-3、小麦岛等视频）的显示互动。

● 建立局域网综合信息集成门户

建立局域网信息集成门户网站系统，集成分局时政要闻（科研楼电子屏信息）、分局办公业务系统、北海区业务系统、分局属各单位业务系统、国家海洋局各司业务系统。网站通过 CAS 用户集成认证实现系统单点登录功能，提供各级用户分局要闻、文件通知在线浏览，分局邮件系统、即时通信系统在线登录与通信；分权限用户分局公文流转系统、OA 办公自动化系统、党建思想体系建设系统在线办理与业务交流；分权限用户业务系统在线访问，业务数据在线上传、检索与浏览。

▶ 局域网用户集成登录模块

局域网后台数据库建立了分局所有在职职工账户记录，并且分配了访问权限，用户登录后即可访问与浏览权限内的相关内容。模块实现单点登录功能，一次登录即可访问所有权限内业务系统，无需重复登录。

▶ 分局要闻图形展示模块

以先进的 JQuery 框架技术、CSS 样式定制技术设计图形切换浏览器，用于分局要闻（图文并茂）的展示。

▶ 分局要闻信息列表模块

列举出分局历年要闻信息，并提供关键词查询。

▶ 分局办公自动化集成模块

在局域网集成登录中纳入分局公文流转系统、OA 自动化办公系统，用户登录后可视其权限列举出公文交接箱、公文急件通知列表。

▶ 局域网邮件模块

通过集成登录进入局域网个人邮箱，提供联系人列表、邮件收发及邮件管理服务。

▶ 局域网业务系统集成模块

集成分局、北海区、分局属各单位、国家海洋局各司业务系统，用户登录后即可分权限访问。

● 建立后台综合信息更新、维护管理系统

建立局域网后台信息管理系统与后台管理数据库，完成信息资料的整理、格式转换、统一入库，发布信息的增、删、改、上传与显示设置；完成后台数据库信息与数据文件的管理。

4.3.2 设计原则

系统建设遵循综合性、先进性、前瞻性、实用性、可靠性、可扩充性、安全性等设计原则。

● 综合性

系统本身必须具有综合性，其目的是全面、准确地反映海洋的成果信息，为业务部门管理工作提供及时、准确的各类数据，使研究和管理人员能够从宏观到微观全面了解管理海洋信息等概况。除了系统界面外，数据库设计是系统综合性的最集中体现。

● 先进性

系统在技术方案、系统设计、运行管理等方面应具有一定的先进性，系统的开发建设应采用软件工程学所倡导的开发模式及最新的理论、技术和方法，系统的设计应采用可视化技术，以及数据流与控制流集成化、软件功能部件化等最新的分析设计方法。同时，考虑到系统的发展完善，在满足现期功能的前提下，系统设计应具有前瞻性，在今后较长时间内保持一定的技术先进性，以保证系统具有较长的生命周期。

● 实用性

系统提供清晰、简洁、友好的文人机交互界面，操作简便、灵活，易学易用，便于管理和维护；设计上充分考虑当前各业务层次、各环节管理中数据处理的便利和可行，把满足用户业务管理作为第一要素进行考虑。

● 可靠性

系统应采用技术成熟、应用广泛的软硬件平台和数据库管理软件。基础软件平台应选择应用广泛或通用性较强的软件，这对于将来的应用开发、数据安全及系统未来的扩展和应用范围的拓展均具有重要意义；部分应用软件可自行开发，但应避免低水平的重复开发现象。

● 可扩充性

系统设计要考虑到业务未来发展的需要，要尽可能设计得简明。各个功能模块间的耦合度小，便于系统的扩展，满足不同时期的需要。对于存在旧有的数据库系统，则需要充分考虑兼容性。

● 安全性

保证数据加工生产、传递、使用的安全性。严格遵循国家安全法规制度和总体方案数据安全管理要求，保证数据信息源的可靠性；实行专人负责制和信息使用认证制度，采取等级权限管理，保证特定用户使用特定数据；防止数据传输过程中的丢失和非法复制，确保数据的安全性。

4.4 建设内容

4.4.1 通信网络

分局局域网系统以北海区网络与数据中心机房为核心，以网络设备、服务器、存储及通信线路为基础，提供重要业务数据传输、存储、计算服务，集中了各种软硬件资源和关键业务系统。目前分局局域网核心基础建设已经完成，并通过光纤或专线方式实现分局机关及分局属单位的线路接入，建立了以核心网络为基础支撑的海区网络与数据通信系统，并完成了与国家局各级专网的互联互通，能够为局域网用户提供国家、海区数据传输与服务。

4.4.2 软硬件运行环境

采用"数字海洋"原型系统、"渤海海洋环境信息集成及动态管理技术示范应用"项目软硬件运行环境建设成果。

北海区海洋管理综合信息服务平台主要软硬件环境以原有硬件池为基础，通过补充专用存储设备保证综合管理信息专用存储能力。系统在北海分局计算机硬件池上建立 5 个应用服务器，分别是两个业务系统支持服务器、一个媒体服务器、一个文件服务器和一个通信服务器。此外，购置一台图形工作站用于三维、高清、海量数据的处理及电子屏幕的投放与显示，购置矢量海图一套。

4.4.3 应用服务环境

系统建设在分局"数字海洋"原型系统等建设成果基础上，通过补充本系统所需要的应用服务环境，同时开发相应的应用服务接口，为系统应用开发提供整体的应用服务环境支持（表 4-1）。

表 4–1 系统应用服务环境简表

序号	应用服务名称	数量	方式	来源
1	应用入口服务	1	硬件池新建	
2	应用支持服务	1	1 个服务同步提供支持，硬件池新建	
3	数据库服务	2	原有	渤海海洋环境信息集成及动态管理技术示范应用
4	基础地理 WMS 服务	1	原有	数字海洋
5	基础地理 WFS 服务	1	原有	数字海洋
6	遥感影像 WMS 服务	1	原有	渤海海洋环境信息集成及动态管理技术示范应用
7	单点登录服务	1	原有	数字海洋
8	邮件服务	1	原有	分局信息化
9	即时通信服务	1	原有	分局信息化
10	数据总线服务	1	原有	渤海海洋环境信息集成及动态管理技术示范应用
11	媒体服务	1	新建	
12	文件服务	1	新建	
13	通信服务	1	新建	
14	日志服务	1	原有	渤海海洋环境信息集成及动态管理技术示范应用
15	元数据服务	1	原有	数字海洋、渤海海洋环境信息集成及动态管理技术示范应用
16	三维地理平台服务	1	原有	渤海海洋环境信息集成及动态管理技术示范应用

4.4.4　综合信息系统

北海区海洋管理综合信息服务平台建设按照用途、功能需求和显示方式，分别建立面向行政管理的指挥厅（监控厅）综合信息监控平台和面向海洋业务、海洋信息综合服务的局域网综合信息集成门户两套信息展示平台。同时建立后台综合信息管理系统，用于信息资源的收集、整理、格式转换、文档创建、上传入库、显示设置及后台数据库、数据文件的运维管理。

4.4.4.1　指挥厅（监控厅）综合信息监控平台

指挥厅（监控厅）综合信息监控平台提供三维地图平台综合信息检索、加载、图层控制、分类、分页信息列表与要素地图定位（观测海洋站、浮标、平台视频、监测飞机、船舶实时状态显示，行政管理石油平台、电缆管道、海岛、确权用海、功能区划等，遥感影像，专题地图），分局交接班/办公会汇报文档上传与浏览、在线视频监控、语音通信、远程指挥、领导决策辅助信息支持。此平台系统一期建设由六个功能模块组成，分别是文件管理模块、视频在线监控模块、地理信息数据服务模块、专题数据加载工具模块、地图信息控制台模块、信息检索与分页显示模块（表4-2）。

表4-2　指挥厅综合信息监控平台功能模块简表

序号	子模块	主要功能
1	文件管理模块	文档材料的统一格式处理、上传、更新、浏览、检索
2	视频在线监控模块	海上石油平台在线视频接入；后期扩展海洋站观监测实时视频接入；码头监控视频接入；无人机视频信号接入；海上船舶视频信号接入；语音通信、现场指挥、辅助决策信息支持
3	地图信息数据服务模块	综合信息图层加载、定位、显示一张图信息服务平台
4	专题数据加载工具模块	交接班、海域、海岛、环保、台风、绿潮、赤潮、海冰、溢油、视频功能按键，分别加载显示相关专题
5	地图信息控制台模块	地图图层控制、监控信息在线状态显示设置、专题图层加载控制、分时段遥感影像加载控制、信息检索、关键词模糊查询
6	信息检索与分页显示模块	建立信息查询结果列表并分页显示，列表对应要素在地图中居中定位，并且在网页中显示要素的详细信息

4.4.4.2　局域网信息集成门户

局域网信息集成门户网站系统提供分局行政管理部门、海洋业务部门及个人网络办公、网络邮件传输、在线业务交流等信息服务。系统集成分局时政要闻（科研楼电子显示屏信息）、分局行政办公管理系统（分局公文流转系统、分局 OA 办公自动化系统、分局党建体系化建设信息系统、分局局域网邮件系统、局域网即时通信服务系统、分局科研基金管理系统、海洋法律法规综合查询系统）、北海区业务系统（北海区海洋监视监测数据报送系统、北海区海洋倾废动态监管系统）、分局属各单位业务系统（监测中心业务系统、预报中心业务系统、信息中心业务系统、计量中心业务系统、技术中心业务系统、研究院业务系统）、国家海洋局各业务司业务系统（海域动态监视监控系统、海岛信息系统）。

系统包括六个功能模块，分别为局域网用户集成登录模块、分局要闻图形展示模块、分局要闻信息列表模块、分局办公自动化集成模块、局域网邮件模块、局域网业务系统集成访问模块（表 4-3）。

表 4-3　局域网信息集成门户功能模块简表

序号	子模块	主要功能
1	局域网用户集成登录模块	CAS 集成单点登录
2	分局要闻图形展示模块	JQuery 图形文件浏览器
3	分局办公自动化集成模块	公文交接箱、公文交接急件通知列表
4	分局要闻信息列表模块	分局要闻列表与详细内容浏览、关键词查询
5	局域网邮件模块	局域网个人邮箱服务
6	局域网业务系统集成访问模块	分局办公系统、北海区系统、分局业务单位系统、国家海洋局各业务司系统集成访问

4.4.4.3　后台信息管理系统

后台信息管理系统包括文档后台管理模块和数据库表的创建与管理。文档后台管理是对指挥厅监控系统中交接班、办公会工作汇报相关文档的整理、集成、统一上传，文件目录的分类规则、命名规则及相应目录的创建与管理（表 4-4）；局域网信息集成门户系统需要建立数据库表用于分局要闻信息的存储，同时建立要闻信息后台管理模块，用于信息的收集整理、格式处理、上传入库与显示控制（表 4-5）。

表 4-4　文档后台管理设计简表

序号	文档管理器	内容设计
1	文档分类规则	按工作汇报类别分为飞机、船舶调度类，台风、绿潮、溢油等海洋灾害类，各处室相关工作汇报其他类
2	目录命名规则	一级目录为文档管理 FileManager，二级目录为文档类别英文简称，三级目录为当天日期
3	文档格式	统一定制为 PDF 格式文档

表 4-5　分局要闻后台管理设计简表

序号	分局要闻后台管理	内容设计
1	PPT 文档版式定制	修改 PPT 页面设置（科研楼一楼电子屏播放的 PPT 文档）、文档底色以契合局域网集成门户系统照片墙显示比例，达到最佳显示效果
2	固定版式 PPT 文档制作	节假日类似中秋节、元旦、春节等制作固定 PPT 文档
3	格式转换	PPT 文档另存为 PNG 照片组
4	要闻管理系统模块	增、删、改、显示控制

4.5　系统设计

4.5.1　网络通信框架

与北海区海洋管理综合信息服务平台业务关联的实体网络包括北海分局局域网和北海分局卫星通信网数据"北海分局综合局域网网络"体系、北海分局 GPRS/3G 无线通信网和北海分局互联网数据"北海分局综合互联网网络"体系（图 4-1）。

北海分局卫星通信网用于运行北海区海洋石油开发监视系统（图 4-2）；

北海分局 3G/GPRS 无线通信网用于运行海洋倾废动态监控系统，同时用于外网与分局进行远程视频传输等相关网络系统（图 4-3）；

北海分局互联网用于运行北海分局政务信息公众网（互联网站），以及与其他涉海业务单位相关的邮件往来和信息查询，此外经加密的部分信息也可利用次网络的内部邮箱进行传输（图 4-4）。

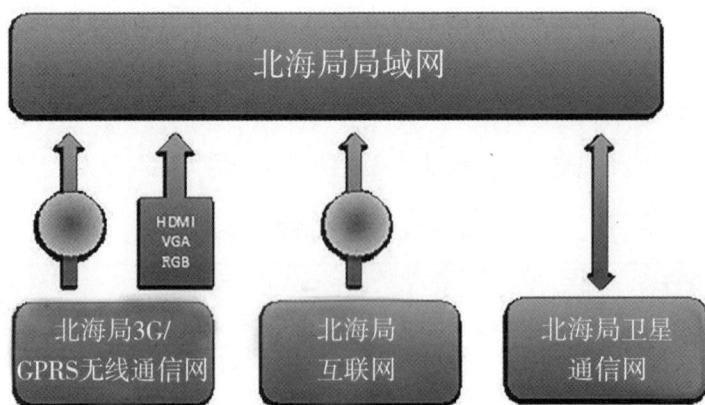

图 4-1　综合信息系统网络传输结构示意图

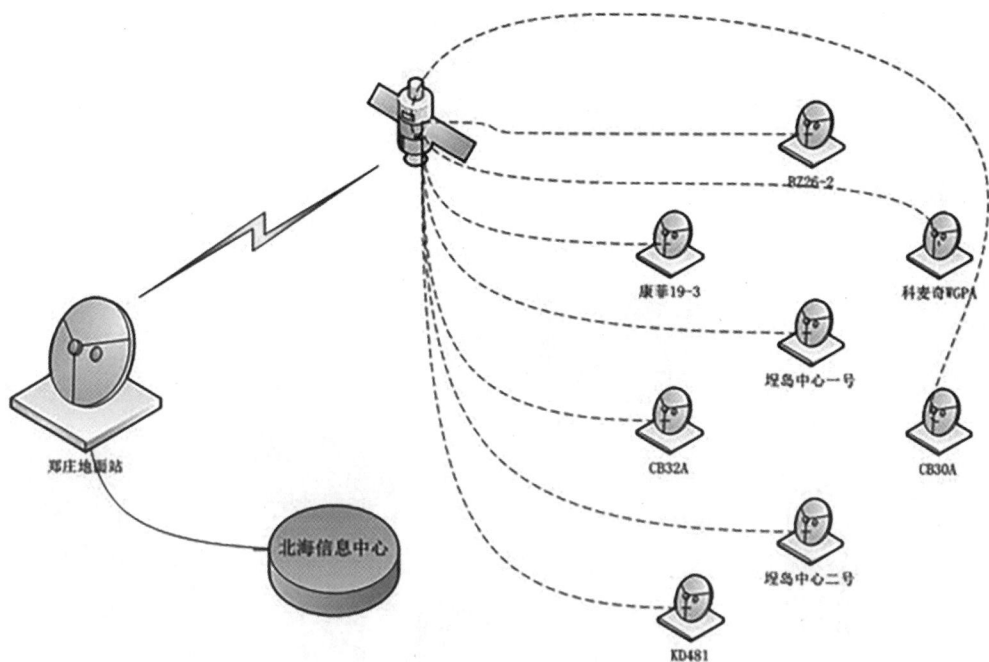

图 4-2　北海区卫星通信网络传输结构

图 4-3　北海区 3G/GPRS 网络传输结构

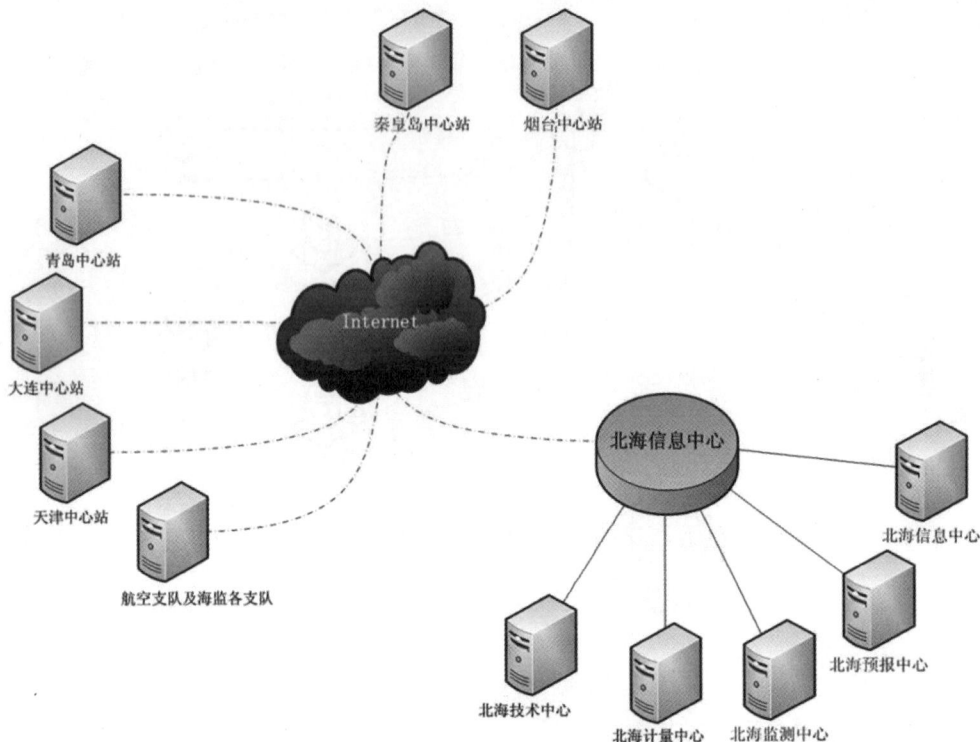

图4-4　北海分局互联网网络传输结构

　　北海分局局域网是系统平台运行的主体环境，为系统运行提供基础网络支持和数据支持，北海分局机关、局属业务单位均已接通此网络。为满足北海分局一体化网络平台建设的需要，确保安全、稳定、可靠的网络运行环境，需要对目前的局域网进行升级改造，实现局域网内网络的功能分区和网络结构分层，实现网络拓扑结构的模块化设计，便于今后网络的灵活扩展，并以此来实现网络的安全性、可扩展性和可管理性。按照在网络中的功能不同，整个网络分为网络核心区（管理平台、虚拟化平台、存储平台、安全平台）、上联区、下联区、互联区、外联区。在网络层次化方面，网络将分为核心层、汇聚层和接入层，以便于扩展而不影响原有网络结构和运行（图4-5）。

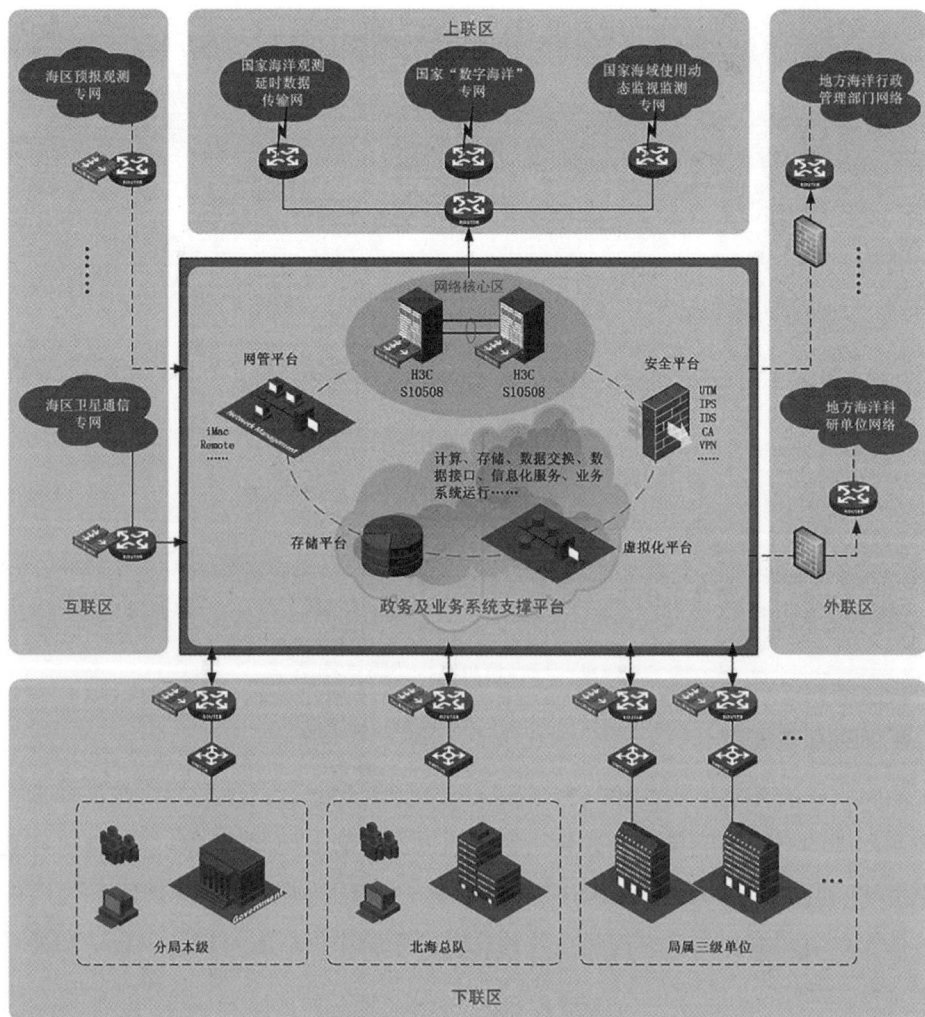

图 4–5 局域网网络规划图

4.5.2 系统架构设计

4.5.2.1 系统结构框架

面对日益复杂的软件规模，选择良好的开发框架对保证系统的成功搭建至关重要。成熟的框架会减少重复开发工作量、缩短开发时间、降低开发成本、增强程序的可维护性和可扩展性。本系统平台建设采用面向服务的体系结构 SOA 和基于 J2EE 的轻量级架构 Wicket+Spring+Hibernate 开发模式，采用模块化、框架式设计，采用中间件、工作流及 Web Service 等先进技术，以增强系统的灵活性、可重用性，方便应用系统间的集成（图 4-6）。

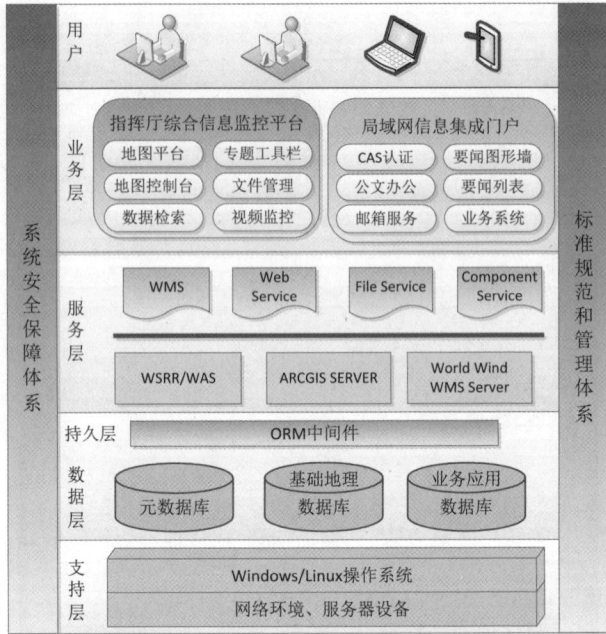

图 4-6 综合信息系统逻辑结构图

● **面向服务架构**

　　面向服务的体系结构 SOA（Service-Oriented Architecture）是一个组件模型。它将应用程序的不同功能单元（成为服务）通过这些服务之间定义良好的接口和契约联系起来；接口是采用中立的方式进行定义的，它应该独立于实现服务的硬件平台、操作系统和编程语言；构建在各种这样的系统中的服务可以一种统一和通用的方式进行交互。

　　传统的架构，软件包被编写为独立的软件，即在一个完整的软件包中将许多应用程序功能整合在一起。实现整合应用程序功能的代码通常与功能本身的代码混合在一起。笔者将这种方式称作软件设计"单一应用程序"。与此密切相关的是，更改一部分代码将对使用该代码的代码产生重大影响，这会造成系统的复杂性，并增加维护系统的成本。而且还使重新使用应用程序功能变得较困难，因为这些功能不是为了重新使用而打的程序包。其缺点是代码冗余、不能重用、成本高。

　　SOA 旨在将单个应用程序功能彼此分开，以便这些功能可以单独用作单个的应用程序功能或"组件"。这些组件可以用于在企事业内部创建各种业务的应用程序，或者如有需要，对外向合作伙伴公开，以便与合作伙伴的应用程序相融合。其优点是代码重用、松散耦合、平台独立、语言无关。

● **Wicket**

Wicket 框架是由 Apache 软件组织提供的一项开源项目。它是一种开源、轻量、基于组件的框架，这让 Wicket 迅速从开发 Web 应用程序的常用方法中脱颖而出。Wicket 力图通过支持基于纯 HTML 的模板来清晰地划分 HTML 页面设计人员和Java 开发人员之间的角色界线，此模板可使用任何 HTML 设计工具构建，并且稍许修改就可以具备动态特征。与其他框架类似，Wicket 也构建在 Sun Microsystems 的Servlet API 之上，但与基于 Model-View-Controller（MVC）模型（Struts 等）的框架不同，Wicket 可以让开发者从处理请求 / 响应对象的任务中解脱出来，而这些任务是诸如 Servlet 这类技术所固有的。排除这些任务后，Wicket 让开发者能将精力更多地集中于应用程序的业务逻辑上。

● **Spring**

Spring 框架和 Wicket 框架一样，都是开放源代码的项目，都是一种轻量级的 J2EE 应用程序框架。Spring 主要是对业务层的层次细化，也就是更深层次地降低了耦合程度。它是一个从实际项目开发经验中抽取的、可高度重用的应用框架。Srping Framework 目前最引人注目的，也就是名为控制反转 IoC（Inverse of Control）或者依赖注入 DI（Dependence Injection）的设计思想，而且它并非一个强制性框架，它提供了很多独立的组件可供选择。

● **Hibernate**

持久层框架 Hibernate 提供了"对象 - 关系持久化"（objet-to-relational persistence）机制和查询服务。Hibernate 持久对象是基于简单旧式 Java 对象（POJO）和 Java 集合（Java Collections）的。Hibernate 可以把数据库信息读进领域对象（domain objects）的一个对象图，这样就可以在连接断开的情况下把这些数据显示到 UI 层。那些对象也能被更新和送回到持久层，并在数据库里更新。而且不必把对象转化成 DTOs，因为 DTOs 在不同的应用层间移动，可能在转换中丢失。这个模型使 Java 开发者自然地以一种面向对象的风格和对象打交道，无需附加的编码。

● **Web Service**

Web Service 平台是一套标准，它定义了应用程序如何在 Web 上实现互操作。Web Service 是技术规范，SOA 是设计原则。在本质上讲，SOA 是一种架构模式，而 Web Service 是利用一组标准实现的服务。Web Service 是实现 SOA 的常用方式。用 Web Service 实现 SOA 的好处是可以构建一个中立平台来获取服务，获取更好的通用性。Web Service 的目的是即时装配、松散耦合以及自动集成。

4.5.2.2 业务功能框架

4.5.2.2.1 指挥厅现用系统调研

根据分局每日交接班工作制度和指挥调度工作需要，在海监专网上搭建了中国海监船舶动态监控系统和交接班值日安排及北海区划区域气象预报演示系统。前者主要用于船舶、飞机、浮标等当前位置信息获取并在海图中定位显示，信息的传递与获取方式通过北斗卫星导航系统进行通信（图 4-7）。后者主要用于交接班领导、值班人员每日值班安排和黄渤海区及青岛周边区域的气象预报（图 4-8）。气象信息来源于北海预报中心，通过手工录入的方式更新每日气象 Excel 表格，再由系统读取显示，分为 24 小时、48 小时和 72 小时气象预报，划分的区域包括青岛市、青岛市近海、渤海、渤海海峡、黄海北部、黄海中部和黄海南部（图 4-9）。对于海洋灾害、海洋应急等情况，例如海上台风会商、浒苔预警信息、海冰应急、溢油应急等，由相关部门编辑 Word 文档或制作 PPT 演示稿投放到电子屏上作汇报（图 4-10）。

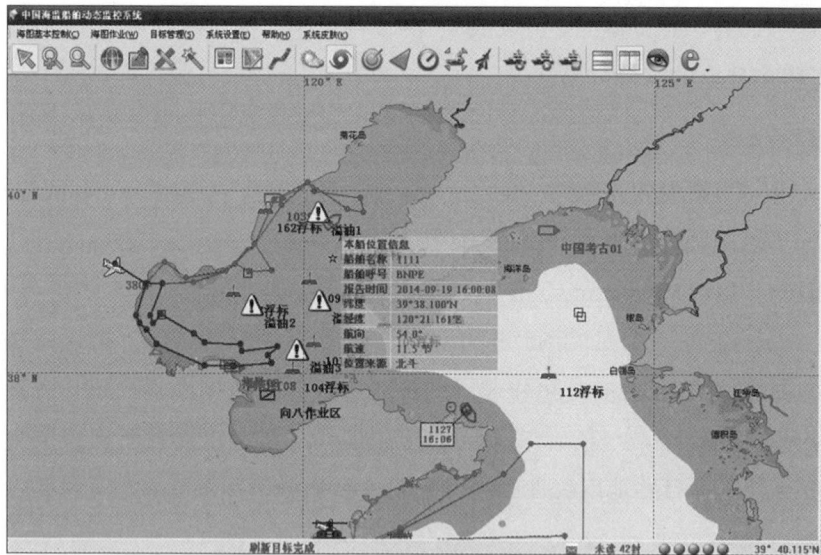

图 4-7　中国海监船舶动态监控系统界面

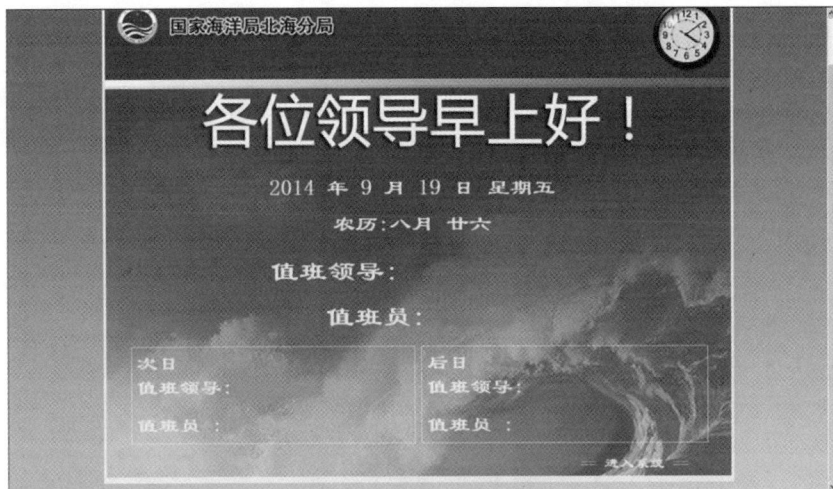

图 4-8　交接班值班表界面

图 4-9　海区气象预报界面

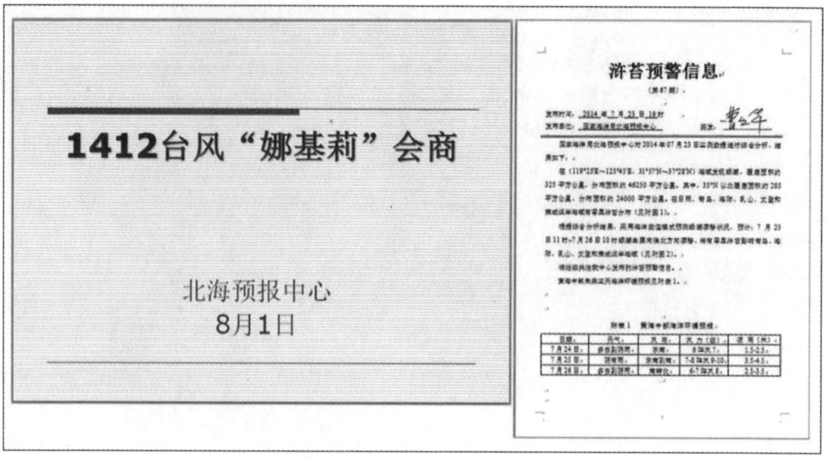

图 4-10 文档汇报图

4.5.2.2.2 分局综合信息监控平台业务功能分析

上述两套系统软件和汇报文档之间相互独立，虽然部分内容有所交叉，但受限于系统开发设置，无法在同一界面中汇报与浏览，无法将指定位置的信息在地图中定位查看，系统之间无互操作性，数据信息略显分散。

指挥厅（监控厅）综合信息监控平台系统建设将解决船舶飞机调度信息、气象预报信息、PPT 文档汇报与演示各系统界面相互独立，以及特定区域或要素信息无法在地图中定位显示的问题。将上述信息统一集成到一套软件系统界面中，通过程序设计进行功能页面间的互相切换与居中放大显示。同时在此基础上增强地图的使用功能，增加海域、海岛、海底管线、石油平台、确权海域、功能区划等管理类数据，增加卫星遥感、行政区划、交通、水系等基础类数据，同时接入石油平台、海洋站实时观测、码头等视频信号，以及时了解前端运行状态。

4.5.2.2.3 局域网信息集成门户业务功能分析

局域网信息集成门户是此次北海区海洋管理综合信息服务平台的另一部分系统建设内容，即在局域网上建立综合信息网站系统，为分局行政管理部门、业务主管部门及个人提供全面的信息服务（图 4-11）。

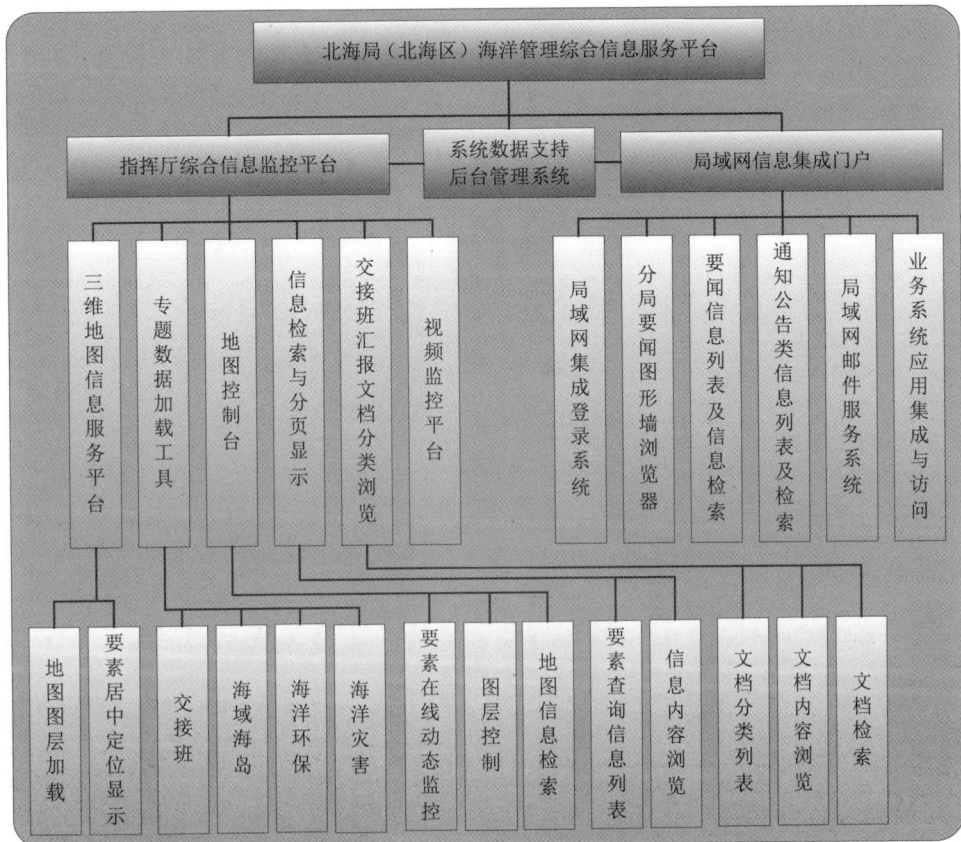

图 4–11　系统业务功能框架图

4.5.2.3　功能页面分析与设计

4.5.2.3.1　指挥厅（监控厅）综合信息监控平台

指挥厅（监控厅）综合信息监控平台的系统运行对可视化技术应用和计算机硬件配置提出了更高要求。在海量数据可视化的处理过程中，需要通过图形工作站对大规模、高清晰、复杂的三维数据进行高速运算，然后将结果显示在 LED 显示设备上。由此，平台页面与功能设计涉及三部分内容，分别是电子屏显布局设计、系统页面功能设计和电子屏幕显示控制技术。

● **电子屏幕页面布局设计**

指挥厅 LED 电子显示屏由 18 块单元板组成，监控厅 LED 电子显示屏由 8 块单元板组成。两块屏幕组合结构不同，但均分成左右两半的比例都为 4∶3，这为统一页面布局提供了有利条件。系统平台界面规划充分考虑电子屏组成单元、屏幕分辨率、系统功能展示、程序设计、使用习惯、方便阅读与浏览等诸多因素，采用 DIV 标签定位技术和电子屏显示控制技术规划页面布局。如图 4-12（指挥厅）和图 4-13（监控厅）所示，将电子屏幕分割成五部分，位于中间的单元板拼接为主屏，用于显示地图信息或当前关注或正在汇报的文档，位于两边的四块屏幕可通过右上角屏幕切换键与主屏互换位置，以居中放大显示其内容。

图 4–12　指挥厅电子屏幕布局设计示意图

图 4–13　监控厅电子屏幕布局设计示意图

　　根据系统功能设计和建设目标，电子屏五块屏幕（初始设置）分别按顺序投放地图平台与专题数据工具栏、文件管理器模块、地图信息控制台、视频在线监控和检索列表模块内容（图4-14）。后期可根据功能模块的扩展和关注信息的变动进行相应屏幕内容的切换与显示设置。

图4-14 指挥厅电子屏幕布局设计实例

● 系统页面功能设计

系统设计采用DIV+CSS+JQuery技术进行各功能页面的定位与切换。CSS（Cascading Style Sheets）是层叠样式表，也称作层次结构样式文件，一种用来为结构化文档（HTML、XML）添加样式（字体、段落、间距、颜色等）的计算机语言。DIV是HTML标记，通常作为容纳其他元素的容器，当把CSS放进DIV标签中，就可以指定HTML元素显示在屏幕上的具体位置。JQuery是继Prototype之后又一个优秀的JavaScript框架，它是轻量级的js库，简化了HTML文档遍历、时间处理、动画和为网络快速发展的Ajax交互，并且兼容各种版本的浏览器。

如前所述，系统功能模块包括文件管理、视频监控、地图平台、专题数据工具栏、地图控制台和信息检索列表。HTML页面设计将每个功能模块放置在单独的DIV容器中，通过CSS样式定制和JQuery语言在屏幕中进行各功能模块（DIV）的定位与切换显示。其中地图平台和专题图工具栏作为主屏展示投放在屏幕1（图4-14），对应HTML页面中的DIV1；文件管理模块投放在屏幕2，对应HTML页面中的DIV2；地图控制台投放在屏幕3，对应HTML页面中的DIV3；检索结果列表投放在屏幕5，对应HTML页面中的DIV4；考虑到后期功能扩展，预留出DIV5-DIV10，将视频监控模块投放在屏幕4，对应HTML页面中的DIV11。目前只有位于 VSAT 卫星通信网的石油平台视频信号接入系统，后期还将陆续接入海洋站观测视频信号、码头监控视频信号、海上船舶视频信号等，在 HTML 页面中依次扩展 DIV 容器放置上述扩展视频模块。可通过调节 DIV 与五块屏幕的映射关系显示相应的模块内容，HTML 页面 DIV 标签与电子屏分屏映射如图 4-15 所示。

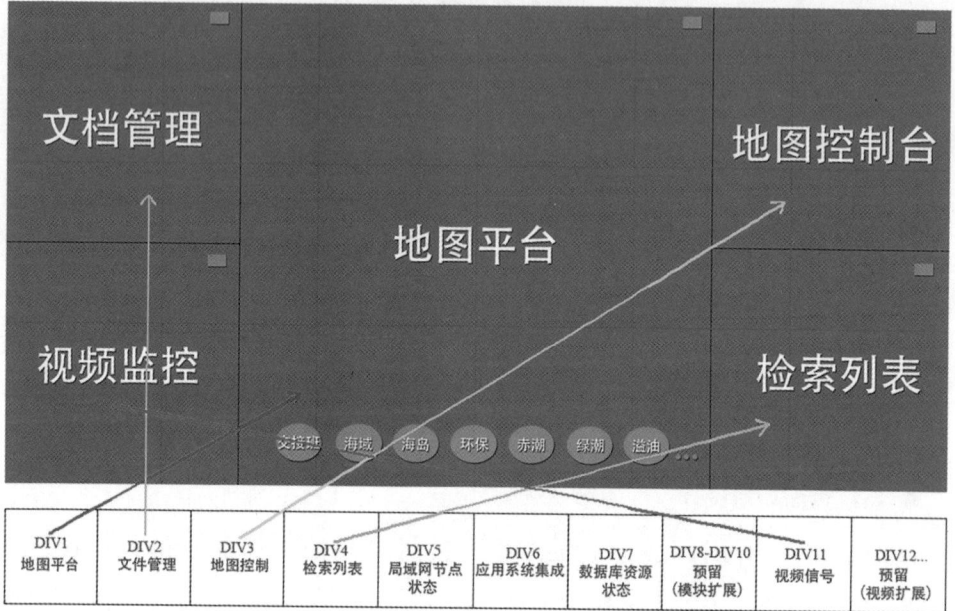

图 4-15　HTML 页面 DIV 标签与电子屏分屏映射

▶ 文档管理模块

文档类型按指挥调度、海洋灾害、海洋应急防备与处置和各处室工作汇报分类，分为飞机、船舶、台风、绿潮、赤潮、海冰、溢油和其他（图 4-16）。文档上传到系统时统一处理成 PDF 格式，提供在线浏览和历史文档查询。文档管理界面设计按照上述七种文件类型分别建立 Tab 页，在每个 Tab 页面中建立目录树 TreePanel 和 PDF 文件浏览器 FilePanel，目录树按照文档上传日期命名。目录结构如图 4-11 所示。

图 4-16　文档管理界面

▶ 地图控制台（图 4-17）

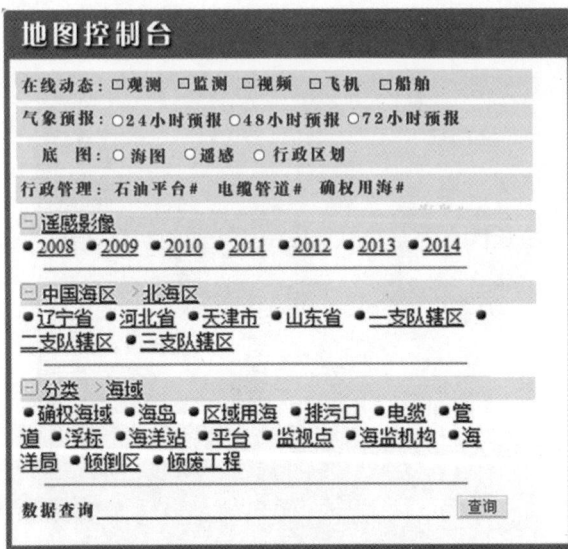

图 4-17　地图控制台界面

▶ 信息检索列表

显示地图信息查询结果，页面左侧加载信息列表 Listview，并设置分页显示效果，当点击列表项时，界面右侧出现详细内容。例如点击列表项区域用海和锦州港区域建设用海一期，右侧出现该用海项目的名称、中心位置、许可编号、许可日期、总面积、填海面积等信息（图 4-18）。

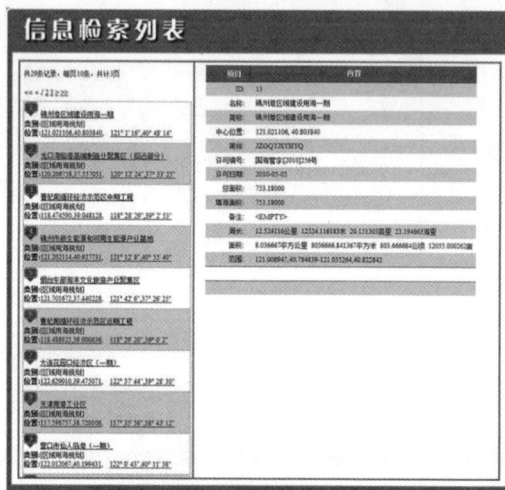

图 4-18 地图信息检索列表界面

▶ 视频监控

接入石油平台视频信号，提供在线监控，便于及时掌握前方运行状态。后期扩展海洋站观测实时视频、码头监控、船舶等视频信号（图 4-19）。

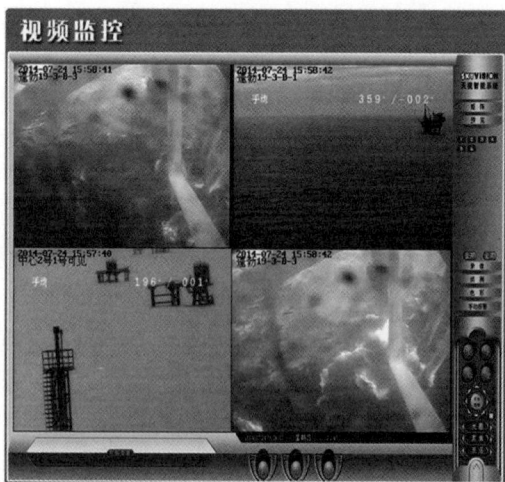

图 4-19 石油平台视频监控系统界面

● **电子屏幕显示控制技术**

　　大屏幕拼接显示系统使用的是 LED 电子显示屏控制原理。拼接系统主要由三部分组成：大屏幕投影墙、投影机阵列、控制系统。其中控制系统是核心，目前世界上流行的拼接控制系统主要有三种类型：硬件拼接系统、软件拼接系统、软件与硬件相结合的拼接系统。硬件拼接系统是较早使用的一种拼接方法，可实现的功能有分割、分屏显示、开窗口，即在四屏组成的底图上，用任意一屏显示一个独立的画面（图 4-20）。

　　HDMI 拼接处理器的主要功能是将一个完整的图像信号划分成 N 块后分配给 N 个视频显示单元（如背投单元），做到用多个普通视频单元组成一个超大屏幕动态图像显示屏，可以支持多种视频设备的同时接入，如 DVD、摄像机、卫星接收机、机顶盒、标准计算机 VGA 信号，完成多个 HDMI 信号源（VGA 信号和视频信号）在屏幕墙上的开窗、移动、缩放等各种方式的显示功能，标准像素能达到 1080P。而四画面高清拼接器是一款支持 1 进 4 出、自动 4 路拼接的拼接盒子方案，无需电脑控制，方便简洁，只需通电便可实现想要的拼接功能，自带 HDMI 和 AV 功能应用于娱乐场所可省去 HDMI 及 AV 分频器，省钱、实用、简单，对客户无需花很多的精力去引导。此拼接盒适用于出口、家庭、娱乐、公司、超市等领域。

　　HDMI 拼接控制器广泛应用于政府机关、电力、水利、电信、公安、军队、武警、铁路、交通、矿业、能源、钢铁、企业等的监控中心、调度中心、指挥中心、会议室、展示厅大屏幕显示系统，可以接驳 DLP 背投箱、等离子、液晶电视等大屏幕显示设备。

图 4–20　指挥厅（监控厅）综合信息监控平台界面

4.5.2.3.2 局域网信息集成门户界面规划

局域网信息集成门户网站系统设计遵循实用性、时效性、易操作原则，为局域网用户提供分局要闻信息、局域网邮箱通信、分局公文流转、OA 自动化办公、党建系统、业务系统访问等在线信息服务。网站首页设计如图 4-21 所示。

图 4-21　局域网信息集成门户

● CAS 集成登录功能页面

首页提供用户登录入口，也可进入局域网 CAS 集成登录页面登录系统（图 4-22）。

图 4-22　局域网 CAS 集成登录系统

● 分局要闻信息展示功能页面

利用 CSS 样式定制技术、JQuery 编程技术设计要闻信息图形展示器，实现要闻信息的自动循环播放或手动切换浏览，提供图文并茂的信息展示效果（图 4-23）。

图 4-23　JQuery 图形展示器

● 要闻信息列表功能页面

列举出分局历年的要闻信息，点击列表进入详细内容浏览页面；同时提供关键词历史要闻信息检索功能（图 4-24）。

图 4-24　分局要闻列表页面

● **最新公文列表模块**

首页提供通知公告列表页链接入口，列表页面列举出分局通知、公告信息，点击列表信息进入详细内容浏览页；同时提供关键词历史信息检索功能。用户登录后视其权限列举出公文流转系统、OA 办公系统最新公文信息。

● **局域网邮件系统**

建立局域网邮件系统，为分局行政管理机构、业务单位或个人建立邮箱账户，通过内网邮件系统进行文件传输（图 4-25）。

图 4-25   邮件系统管理界面和 WEBMAIL

● **业务系统集成与访问模块**

业务系统集成与访问模块采用"数字海洋"原型系统建设成果，集成北海分局（扩展集成北海监测中心、预报中心等业务系统）、北海区、国家海洋局相关业务与办公系统，用户通过局域网集成登录即可访问权限内的相关系统（图 4-26）。

图 4-26　业务系统集成与访问主界面

4.5.3　数据和数据库设计

4.5.3.1　数据来源

▶ 指挥调度数据船舶定位信息获取方式

采用船舶自动识别系统（Automatic Identification System，AIS），这是一种新型的助航设备；

▶ 指挥调度数据飞机定位信息获取方式

北斗通信系统；

▶ 管理类数据海底电缆管道数据来源

分局海域处不定期海底电缆、管道注册备案；

▶ 管理类数据海域（海洋功能区划、海域权属、区域用海规划、海岸线、海域界线、领海基线、领海基点）来源

省级海洋主管部门、国家海洋管理部门；

▶ 管理类数据海岛来源

国家海洋局；

▶ 管理类数据石油平台数据来源

分局环保处；

▶ 管理类数据海洋倾倒区来源

分局环保处；

▶ 海洋灾害类数据（台风、绿潮、赤潮、海冰、溢油）来源

北海预报中心、北海监测中心；

▶ 海洋站实时延时观测数据、浮标观监测数据、断面调查数据来源

志愿船、预报中心、信息中心、监测中心；

▶ 观测设备在线状态信息来源

预报中心；

▶ 监测设备在线状态信息来源

监测中心生态浮标。

4.5.3.2 数据内容

4.5.3.2.1 基础数据

● **基础地理数据**

▶ 行政区划

◇ 省（直辖市）级行政区划

◇ 地（市）级行政区划

◇ 县（区）级行政区划

◇ 行政点位（乡、镇、街办、村、庄等）

▶ 交通

◇ 一级道路（高速公路、国道、省道、城市主干道）

◇ 二级道路（县道、乡道、城市次要道路等）

▶ 水系

◇ 线状水系（单线河等）

◇ 面状水系（双线河、水库、湖泊等）

● **海图数据**

海图是指国家海道测量机构按国际海道测量组织（IHO）颁布的《数字式海道测量数据传输标准》（S-57）制作的矢量电子海图。其数据内容主要包括：

▶ 磁要素

▶ 自然地理要素

▶ 人工地物

▶ 陆地方位物

▶ 港口

▶ 潮汐

▶ 海流

▶ 深度

▶ 底质

▶ 礁石

▶ 沉船

▶ 障碍物

▶ 近海设施

▶ 航道

▶ 区域界线

▶ 灯标

▶ 浮标

▶ 立标

▶ 雾号

▶ 雷达

▶ 无线电

▶ 定位系统

▶ 服务设施

▶ 信号台站

4.5.3.2.2 行政管理数据

● **海底电缆**

海底电缆指在分局注册备案的海底供电电缆、通信光缆等。其数据内容主要包括：

▶ 注册备案号

▶ 电缆名称

▶ 注册机关

▶ 注册日期

▶ 所有者信息：名称、国籍、地址、法人、电话、传真、邮编

▶ 用途

▶ 总长度

▶ 外径

▶ 程式

▶ 通信容量

▶ 电压等级

▶ 投用时间

▶ 设计寿命

▶ 路由批准机关

▶ 路由批文编号

▶ 铺设施工许可证号码

▶ 拐点坐标

● **海底管道**

海底管道指在分局注册备案的海底输油管道、输气管道、输水管道、注水管道、排污管道等。其数据内容主要包括：

▶ 注册备案号

▶ 管道名称

▶ 注册机关

▶ 注册日期

▶ 所有者信息：名称、国籍、地址、法人、电话、传真、邮编

- ▶ 用途
- ▶ 总长度
- ▶ 外径
- ▶ 内径
- ▶ 材质
- ▶ 输送介质
- ▶ 输送压力
- ▶ 投用时间
- ▶ 设计寿命
- ▶ 路由批准机关
- ▶ 路由批文编号
- ▶ 铺设施工许可证号码
- ▶ 拐点坐标

● **海上石油平台**

海上石油平台指在海上从事油气开采的生产平台、人工岛、储油轮等。其数据内容主要包括：

- ▶ 生产设施名称
- ▶ 类型
- ▶ 性质
- ▶ 所属油田
- ▶ 坐标位置
- ▶ 配备环保设施
- ▶ 生产井数
- ▶ 注水井数
- ▶ 回注井数
- ▶ 水源井数
- ▶ 月产油量
- ▶ 月产气量
- ▶ 月产水量
- ▶ 月注水量

- ▶ 注水压力
- ▶ 月生产污水量
- ▶ 月生活污水量
- ▶ 月泥浆量
- ▶ 月钻屑量
- ▶ 建设情况
- ▶ 投产时间
- ▶ 人员情况

● **海洋倾倒区**

海洋倾倒区指国家划定的可以依法进行海洋倾废的特定海域，分为永久倾倒区和临时性倾倒区。其数据内容主要包括：

- ▶ 倾倒区名称
- ▶ 批准文号
- ▶ 类型
- ▶ 倾倒物类型
- ▶ 管理措施
- ▶ 批准倾倒量
- ▶ 倾倒区坐标形状
- ▶ 批复日期
- ▶ 关闭日期

● **海岛**

海岛数据指符合《中华人民共和国海岛保护法》对于海岛的定义，由国家海洋局海岛主管部门公布的数据。其数据内容主要包括：

- ▶ 标准名称
- ▶ 现用名称
- ▶ 曾用名称
- ▶ 标准名称代码
- ▶ 所在海区
- ▶ 所属省
- ▶ 所属市

- ▶ 所属县
- ▶ 面积
- ▶ 岸线长度
- ▶ 近陆距离
- ▶ 最高点高程
- ▶ 海岛分类
- ▶ 户籍人口
- ▶ 常住人口
- ▶ 经纬度
- ▶ 名称含义及历史沿革
- ▶ 物质类型
- ▶ 植被
- ▶ 名称标志
- ▶ 现场调查方式
- ▶ 开发利用种类
- ▶ 开发利用概况

● **海岸线**

海岸线指由政府公布或认可的，在海洋管理等相关工作中具备法律效力的海岸线。

● **海域界线**

海域界线包括我国政府公布的领海基线、领海基点、专属经济区、毗连区以及我国沿海省、市、县间的海域界线。

● **海洋功能区划**

海洋功能区划指根据海域的地理位置、自然资源状况、自然环境条件和社会需求等因素而划分的不同的海洋功能类型区。其内容主要包括：

- ▶ 功能区代码
- ▶ 功能区名称
- ▶ 所在省
- ▶ 所在市
- ▶ 所在县

- ▶ 功能区类型
- ▶ 面积
- ▶ 岸段长度
- ▶ 行政区划编码
- ▶ 地理范围
- ▶ 海域使用管理要求
- ▶ 海洋环境保护要求
- ▶ 拐点坐标

● **海域权属**

海域权属指经过海域管理部门登记确权的海域使用权属。其数据内容主要包括：

- ▶ 海域使用证号
- ▶ 发证机关
- ▶ 发证日期
- ▶ 海域使用权人
- ▶ 地址
- ▶ 项目名称
- ▶ 项目性质
- ▶ 用海类型
- ▶ 宗海面积
- ▶ 海域等别
- ▶ 用海方式
- ▶ 用海设施和构筑物
- ▶ 终止日期
- ▶ 登记编号
- ▶ 登记机关
- ▶ 登记日期
- ▶ 界址点坐标

● **船舶**

包含要素：船舶名称、呼号、报告时间、经度、维度、航向、航速、位置来源。

● 飞机

包含要素：位置、当天飞行情况、次日飞行计划。

● 浮标

包含要素：当前位置、接收数据情况、作业情况。

4.5.3.2.3　业务数据

● 水文气象

▶ 海滨观测数据

海洋水文：表层海水温度、表层海水盐度、海发光。

潮汐：潮位、高低潮。

海浪：风向、风速、海况、波型、风浪向、涌浪向、最大波高及对应周期、十分之一波高及对应周期、有效波高及对应周期、平均波高及对应期、波数、水深。

海冰：海面能见度、总冰量、浮冰冰量、浮冰密集度、浮冰冰型、浮冰表面特征、浮冰冰状、最大浮冰块水平尺度、浮冰漂流方向、浮冰漂流速度、固定冰冰量、固定冰冰型、固定冰表面特征、固定冰堆积量、固定冰堆积高度、固定冰宽度、固定冰厚度、平均厚度、冰温。

海洋气象：气压、气温、相对湿度、降水量、风向、风速、日最大/极大风速（含风向和发生时间）、风速大于或等于 17.0 m/s 的发生时段、海面有效能见度、雾。

▶ 断面调查数据

海洋化学：水深、溶解氧、活性磷酸盐、活性硅酸盐、pH、亚硝酸盐、硝酸盐、铵盐、总碱度、饱和度、盐度。

CTD 数据：温度、盐度、深度。

海洋水文：水深、水温、透明度、水色、海发光、海况、有无星月和降水、波型、波级、风浪向、涌浪向、最大波高、最大波高周期、平均波高、平均波高周期、有效波高、有效波高周期、十分之一大波波高、十分之一大波波高周期。

海洋气象：能见度、总云量、低云量、云状、真风向、真风速、气温、相对湿度、海平面气压、水汽压、露点。

志愿船监测数据：观测要素指气温、湿度、气压、风向、风速；观测频次指 1

分钟、1 小时。

浮标观测数据：气温、湿度、水温、气压、能见度、流速、流向、有效波高、有效波高及对应周期、平均波高及对应周期、十分之一波高及对应周期、波向、盐度。

石油平台观测数据：①潮汐：潮位、高低潮；②波浪：最大波高及对应周期、十分之一波高及对应周期、有效波高及对应周期、平均波高及对应周期；③海洋气象：气压、气温、相对湿度、降水量、风向、风速、日最大 / 极大风速（含风向和发生时间）、风速大于或等于 17.0m/s 的发生时段。

海洋专项调查数据。

● 赤潮

包含要素：发生地点、范围、面积、方向、相关进展及最新文件、卫星影像、航空遥感、图片。

海洋灾害公报：灾害发生日期、灾害发生时间、灾害发生地点、发生经度（西）、发生经度（东）、发生纬度（南）、发生纬度（北）、发生面积、致灾原因、赤潮生物密度、毒性、参考监测站、直接经济损失、海水养殖损失面积、数据来源。

● 绿潮

包含要素：发生地点、范围、面积、方向、相关进展及最新文件、卫星影像、航空遥感、图片。

海洋灾害公报：年份、影响海域、最大覆盖面积、最大覆盖面积发生时间、最大分布面积、最大分布面积发生时间、直接经济损失。

● 海冰

包含要素：发生地点、冰层厚度、距离、面积、最大边缘线、卫星影像、航空遥感、图片。

海洋台站海冰浮冰：经度、纬度、观测日期、海面能见度、总冰量、浮冰量、浮冰密集度、浮冰冰型、浮冰表面特征、浮冰冰状、最大浮冰块水平尺度、观测方法、浮冰漂流方向、浮冰漂流速度、观测方法。

海洋台站海冰固定冰：经度、纬度、观测日期、固定冰冰量、固定冰冰型、固定冰表面特征、固定冰堆积量、固定冰堆积高度、观测方法、固定冰宽度、观测方法、固定冰厚度、孔厚度、孔离岸距离、平均厚度、表层冰温、中层冰温、底层冰温、测冰温处冰厚、测冰温处离岸距离。

防灾减灾数据库：海冰灾害编号、测点名称、测点经度、测点纬度、测点仪器名称及型号、观测日期、观测时间、总冰量、流冰量、固定冰量、密集度、冰型、冰表面特征、冰状、最大流冰块水平尺度、最大流冰块方位、距测点距离、流冰移动速度、流冰概述、固定冰距岸距离、固定冰厚度、固定冰表层冰温、固定冰中层冰温、固定冰底层冰温、固定冰冰情概述、海冰灾害成因、成灾范围、灾情综述、冰情综述、减灾措施、资料来源。

海洋灾害公报：冰情等级、影响海域、初冰日、终冰日、一般冰厚、最大冰厚、最大浮冰范围出现日期、覆盖面积、浮冰离岸最大距离、受灾人口、死亡人数、损毁船只、水产养殖受灾面积、水产养殖受灾数量、直接经济损失。

● 溢油

包含要素：发生地点、范围、面积、相关进展及最新文件、卫星影像、航空遥感、图片。

海洋灾害公报：发生时间、发生地点、经度、纬度、溢油船只、死亡 / 失踪人数、溢油吨数、持续时间、污染面积、经济损失。

4.5.3.3　数据库设计

4.5.3.3.1　分局机构管理数据库

相关内容见表 4-6 ~ 表 4-11。

表 4-6　代码表（CodeTableData）

序号	中文名称	字段名	类型	精度	备注
1	编号	ID	Int		主键，自动序号
2	代码类别	CodeType	Varchar	30	
3	代码	Code	Varchar	50	
4	标题	Title	Varchar	200	
5	值	Value	Decimal	18,6	
6	附加内容	AppendContent	Varchar	400	附加内容
7	有效	Valid	Int		

表 4-7 部门（Department）

序号	中文名称	字段名	类型	精度	备注
1	序号	ID	Int		主键，自动序号
2	代码	Code	Varchar	30	
3	部门名称	Name	Varchar	50	
4	内线电话	PubPhone	Varchar	50	
5	联系电话	IntPhone	Varchar	20	
6	Email	Email	Varchar	50	
7	邮编	Zip	Varchar	6	
8	地址	Address	Varchar	200	
9	简称	Abbr	Varchar	50	
10	简拼	Spell	Varchar	50	
11	备注	Memo	Varchar	MAX	
12	部门序号	DepartmentID	Int		
13	上级部门序号	DepartmentParentID	Varchar	20	
14	上级部门代码	DepartmentCode	Varchar	30	
15	上级部门网站	DepartmentWebSite	Varchar	100	
16	上级部门负责人	DepartmentChair	Varchar	20	
17	上级部门 Email	DepartmentEmail	Varchar	100	
18	上级部门邮政编码	DepartmentZipCode	Varchar	20	
19	上级部门地址	DepartmentAdress	Varchar	200	
20	上级部门备注	DepartmentMemo	Text		

表 4-8 用户信息表（User）

序号	中文名称	字段名	类型	精度	备注
1	编号	ID			主键
2	类型	Type	Varchar	50	用户类型
3	登录名称	LoginName	Varchar	64	
4	密码	Password	Varchar	64	
5	用户名称	UserName	Varchar	64	用户姓名
6	外线电话	PubPhone	Varchar	30	
7	内线电话	IntPhone	Varchar	30	
8	移动电话	MPNum	Varchar	30	
9	部门	Department			所在部门

续　表

序号	中文名称	字段名	类型	精度	备注
10	是否部门领导	IsDepartManager	Int		
11	职位	Position	Varchar	50	
12	职称	TechTitles	Varchar	30	
13	电子邮箱	Email	Varchar	64	
14	创建时间	GenDate	Datetime		
15	最近登录时间	RecentLoginDate	Datetime		
16	登录频率	LoginFreq	Bigint		
17	用户级别	UserClass	Int		
18		StaffCode	Varchar	30	
19	状态	Status	Varchar	20	
20	生日	Brithday	Datetime		
21		Gender	Int		
22	编辑	Editable	Int		是否可编辑
23	有效	Valid	Int		是否有效
24		CharacterID	Varchar	100	
25	部门编号	DepartmentID	Varchar	20	
26		Outpassword	Varchar	100	

表 4-9　用户菜单关联表（UserRoleRela）

序号	中文名称	字段名	类型	精度	备注
1	编号	ID	Int		主键
2	用户编号	UserID	Int		非空
3	角色编号	RoleID	Int		非空
4	权限	Jurisdiction	Smallint		

表 4-10　角色表（Role）

序号	中文名称	字段名	类型	精度	备注
1	编号	ID	Int		主键
2	应用编号	ApplicationID	Int		
3	角色名称	Name	Varchar	50	
4	标题	Title	Varchar	200	
5	生成日期	GenDate	Datetime		
6		OutID			
7	是否可编辑	Editable	Int		是否可编辑

4.5.3.3.2 分局要闻管理数据库

表 4–11 分局要闻（Branch News）

序号	中文名称	字段名	类型	精度	备注
1	编号	ID	Int		主键，自动增加
2	UUID	UUID	Varchar	50	
3	标题	Title	Nvarchar	50	信息标题，必填
4	申请单位	ApplyUnit	Nvarchar	30	发布信息的申请单位
5	承办人	Undertaker	Nvarchar	30	发布信息申请单位的承办人
6	附件页数	Pages	Int		信息资料的页数
7	有效期起始日期	ValiPeriBgnDt	Datetime		信息有效期开始日期，必填
8	有效期结束日期	ValiPeriEndDt	Datetime		信息有效期截止日期，必填
9	申请部门意见	ApplyDepartOpinion	Nvarchar	200	字段 9-20 见《北海分局信息发布申请表》
10	申请部门意见人	ApplyDepartSign	Nvarchar	30	
11	申请部门意见日期	ApplyDepartOpinionDt	Datetime		
12	会签意见	CountersignOpinion	Nvarchar	200	
13	会签意见签字	ContersignOpinionSign	Nvarchar	30	
14	会签意见日期	ContersignOpinionSignDt	Datetime		
15	信息部门意见	InfoDepartOpinion	Nvarchar	200	
16	信息部门意见签字	InfoDepartOpinionSign	Nvarchar	30	
17	信息部门意见日期	InfoDepartOpinionDt	Datetime		
18	分局领导意见	BranchLeaderOpinion	Nvarchar	200	
19	分局领导签字	BranchLeaderOpinionSign	Nvarchar	30	
20	分局领导意见日期	BranchLeaderOpinionDt	Datetime		
21	信息标示	InfoSign	Int		1：普通信息；0：节日等固定信息；2：历史档案信息；3：后期扩展媒体信息。必填
22	发布日期	PubDate	Datetime		
23	发布人	InfoPublisher	Nvarchar	30	信息的发布者，可选字段
24	是否有效	Valid	Int		1：有效；0：无效。必填

4.5.3.3.3 海洋行政管理基础数据库

包括的数据属性结构表有：海岸线、河流、湖泊、水库、等深线、水深点、等高线、高程注记点、交通、居民地、行政界线、省际海域界线、县际海域界线、海洋功能区、海水养殖用海、港口（港地、航道和锚地）用海、盐业用海、油气田用海、固体矿产用海、海砂开采用海、旅游用海、海底管道（线）用海、排污用海、围田用海、保护区用海、海域使用基本情况、海域使用权登记、海岛岸线。

4.5.4　数据总线服务设计

4.5.4.1　数据接口总线服务

4.5.4.1.1　DBUtils

- ▶ IsConnectValid；
- ▶ Excute；
- ▶ queryWithScalarHandlerofIndex：；
- ▶ queryWithKeyedHandlerofName：；
- ▶ queryWithScalarHandlerofName：；
- ▶ queryWithKeyedHandlerofIndex：；
- ▶ queryWithMapHandler：；
- ▶ queryWithArrayHandler：；
- ▶ queryWithColumnListHandlerofName：；
- ▶ queryWithColumnListHandlerofIndex：；
- ▶ queryWithMapListHandler：；
- ▶ queryWithArrayListHandler：；

4.5.4.2　分局要闻与通知类总线服务（部分）

- ▶ NewsUtils
- ▶ queryNews：；
- ▶ queryListNews：；
- ▶ getNewsById：；
- ▶ getAllListNews：；
- ▶ PublicInfoUtils
- ▶ queryPublicInfo：；
- ▶ queryListPublicInfo：；
- ▶ getPublicInfoById：；

- ▶ getAllListPublicInfo：；
- ▶ TopratedNewsUtils
- ▶ queryNews：；
- ▶ queryListNews：；
- ▶ getAllListNews：；
- ▶ getNewsById：；

4.5.4.3 用户及权限类总线服务（部分）

- ▶ UserUtils
- ▶ getUserByLoginNameAndPassword：；
- ▶ getUserByUserNameAndPassword：；
- ▶ DeptUtils
- ▶ queryListDept：；
- ▶ queryDept：；
- ▶ getDeptByName：；
- ▶ getChildListDept：；
- ▶ getDeptById：；
- ▶ getAllListDept：；
- ▶ MenuUtils
- ▶ queryListMenu：；
- ▶ getPureChildListMenu：；
- ▶ getUserListMenu：；
- ▶ queryMenu：；
- ▶ getMenuById：；
- ▶ getAllListMenu：；
- ▶ getUserChildListMenu：；
- ▶ getChildListMenu：；
- ▶ PoliciesUtils
- ▶ queryPolicies：；
- ▶ queryListPolicies：；
- ▶ getPoliciesById：；

- ▶ getAllListPolicies：；
- ▶ BranchUtils
- ▶ queryTBranch：；
- ▶ getTBranchById：；
- ▶ queryListTBranch：；
- ▶ getAllListTBranch：；

4.5.4.4 综合管理系统

- ▶ NewsUtils
- ▶ queryListNews：；
- ▶ getNewsById：；
- ▶ queryNews：；
- ▶ getAllListNews：；
- ▶ FileUtils
- ▶ queryListFile：；
- ▶ getFileById：；
- ▶ getAllListFile：；
- ▶ queryFile：；

4.6 网络安全设计

北海分局的网络建设中，安全设备主要包括核心交换机上的硬件防火墙和入侵防御模块，以及外联区域的独立防火墙设备。

4.6.1 交换机安全特性实现网络自身安全保障

以太网在设计时没有考虑安全性的要求，这造成了以太网自身存在很多的安全隐患，正是这种原因，目前出现了从攻击主机向攻击网络资源转变的趋势。

基于 H3C 在以太网安全领域积累的大量经验，在 H3C 交换机产品中提供了大量的安全特性，可以充分保障以太网的安全。这些安全特性同时也是内网安全解决方案中很多功能实现的基础，这些安全特性包括：

- ▶ 接入控制技术——Port Security
- ▶ 接入安全技术——防 IP 伪装

▶ 防中间人攻击——STP Root / BPDU 保护

▶ 防 ARP 欺骗 DHCP server 保护

▶ 路由协议攻击防护能力

4.6.2　以防火墙为核心的内网访问控制

SecBlade 防火墙模块是指将交换机的转发和业务的处理有机融合在一起，使得交换机在高性能数据转发的同时，能够根据组网的特点处理安全业务。

SecBlade 防火墙模块可以对需要保护的区域进行策略定制，可以支持所有报文的安全检测，同时 SecBlade 防火墙模块支持多安全区域的设置，支持 Secure VLAN，对于需要防火墙隔离或保护的 VLAN 区域，用户可以将 Secure VLAN 绑缚到其中的一个 SecBlade 防火墙插卡上，这样可以通过设置 Secure VLAN 来对交换机内网之间（不同 VLAN 之间）的访问策略进行定制。

此外，端口隔离也是内网访问控制的一个有效手段，端口隔离是指交换机可以由硬件实现相同 VLAN 中的两个端口互相隔离。隔离后这两个端口在本设备内不能实现二、三层互通。当相同 VLAN 中的主机之间没有互访要求时，可以设置各自连接的端口为隔离端口。这样可以更好地保证相同安全区域内主机之间的安全。即使非法用户利用后门控制了其中一台主机，也无法利用该主机作为跳板攻击该安全区域内的其他主机；并且可以有效隔离蠕虫病毒的传播，减小受感染主机可能造成的危害。

4.6.3　以 IPS 实现应用层安全防护

IPS 入侵防御系统以在线的方式部署在客户网络的关键路径上，通过对数据流进行 2 ~ 7 层的深度分析，能精确、实时地识别和阻断蠕虫、病毒、木马、SQL 注入、跨站脚本攻击、DoS/DDoS、扫描、间谍软件、协议异常、网络钓鱼等安全威胁；并且，H3C IPS 入侵防御系统还开创性地将专业防病毒技术融入 IPS 中来，通过集成卡巴斯基的病毒特征库，可全面防止网络型病毒、文件型病毒、复合型病毒通过网络进行扩散传播。同时，IPS 还具有 P2P、IM 等网络滥用流量的识别和限制功能以及 URL 过滤功能。针对零时差攻击，H3C 提供数字疫苗服务，能够在攻击发生之前，将新的 IPS 特征库和病毒特征库快速部署在 IPS 中。这些新的特征库实际起到了虚拟软件补丁的作用，客户不必为服务器打补丁就可以完成攻击防御，从而实现了系统正常运行时间的最大化，其价值可想而知。同时，IPS 入侵防御系统通过领先的多核 MIPS 硬件架构设计以及专利检测引擎设计，确保 IPS 设备不会成为性能瓶颈。

各区域的安全策略部署将根据具体实际情况设置。

4.7　运行维护规划

4.7.1　网络运行规划

4.7.1.1　专线状态检查规划

由北海信息中心安排相关质量检查人员每天检查线路连通情况并填写记录单，发现骨干线路（含外地接入节点）问题及时通知相关网络运行维护人员处理，处理后向质量检查人员反馈，并填写记录单。

4.7.1.2　服务器网络连接状态检查规划

由北海信息中心相关质量检查人员每天检查各服务器连通情况、服务响应情况并填写记录单，发现问题及时通知相关服务器责任人员处理，处理后向质量检查人员反馈。

4.7.2　数据运行规划

4.7.2.1　局域网分局要闻数据更新

由北海信息中心网管室负责科研楼电子屏信息制作的相关人员进行局域网分局要闻的更新工作，数据中心数据库管理人员负责后台数据库的运维工作，数据更新、维护频次和电子屏信息更新频次同步。

4.7.2.2　交接班领导及值班人员排班表

由指挥处或北海信息中心相关人员录入，每周录入一次，每天会前检查一次，如有变动及时更改。

4.7.2.3　交接班气象预报数据更新

由指挥处或北海信息中心相关人员每日向预报中心咨询，气象信息如果提供文本格式，就按照数据库项对应录入，如果提供 Shape 格式，则直接加载到地图图层上。

4.7.2.4 交接班汇报文档数据更新

由各处室或业务单位按照工作汇报需要，将文件上传到指定的文件类型目录下，上传与更新频次按工作所需。

4.7.2.5 基础数据更新

基础数据更新由北海信息中心的综合数据中心统一完成，在利用外部数据处理工具完成基础数据整编后整体入库。数据更新频率为每年 1 次。

4.7.2.6 遥感影像数据更新

遥感影像数据更新由北海信息中心综合数据中心统一完成，在利用北海区遥感影像数据处理系统完成数据处理后，直接发布 WMS 服务并填写过程记录单 [BHXXZX-YW-014]。数据更新频率为每月 1 次，热点区域根据要求可以达到每周 1 次。

4.7.2.7 海域使用动态数据更新

海域使用动态数据更新由北海信息中心综合数据中心统一负责，利用国家海洋局海域使用动态监视监测系统获取相关数据后，经数据一致性检查后导入系统。数据更新频率为每月 1 次。

4.7.2.8 区域用海数据更新

区域用海数据由北海信息中心综合数据中心负责，在通过国家局海域司和中国海监总队相关文件后，由综合数据中心进行数据处理、比对校正后入库。入库频率为收到相关文件后 3 天内。

4.7.2.9 互联网数据传输规划

互联网数据包括倾废系统的 GPRS 轨迹数据和分析成果数据，由北海区海洋倾废动态监视监测系统负责提供，数据传输由北海信息中心综合数据中心负责将数据转入局域网中。更新频率为每天 1 次。

4.7.3 系统安全检查规划

4.7.3.1 网络安全检查规划

由北海信息中心网络安全检查人员定期进行网络漏洞扫描和安全检查。

4.7.3.2 服务及数据库安全检查规划

由北海信息中心服务与数据库检查人员定期进行安全检查。

4.7.3.3　日志审计安全检查规划

由相关检查人员定期进行日志安全检查。

4.7.3.4　数据及数据库备份规划

系统数据针对两类结构进行不同备份规划：数据库备份和文件服务备份。数据库备份主要依赖于数据库原有备份功能，文件备份主要依赖于文件同步工具，此类备份均沿用"数字海洋"北海分局节点成果。

案例 5
海洋环境保护行政审批办事大厅系统

5.1 项目背景

随着人口基数增长与陆地资源的日益衰竭，人类对海洋资源的需求度和汲取度与日俱增，海洋经济成为国民经济可持续发展的新经济增长点。然而频繁的海洋开发活动和大规模用海行为，给沿岸海域造成了巨大的环境压力，海洋生态环境污染与破坏日趋严重，涉海工程项目的建设始终是海洋开发活动的主体内容。进一步强化环境监管，明确监管主体和责任，规范涉海工程运行程序，实施必要的问责追究，制定海洋环境事故应急预案，做到涉海工程建设事中、事后全过程监管，是海洋环境保护工作健康、有序、稳步推进的长效机制，是保持海洋资源合理利用与可持续发展的重要保障。

5.2 需求分析

5.2.1 业务调研

5.2.1.1 相关概念

5.2.1.1.1 海洋石油勘探开发

海洋石油勘探开发，是为寻找和查明海洋中油气资源，而利用各种勘探手段了解海洋的底质状况，认识生油、储油、油气运移、聚集、保存等条件，综合评价含油远景，确定石油聚集区，找到储油圈闭，并探明油田面积，搞清油层情况和产出能力并利用各种技术手段将石油采出、提炼、加工、运输至陆地的过程。

5.2.1.1.2　《海洋工程环境影响评价技术导则》

《海洋工程环境影响评价技术导则》规定了海洋工程建设项目环境影响评价的原则、主要内容、方法和要求。

5.2.1.1.3　《环境影响报告书》

《环境影响报告书》是对建设项目进行环境影响评价后形成的书面文件。内容有项目概况、环境现状、环境影响、环保措施、经济论证等。由建设项目承担，单位委托评价单位编写，环境保护行政主管部门审批。

5.2.1.1.4　海上石油平台

海上石油平台指高出海面且具有水平台面的一种桁架构筑物，供生产作业或其他活动用。按其位置是否固定，分为固定式平台和浮式平台两类。

5.2.1.1.5　环保设施

环保设施是治理工业、商业及服务行业在生产经营过程中所产生的并对环境造成影响的物质，使其达到法定要求所需的设备和装置，以及环境监测设备。

5.2.1.1.6　"三同时"制度

中华人民共和国 2015 年 1 月 1 日开始施行的《环境保护法》第 41 条规定："建设项目中防治污染的设施，应当与主体工程同时设计、同时施工、同时投产使用。防治污染的设施应当符合经批准的环境影响评价文件的要求，不得擅自拆除或者闲置。"

5.2.1.2　工作程序

海洋石油勘探开发环境保护监管工作可分为建设监管和运营监管。建设监管包括新建项目申请、环评公示、环评批复、溢油应急计划上报、"三同时"检查和竣工验收。运营监管是针对石油平台作业的监管，包括泥浆钻屑、化学消油剂年检 / 排放 / 使用上报、申请与批复、排海污染物检测校验（包含泥浆钻屑）、排污费征收、日常报告备案、环保设施拆除、闲置、更换、维修和平台弃置（图 5-1）。

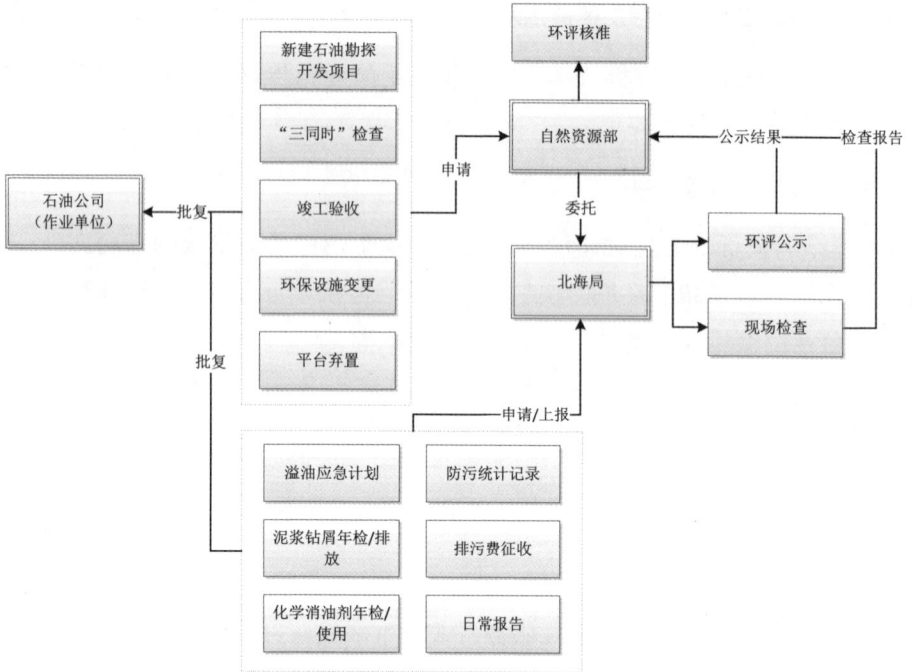

图 5-1 海洋石油勘探开发环保监管工作框图

5.2.1.2.1 工程监管期

● **环评公示及批复**

建设单位在可行性研究阶段，以委托或公开招标方式选择已取得国家颁发的环评资质证书的单位，根据《海洋工程环境影响评价技术导则》开展环境影响评价工作，编制《环境影响报告书》（简称"报告书"）。国家海洋主管部门（国家海洋局）负责核准报告书，组织召开项目评审会。建设单位将报告书报批稿报送核准部门，同时抄送核准部门下一级海洋主管部门（例如北海分局），由下一级海洋主管部门发布环评公告，报送公告反馈意见。核准部门结合反馈意见综合分析后，下达环评批复，并委托下一级海洋主管部门开展工程建设期与运营期环保监管工作。

● **溢油应急计划备案**

凡在中国管辖海域从事海洋石油勘探开发的作业者，应在作业前根据勘探开发规模、作业海域的自然环境和资源状况，根据《海洋石油勘探开发溢油应急计划编报和审批程序》要求编制《钻井作业溢油应急计划》或《油田溢油应急计划》。

作业者应向主管部门提交由作业者负责人签署的《油田溢油应急计划》以及申请备案的书面报告和联系人姓名、电话。

● "三同时"检查

海洋工程建设单位向核准《环境影响报告书》的海洋主管部门提出环境保护设施"三同时"检查申请，并填写《海洋工程环保设施"三同时"检查申请表》。

海洋主管部门委托其下一级海洋行政机构组织对环境保护设施的检查，根据检查结果做出是否批准的决定并书面通知申请者。

● 竣工验收

建设单位向核准其环境影响报告书的海洋主管部门提出工程环境保护设施竣工验收申请。海洋主管部门委托下一级海洋行政机构组织现场检查、审议、提出验收意见，并指定所属的海洋环境监测机构编制海洋工程环境保护设施竣工验收监测报告，审核后提交海洋主管部门。海洋主管部门对验收合格的海洋工程，批准其投入生产，对不合格的海洋工程，责令限期整改并下达限期整改通知书，在整改时间内仍未达到验收条件的，责令停止试生产。

5.2.1.2.2　运营监管期

● 化学消油剂检验、校验

年度检验制度：海洋行政主管部门（例如北海分局）对管辖区域生产或配备使用的消油剂实行年度检验制度。检验是否符合消油剂的性能要求，对符合要求的给予公告，对不符合要求的不予公告。未经主管部门检验的消油剂，禁止在中华人民共和国管辖海域内使用。

公告制度：经海洋行政主管部门检验的消油剂实行年度公告制度，公告在政务网站，有效期限为一年。

● 化学消油剂使用申请

作业者在使用消油剂前必须向海洋行政主管部门提出申请，经批复后方可使用。

● 泥浆钻屑排放申请

各单位在海上作业期间需向海中排放钻井水基泥浆或钻屑的，必须向海洋行政主管部门申请，批复后方可排放。

● 防污统计记录

排海污染物主要包括泥浆及钻屑、采出水（生产含油污水）、机舱含有污水、生活污水。

● **排污费征收**

对于海上各平台经处理达标排放入海的生活污水、生活垃圾（食品垃圾）、含油污水（采出水和机舱水）、钻井泥浆和钻屑，根据《海洋工程排污费征收标准实施办法》的有关规定收取排污费。经处理后超标排放入海的上述污染物按有关规定，根据超标数量要收取超标排污费。

● **日常报告备案**

日常报告包括海洋工程期间情况报告、溢油事故报告、海洋石油平台移位（就位）报告、海洋试油作业报告等。

● **环保设施变动**

海洋工程投入生产或使用后，其环境保护设施不得擅自拆除或闲置。确需拆除或闲置的，应当向核准其环境影响报告书（表）的海洋主管部门申请，经批准后方可拆除或闲置。其环境保护设施需要更换的，经批准后方可更换。在更换设备期间，应当采取有效措施，确保工程和设备更换产生的污染物的处理、排放符合国家有关规定和标准。其环境保护设施需要维修的，应当采取有效措施确保污染物的处理、排放符合国家有关规定和标准，防止因设备维修对海洋环境造成污染损害。

● **石油平台弃置**

平台在原地弃置或海上异地弃置的，平台所有者应当向国家海洋主管部门提出平台弃置书面申请，同时报送《平台弃置对周围海域的环境影响评估论证报告》或《临时性海洋倾倒区选划论证报告》。

国家海洋主管部门征求有关部门意见后做出审批决定，将审批结果书面通知申请者，通报有关部门，并由所属的海监机构负责对海洋石油平台弃置活动现场监督检查。

平台弃置清除后作业还应及时向其批准的海洋行政主管部门提交《海上平台弃置作业总结报告》和《平台弃置作业期间海洋环境监测报告》。

5.2.2 现状分析

5.2.2.1 业务系统应用现状

海洋环境保护部门当前开展石油勘探开发工程监管，局外单位采取电话、电子邮件、传真件形式，局内单位以电话、分局 OA 呈报批为主，其间形成的电子文档储存在电脑硬盘中。海洋环境保护部门针对石油勘探海上排污开发过一款互联网防污统计系统，该系统采用比较陈旧的网络信息技术，数据安全性较差，沿用至今。内网没有针对业务单位流转与局领导呈报批综合一体的数据库和信息管理系统，未能对石油勘探开发监管信息、审批数据进行有效的存储与管理、统计与分析，信息化建设相对滞后。

当前亟待利用先进的信息技术手段，实现数据信息的在线报批、业务流转、分级管理、传输交换与共享服务，为环保监管提供及时准确的数据分析和辅助决策支持。

5.2.2.2　网络现状

北海分局的网络体系主要由分局局域网、国家海洋局业务专网、海区业务专网、小型 VSAT 卫星通信网及相关的通信线路、终端节点构成。经过前期的建设与发展，分局网络已经初具规模，并逐步形成以分局局域网为主体，上联国家海洋局网络，下联海区网络，覆盖分局及分局属单位的数据通信网络。

目前，北海信息中心已经根据分局办公及业务工作开展的需要，通过分局网络的整体规划以及多网融合设计方案，在国家海洋局网络、海区级网络、分局属单位业务网络建设与运行的基础上，利用数字通信专线、内部综合布线以及路由、交换等网络技术，以分局局域网整体布局为主体，初步建立了一体化的北海分局局域网平台。

5.2.2.3　软硬件环境需求

信息中心前期项目系统建设时构建了一批计算机软、硬件基础设施，本项目建设在此基础上增加系统所需的应用服务器、Web 服务器、数据库服务器等设备。

5.2.2.4　制度和环境需求

信息化建设需要监管层的支持和技术支撑单位自身的努力。监管层是推动信息化建设的助推器，技术支撑单位则是加速信息化建设的动力源，只有二者合力才能更快、更好地推进信息化建设步伐。

要提高认识，加强一把手工程。领导者应先充分认识到：信息化建设是对管理模式、组织结构、思维方式进行的一场"自上而下"的创新和变革。实践证明：领导的主持和参与是信息化建设取得成功的首要条件，是信息化建设起步与成功的关键。

要积极营造信息化建设良好的外部环境。经验表明：监管层的支持、鼓励和引导在信息化建设工作中至关重要。监管层对信息化建设环境的改进和完善包括网络基础设施建设、配套体系的建立和完善，网络安全以及制定相应的规章制度，从而为信息化建设营造一个良好的基础环境。

5.3　建设目标

5.3.1　总体目标

利用 Java、AJAX、JQuery 等现代化信息手段，建立海洋工程环境监管工作在线报批、业务流转、催办督办、信息检索、统计分析、外网报送 / 批复、内外网数据交换等综合在线办公与信息监管平台，在海洋生态环境监管综合数据库基础上扩建本系统数据库，为使用者提供更便捷的文件传输与报批方式，为管理者提供更直观的数据分析形式，为领导者提供更直接的决策信息支持。

5.3.2　具体目标

1）建立海洋石油勘探开发内网数据库，包括工程建设信息、平台基础信息、石油公司信息和平台运营信息。

2）建立海洋环保外网办事大厅数据库，同步内网数据库信息。

3）建立海洋石油勘探开发内网审批与业务流转系统。

4）建立海洋环保外网办事大厅系统，包含新建石油勘探开发企业上报子模块和海洋工程围填海（原系统整合）子模块。

5）建立内、外网数据同步系统工具，保证数据安全性与完整性的前提下，实现数据一键式读取操作。

6）实现内网业务流转系统与分局 OA 系统的接口读取。

7）配置 CAS 单点登录功能。

5.4　建设内容

针对海洋石油勘探开发、围填海工程环境保护工作，建设开发海洋环境保护行政审批系统。系统分为两部分，互联网企业上报与审批办事大厅和分局局域网业务流转与审批系统（图 5-2）。

互联网企业上报与审批办事大厅海洋石油勘探开发环境保护部分，包含石油企业从项目建设申请、批复、溢油应急计划、"三同时"检查、竣工验收到泥浆钻屑排放、化学消油剂使用申请 / 批复 / 年度检验 / 校验、防污统计查询、排污费征收、石油平台移位报告等各业务环节的在线办理。系统还需融合原海洋工程围填海后期监管外网上报子模块。

分局局域网业务流转与审批系统，包含上述石油勘探开发环境保护所有工作环节的内网上报与审批及系统在局内各业务单位间的流转与办理。内网系统还需在原海洋工程围填海系统基础上进行公共信息发布、系统流程图标识等功能的扩展开发。

外网企业上报与内网业务流转两个系统相辅相成，内外网通过数据交换模块同步数据信息，在兼顾数据安全性的前提下保证数据的完整性。内网系统要求与分局OA系统对接，通过接口进行领导审批信息的读取。

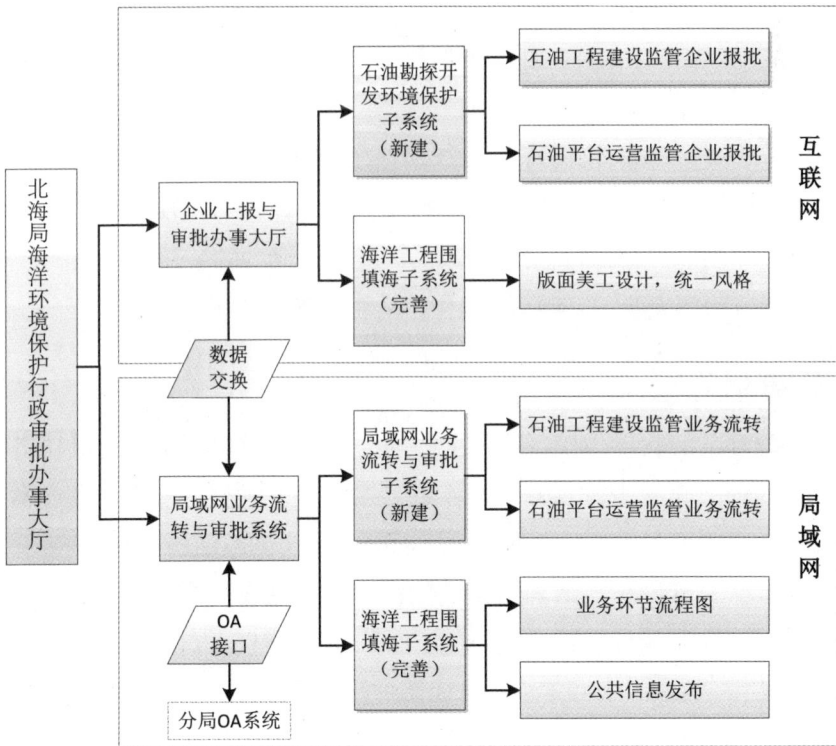

图 5-2　海洋环境保护办事大厅内外网系统框图

5.5 架构设计

5.5.1 设计要求

架构设计原则:

1)分离关注点:将应用划分为在功能上尽可能不重复的功能点。主要的参考因素是最小化交互,高内聚、低耦合。

2)职责单一:每一个组件或者是模块应该只有一个职责或者是功能,功能要内聚。

3)最小知识原则:一个组件或者是对象不应掌握其他组件或者对象的内部实现细节。

4)不重复原则:特殊的功能只能在一个组件中实现,在其他的组件中不应该有副本。

5)最小化预先设计:只设计必须的内容。若是应用需求不清晰,不要做大量的预先设计。

系统开发要求符合软件开发标准规范,拥有完整的开发过程文档资料。系统应该达到系统设计的功能性目标和非功能性目标,功能性目标应该符合技术方案中设计的功能,非功能性目标包括性能参数、安全性、扩展性、部署方便性、可用性等,整体系统应达到成熟、完整、易操作、功能完善等各项标准。

5.5.2 总体架构

面对日益复杂的软件规模,选择良好的开发框架对保证系统的成功搭建至关重要。成熟的框架会减少重复开发工作量、缩短开发时间、降低开发成本、增强程序的可维护性和可扩展性。本系统采用面向服务的体系结构 SOA 和基于 Java 的 SSH 框架, B / S 开发模式,采用模块化、框架式设计,采用中间件、工作流及 Web Service 接口技术,以增强系统的灵活性、可重用性,方便应用系统间的集成。前端框架采用 Bootstrap,并由专业设计团队进行 UI 设计,提升用户体验(图 5-3)。

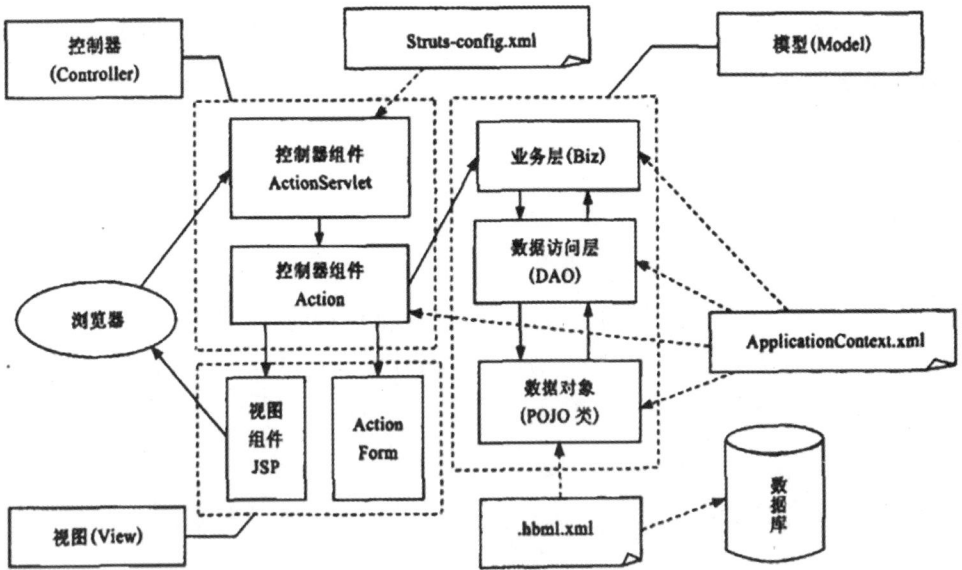

图 5–3　系统总体架构图

5.5.3　网络架构

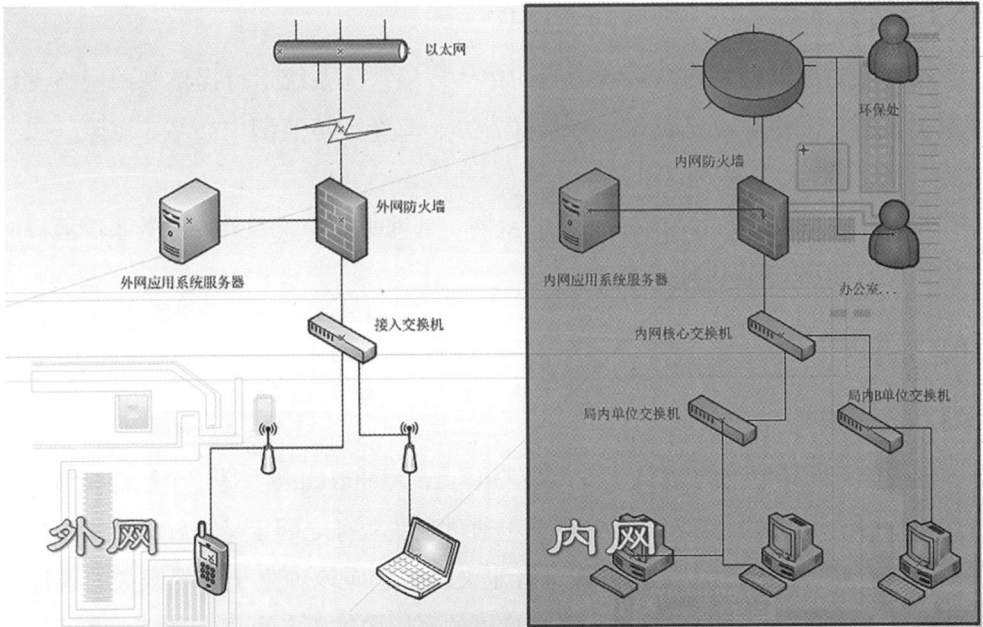

图 5–4　系统网络拓扑结构图

系统运行网络依托于北海分局综合互联网和综合局域网。内外两套网络物理隔离，所有内外网的数据都需要用光盘来传递。文档及数据信息的更新通过中间库及同步工具来实现（图 5-4）。

5.5.4　系统安全设计

分局网络建设中，安全设备主要包括核心交换机上的硬件防火墙和入侵防御模块，以及外联区域的独立防火墙设备。

信息系统在网络安全基础上进行数据库安全审计，建立数据库备份、恢复机制，保证数据的完整性，对于敏感数据进行数据库加密设计；对系统登录进行身份识别、访问权限控制。

5.6　技术方案

5.6.1　硬件平台

在原有硬件环境基础上，增加本次系统建设所需的内外网应用服务器、Web 服务器、数据库服务器等设备。

5.6.2　网络平台

北海分局局域网是内网系统运行的主体环境，为系统运行提供基础网络支持和数据支持，网络节点已覆盖至分局驻青办、海洋环境监测中心站、海监一二三支队。

北海分局互联网是分局政务信息公众网、外网邮箱系统及外网业务系统运行的主体环境，与分局局域网物理隔离。

5.6.3　开发平台

5.6.3.1　面向服务架构

面向服务的体系结构 SOA（Service-Oriented Architecture）是一个组件模型。它将应用程序的不同功能单元（成为服务）通过这些服务之间定义良好的接口和契约联系起来；接口是采用中立的方式进行定义的，它应该独立于实现服务的硬件平台、操作系统和编程语言；构建在各种这样的系统中的服务可以一种统一和通用的方式进行交互。

在传统的架构方面，软件包被编写为独立的软件，即在一个完整的软件包中将许多应用程序功能整合在一起。实现整合应用程序功能的代码通常与功能本身的代码混合在一起。研究者将这种方式称作软件设计"单一应用程序"。与此密切相关的是，更改一部分代码将对使用该代码的代码产生重大影响，这会造成系统的复杂性，并增加维护系统的成本。而且还使重新使用应用程序功能变得较困难，因为这些功能不是为了重新使用而打的程序包。其缺点是：代码冗余、不能重用、成本高。

SOA 旨在将单个应用程序功能彼此分开，以便这些功能可以单独用作单个的应用程序功能或"组件"。这些组件可以用于在企事业内部创建各种业务的应用程序，或者如有需要，对外向合作伙伴公开，以便与合作伙伴的应用程序相融合。其优点是：代码重用、松散耦合、平台独立、语言无关。

5.6.3.2　Java 平台

Java 平台由 Java 虚拟机（Java Virtual Machine）和 Java 应用编程接口（Application Programming Interface，API）构成。Java 应用编程接口为 Java 应用提供了一个独立于操作系统的标准接口，可分为基本部分和扩展部分。在硬件或操作系统平台上安装一个 Java 平台之后，Java 应用程序就可运行。Java 分为三个体系：JavaSE（Java 平台标准版）、JavaEE（Java 平台企业版）和 JavaME（Java 平台微型版）。

5.6.3.3　Eclipse 平台

Eclipse 是一个免费的、开放源代码的、基于 Java 的可扩展开发平台。就其本身而言，它只是一个框架和一组服务，用于通过插件组件构建开发环境。Eclipse 附带了一个标准的插件集，其中包括 JDT（Java Development Tools，Java 开发工具）。Eclipse 最初主要用于 Java 语言开发，但是目前也有人通过插件使其作为其他计算机语言比如 C++ 和 Python 的开发工具。众多插件的支持使得 Eclipse 拥有其他 IDE 软件很难具有的灵活性，许多软件开发商以 Eclipse 为框架开发自己的 IDE。

5.6.3.4　Struts 框架

Struts 框架是基于 MVC（model view controller）模式的框架，是一个免费开源的 Web 层的应用框架，主要采用 JSP 与 Servlet 技术实现，把 Servlet、JSP、自定义标签和信息资源整合到一个统一的框架中，关注于控制器的流程。开发人员只需开发相应的 Action 类、ActionFormBean 和 JSP 组件，就可以套用 Struts 框架，进行项目的开发。

5.6.3.5 Hibernate 框架

Hibernate 框架是一个优秀的 Java 持久层解决方案，是一个对象 / 关系映射框架。它把对象模型表示的对象映射到基于 SQL 的关系模型基础上，在 JDBC 的方式上进行轻量级对象封装。同时 Hibernate 还提供数据查询和获取数据的方法，减少使用 SQL 和 JDBC 访问数据库的时间。

5.6.3.6 Spring 框架

Spring 框架是在 J2EE 的基础上实现的一个轻量级 J2EE 框架。它服务于所有层面的应用程序，提供了 Bean 的配置基础、AOP 的支持、JDBC 提取框架、抽象事务支持等。它还有效地组织了系统中的中间层对象，消除了组件对象创建与使用耦合紧密的问题。

5.6.3.7 Bootstrap 框架

Bootstrap 框架是基于 HTML、CSS、JavaScript 的，是一个 CSS/HTML 框架。Bootstrap 提供了 HTML 和 CSS 规范，并兼容大部分 jQuery 插件。

5.6.3.8 jsPlumb 流程图

jsPlumb 是一个强大的 JavaScript 绘图库，它可以将 HTML 中的元素用箭头、曲线、直线等连接起来，适用于开发 Web 上的图表、建模工具等，它支持 jQuery+jQuery UI。

5.7 数据工作方案

5.7.1 数据工作内容

数据内容包括基础数据整理和历史数据整编。基础数据包括海洋工程、企业信息、石油平台，历史数据包括环评公示及批复、"三同时"检查、竣工验收、溢油应急计划、泥浆钻屑年检审批、化学消油剂年检审批、防污统计记录、平台移位等日常报告。

5.7.2 数据收集过程

通过电话咨询、电子邮件，或前往环保处、海监一二三支队、石油公司收集系统相关数据。信息中心组织人员对数据进行分类整理。

5.7.3　数据整合流程

基础信息包括新建工程、企业公司、石油平台数据由信息中心 / 环保处人员内网增、删、改，同步至外网系统，外网只提供检索。

企业工程申请、批复，污染物排放申请、批复，平台移位等报告由企业 / 环保处外网上传或下载，环保处工作人员同步至内网。

基础信息和平台移位报告等信息通过数据同步模块实现内外网同步，企业申请、监管批复、工作通知等单个文档通过光盘拷贝。

5.8　系统开发方案

本项目开发按照海洋环境保护业务类型分为海洋石油勘探开发（新建系统）和海洋工程围填海（原系统基础上扩展功能）。根据系统使用目标用户，上述两个系统又拆分为外网、内网两部分，外网是企业上报数据和文件批复，内网是上报审批与业务流转，还包括内外网数据同步功能开发、分局 OA 系统对接和局域网 CAS 单点登录配置。

5.8.1　海洋环境保护互联网企业上报与行政批复办事大厅

● 页面设计

▶ 页面设计要求简洁大方，以蓝色为主色调

▶ 办事大厅首页面设计

▶ 系统登录、密码修改页面设计

▶ 石油勘探开发系统各分页面设计

▶ 海洋工程围填海系统各分页面设计（原版面修改）

● 首页内容设计

▶ 办事大厅首页

包含海洋环境保护相关法律法规、石油勘探开发系统图标、海洋工程围填海图标（点击图标进入登录界面）。

▶ 石油勘探开发系统首页

包含新上传文档信息列表；

默认 10 条（取数据库 10 条数据，按时间倒序）；

业务分类菜单列表或图标；

工程：申请、批复、"三同时"检查、竣工验收、溢油应急计划；

平台：

① 防污统计（防污数据查询、排海污染物检测检验报告、排污费征收）；

② 泥浆钻屑（排放申请批复、企业年检报告）；

③ 消油剂（使用申请批复、企业年检报告）；

④ 日常报告（海洋工程建设期间情况报告、溢油事故报告、海上石油平台移位报告、海上试油作业报告等）；

⑤ 环保设施变更；

⑥ 石油平台弃置。

▶ 海洋工程围填海系统首页

参照原系统，对版面重新设计，保持页面风格与办事大厅相一致。

5.8.1.1　石油勘探开发系统设计

石油勘探开发外网系统开发内容包括（图 5-5，图 5-6）：

▶ 公司信息、平台信息与内网同步（后台管理）

▶ 用户信息、工程信息的增、删、改（后台管理）

▶ 环评公示、环评批复、溢油应急计划、"三同时"检查、竣工验收文档上传下载

▶ 泥浆钻屑排放在线申请及批复文档上传下载

▶ 化学消油剂使用在线申请及批复文档上传下载

▶ 泥浆钻屑企业年检上报与文档下载

▶ 化学消油剂企业年检上与文档下载

▶ 防污统计记录查询统计

查询范围分三级：北海分局、石油公司、石油平台，可查询月报、季报、年报；

▶ 排海污染物检验、校验文档上传下载

▶ 排污征收费相关文档上传下载

7.8.9 三条均属于海上平台防污统计，数据来源于石油勘探开发防污统计系统；

▶ 海洋工程建设期间情况报告上传下载

▶ 溢油事故报告上传下载

▶ 石油平台移位报告上传下载

▶ 海上试油作业报告上传下载

10.11.12.13 四条均属于日常报告，可增加报告类型；

▶ 环保设施变更（拆除、闲置、更换、维修）文档上传下载

▶ 海上石油平台弃置文档上传下载

▶ 内外网数据同步功能

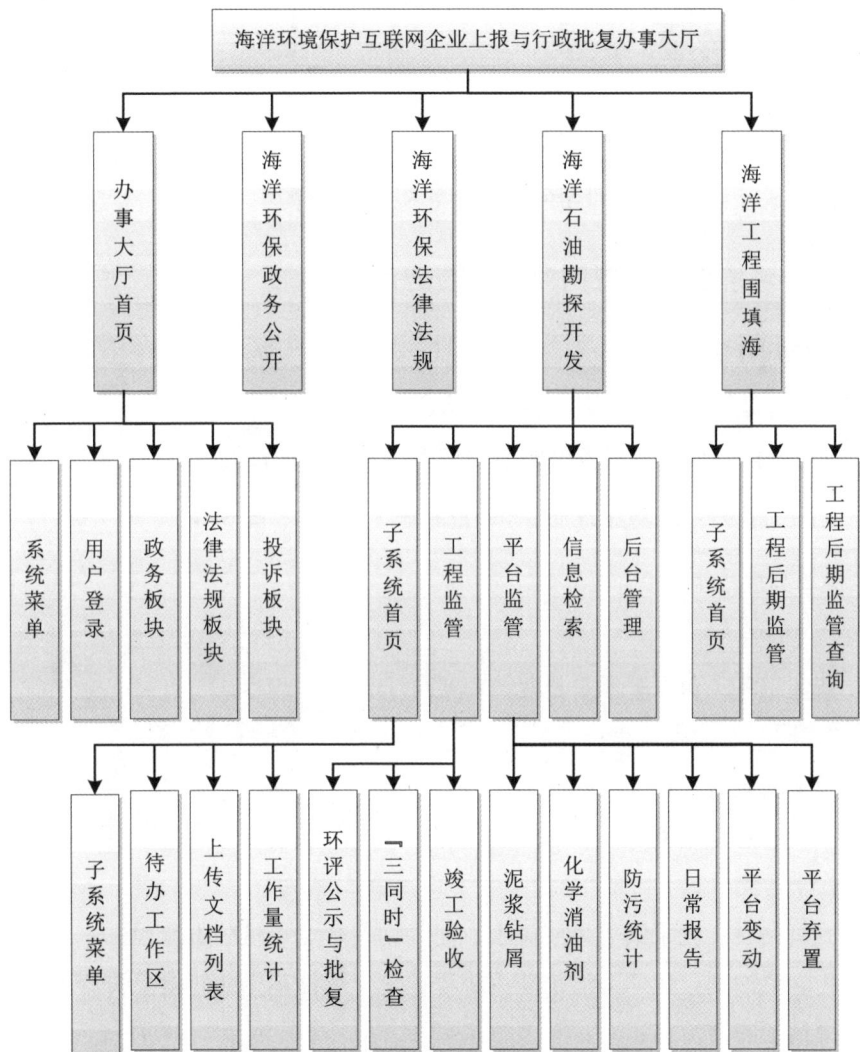

图 5-5　外网办事大厅系统功能层次图

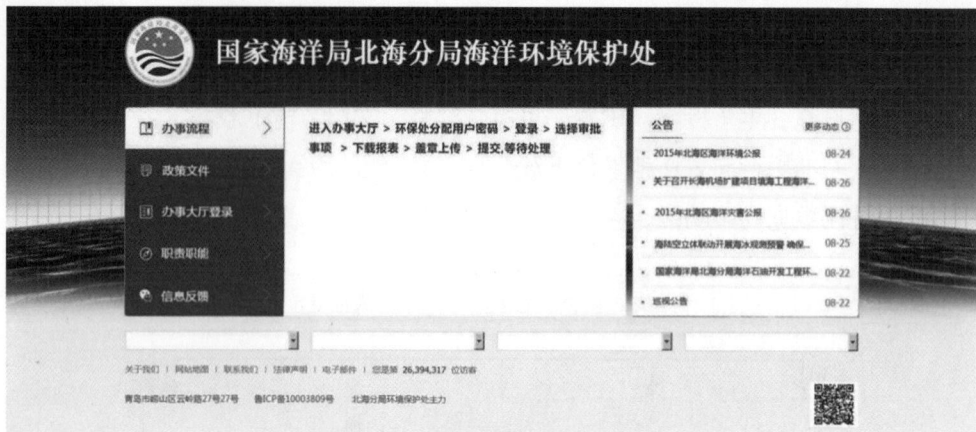

图 5-6　外网办事大厅系统示意图

5.8.2　海洋环境保护局域网业务流转与审批系统

5.8.2.1　页面设计要求

▶ 页面设计要求简洁大方，以蓝色为主色调

▶ 石油勘探开发内网业务流转与审批系统各分页面设计

5.8.2.2　石油勘探开发内网业务流转与审批系统（图 5-7，图 5-8）

● 菜单列表或图标设计

▶ 工程监管

① 新建工程（包含公示、批复流程）；

② "三同时"检查流程；

③ 竣工验收流程；

④ 溢油应急计划流程。

▶ 平台监管

① 泥浆钻屑：泥浆钻屑排放流程、泥浆钻屑企业年检公告流程；

② 化学消油剂：化学消油剂使用流程、化学消油剂企业年检公告流程；

③ 排污征收费流程；

④ 报告备案（可增加）：海洋工程建设期间情况报告、溢油事故报告、石油平台移位报告、海上试油作业报告、泥浆钻屑抽样检验报告、排海污染物检验校验报告。

▶ 信息检索（按时间倒序）

① 工程检索（基本信息、参与公司信息链接、涉及平台信息链接）：环评公示与批复流程、"三同时"检查流程、竣工验收流程；

② 公司检索（基本信息、旗下平台信息链接、参与工程信息链接）；

③ 平台检索：平台基础信息检索（所属公司信息链接、涉及工程信息链接）；平台泥浆钻屑、化学消油剂、排污征收费等流程检索；平台报告备案检索（移位作业、试油作业等）。

▶ 后台管理（基础信息维护）

① 工程信息管理（增、删、改）；

② 公司信息管理（增、删、改，和外网一致，只在内网更新，同步到外网）；

③ 平台信息管理（增、删、改，和外网一致，只在内网更新，同步到外网）。

▶ 地图模块（预留菜单）

● **工作办理区**

▶ 业务流程区

① 待办：待办项列表，以流程类型列举；点击列表下拉显示待办项详细信息；待办项提示弹出框；业务单位已阅读 / 办理告知弹出框；弹出框同时配声音提醒；

② 办理中：正在办理事项列表，以流程类型列举；点击列表下拉显示在办项详细信息；

③ 归档：环保处角色用户归档列表，以流程类型列举；其余角色用户统一到检索查询。

▶ 平台备案信息

列举 10 ~ 20 条最新上传数据，按时间倒序排列。

● **流程示意图**

蓝色表示已经过的任务节点，红色表示当前任务节点，黑色表示还未办理的任务节点。

● **消息提醒窗口**

待办消息提醒和业务单位已办理回执提醒，配提示背景音乐。

● **CAS 单点登录系统配置**

● **分局 OA 系统接口读写**

● **内外网数据同步功能**

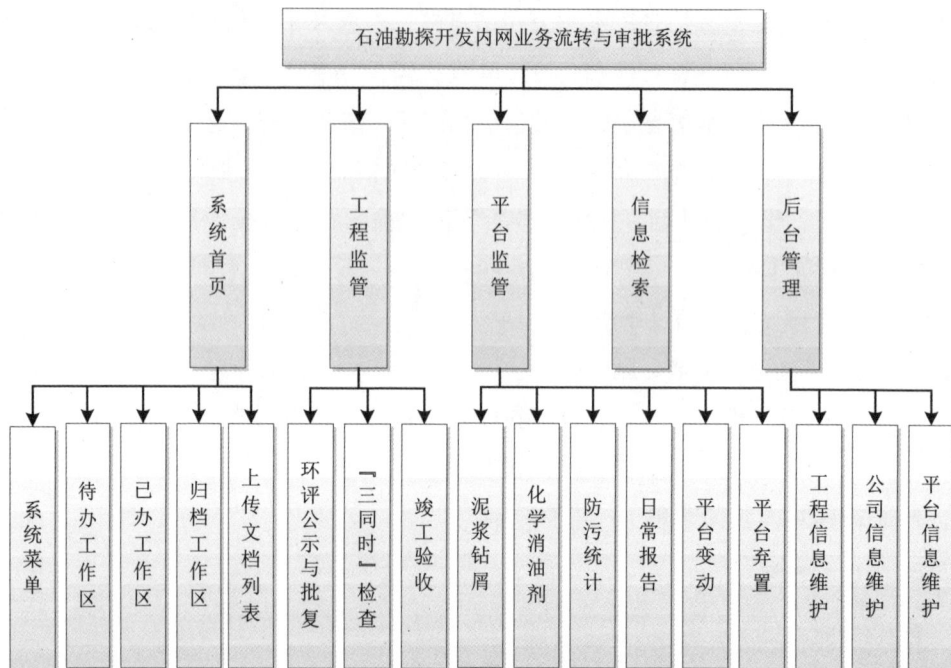

图 5-7　石油勘探开发内网统功能层次图

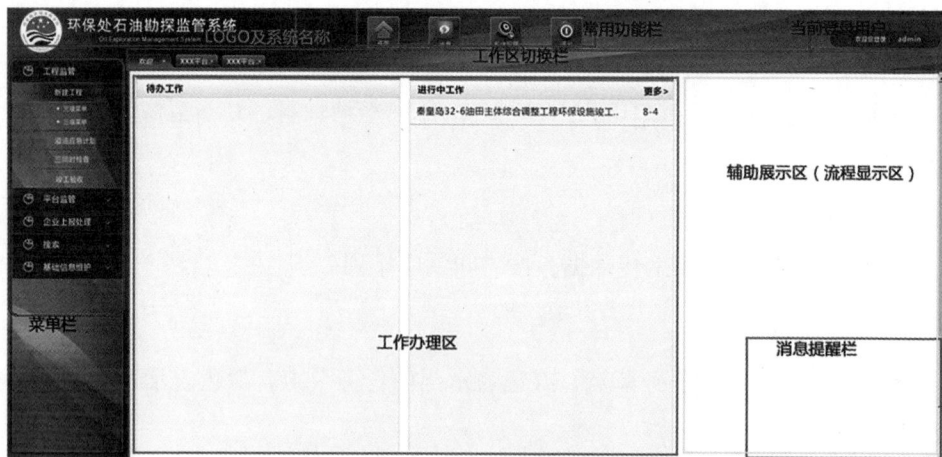

图 5-8　石油勘探开发内网系统界面示意图

5.8.2.3　海洋工程围填海系统

在原系统基础上增加公共信息发布功能、流程节点示意图功能，完成与分局 OA 系统接口对接（图 5-9 ～图 5-16）。

5.8.2.4　石油勘探开发业务流程

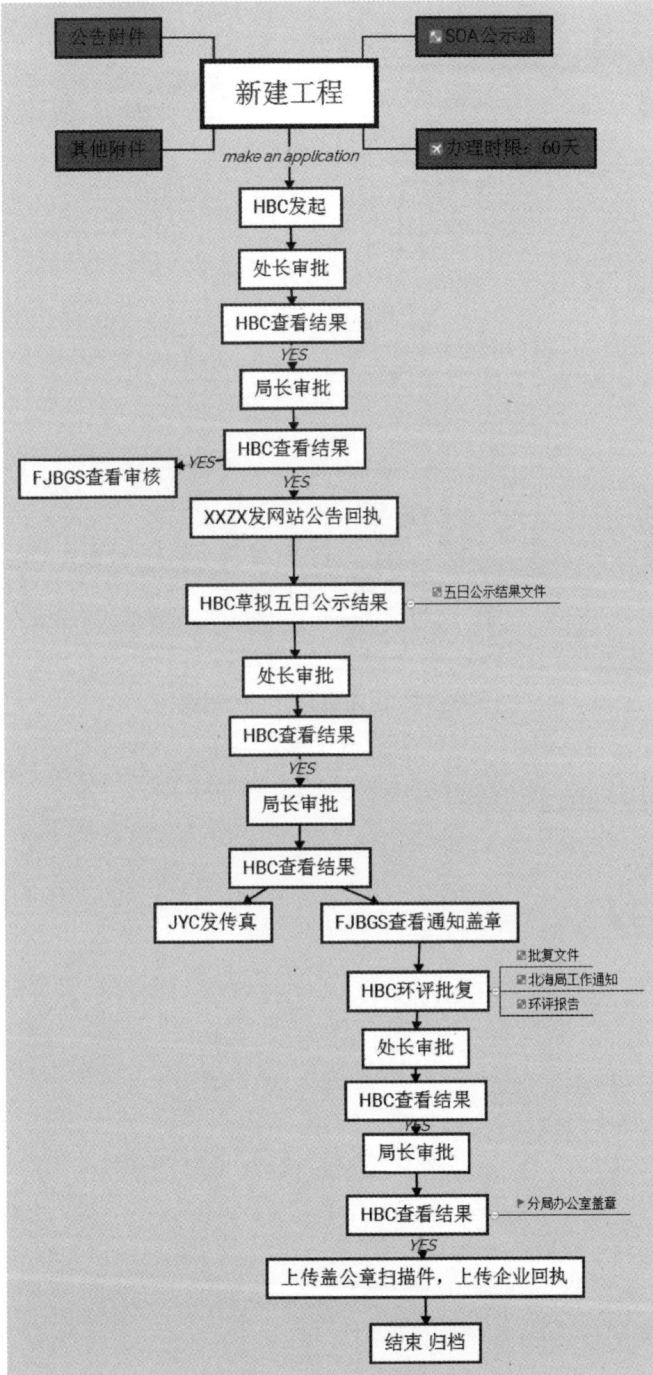

图 5-9　新建工程流程图

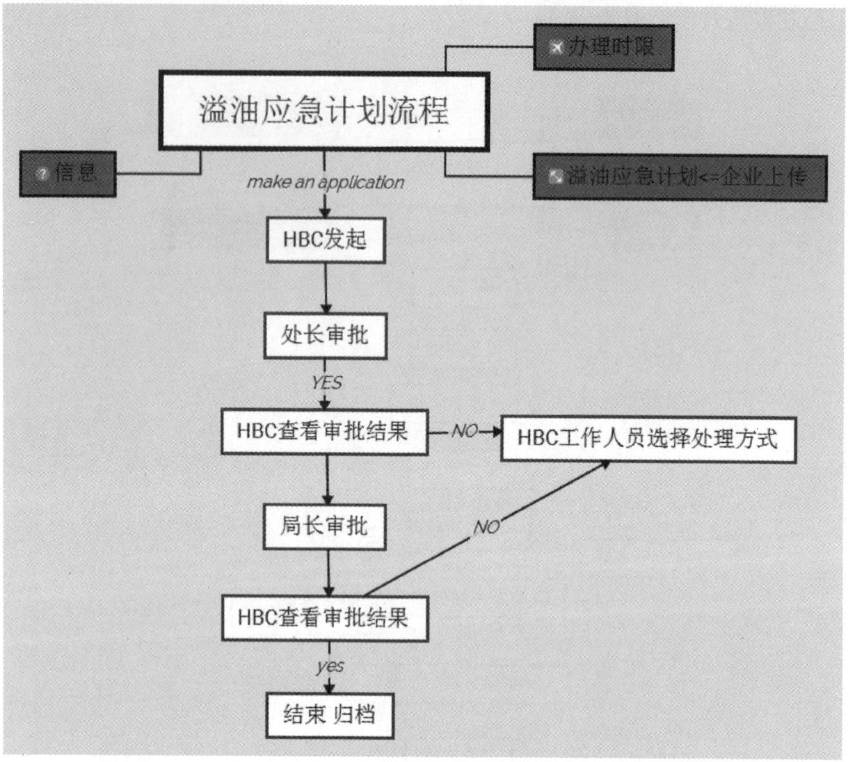

图 5-10　溢油应急计划流程图

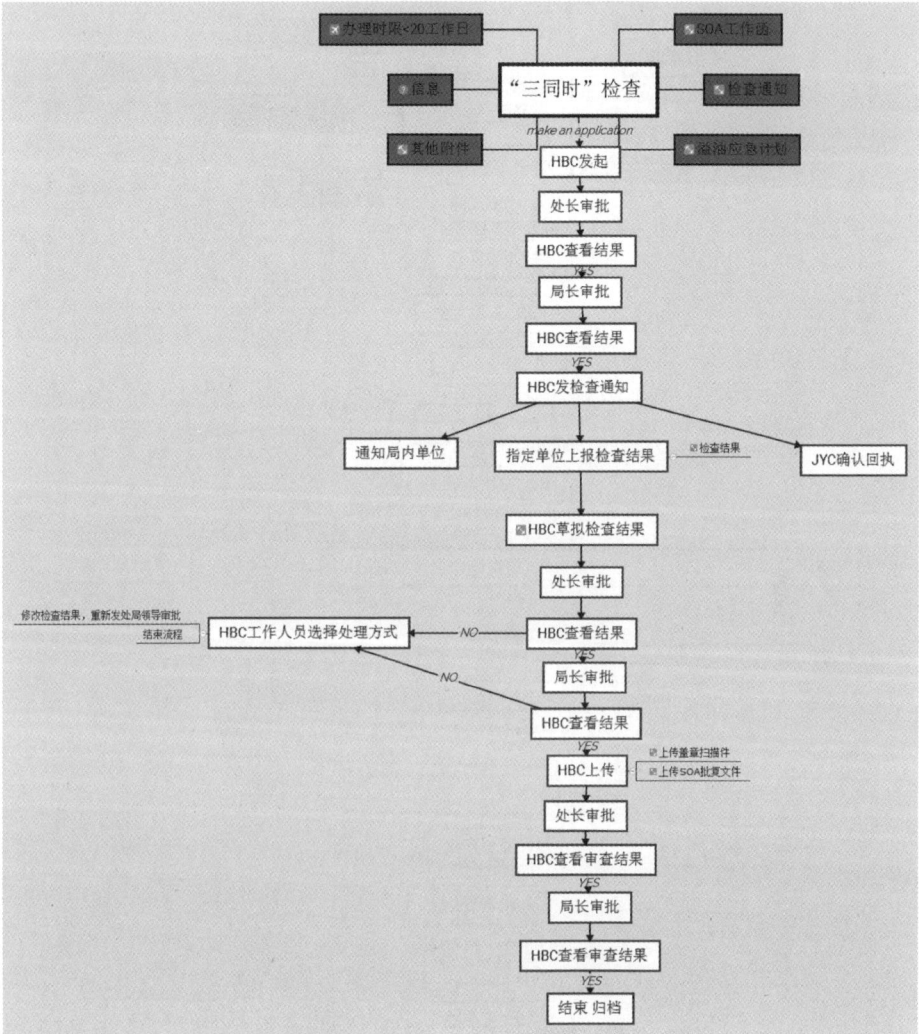

图 5–11 "三同时"检查流程图

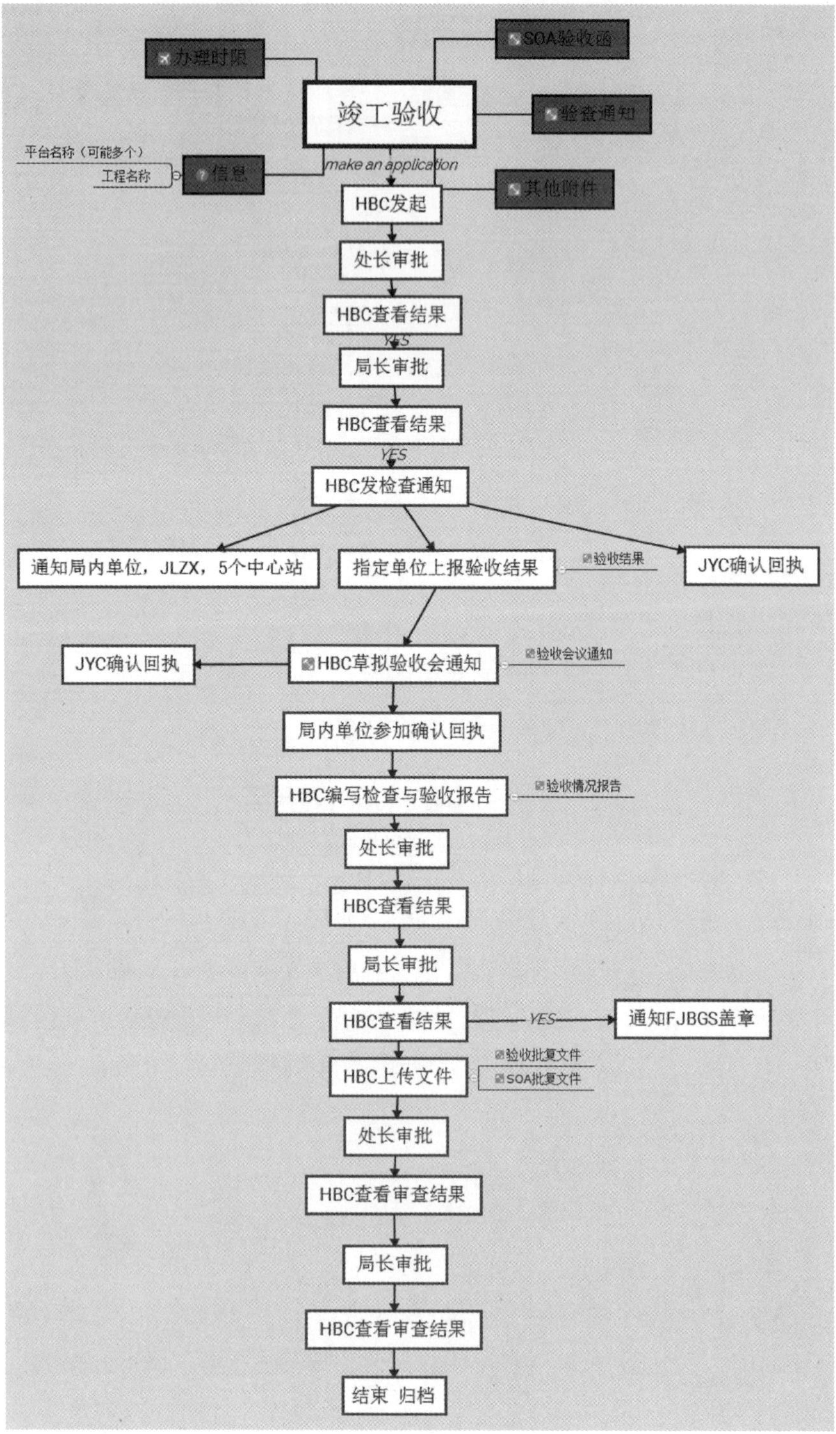

图 5-12　竣工验收流程图

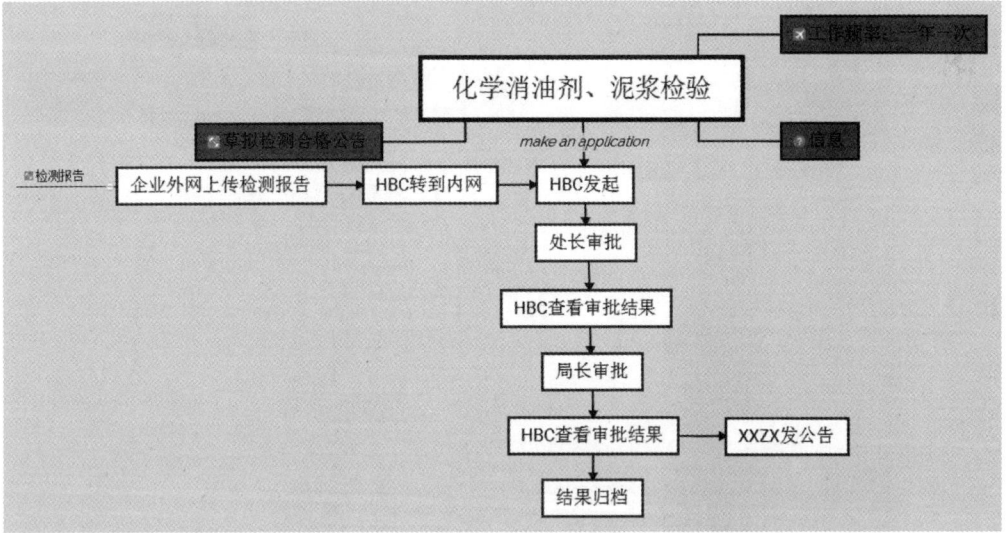

图 5-13　化学消油剂、泥浆钻屑年检流程图

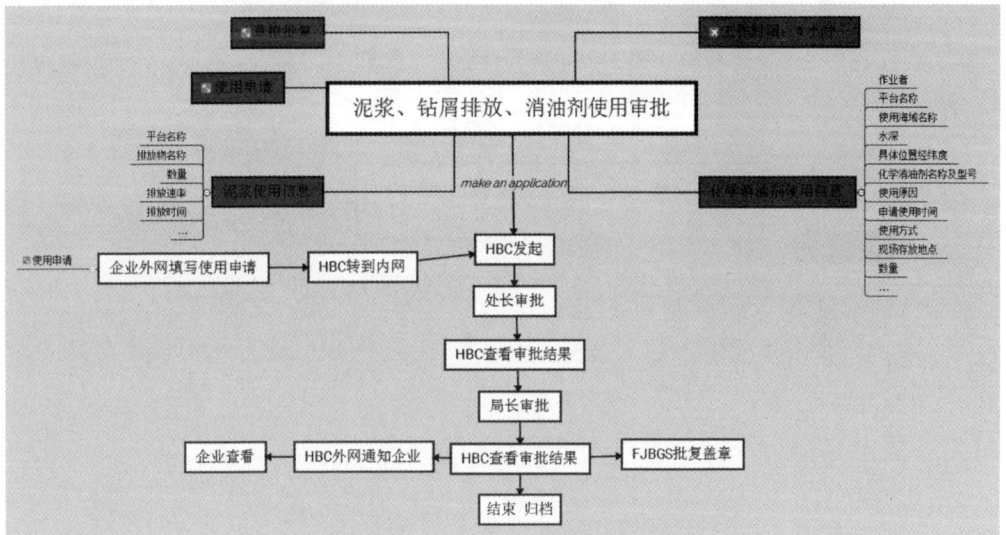

图 5-14　化学消油剂、泥浆钻屑审核流程图

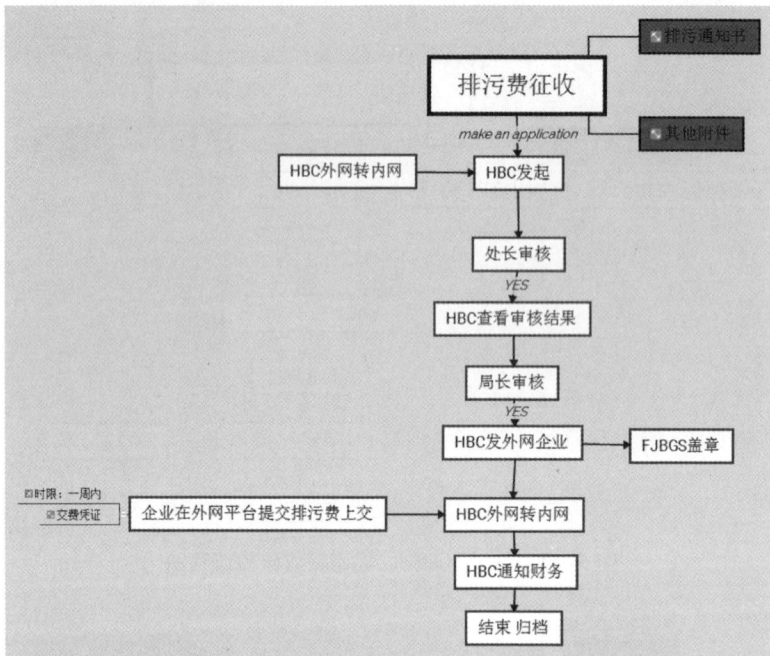

图 5-15 排污费征收流程图

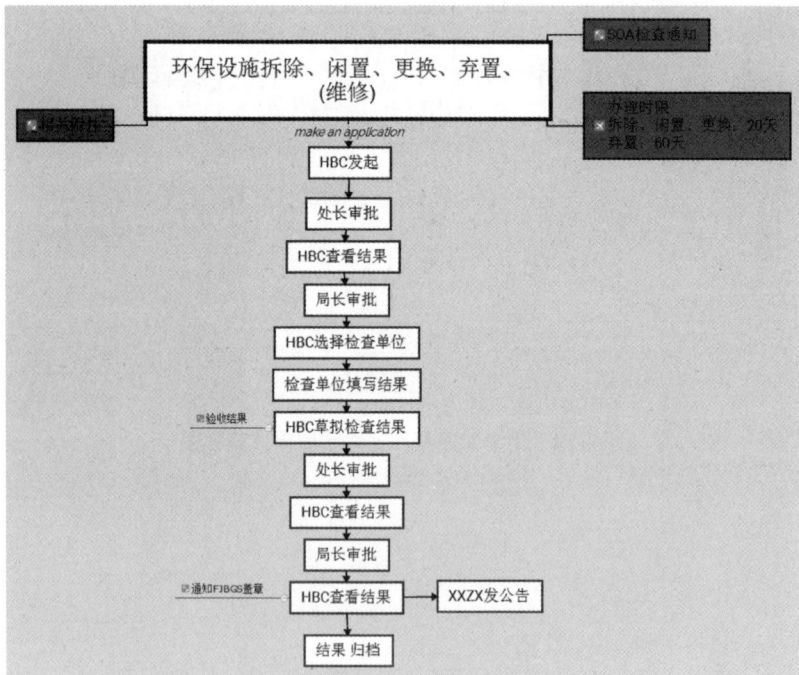

图 5-16 环保设施变更流程图

5.8.2.5　OA 接口说明

5.8.2.5.1　新建签报模块接口

```
/// <summary>
/// 插入信息到签报模块
/// </summary>
/// <param name="fileType">签报类型：〔请示、报告〕《必填》</param>
/// <param name="fileKey">文件字号</param>
/// <param name="title">标题《必填》</param>
/// <param name="content">内容《必填》</param>
/// <param name="writer">拟稿人</param>
/// <param name="reportOrg">呈报部门</param>
/// <param name="remark">备注</param>
/// <param name="urgencyDegree">缓急程度：〔平件、加急、特急〕</param>
/// <param name="archiveOrg">办存部门</param>
/// <param name="archiveOrgAdGuid">办存部门主键</param>
/// <param name="receiverPersonGuid">接受人员主键《必填》</param>
/// <returns>成功返回该文件的唯一标识,失败返回 0</returns>
public string InsertInfoToQianBao(string fileType, string fileKey,
string title, string content, string writer, string reportOrg,
string remark, string urgencyDegree, string archiveOrg, string
archiveOrgAdGuid, string receiverPersonGuid)
{


}
```

5.8.2.5.2　新建发文信息接口

```
/// <summary>
/// 从接口入发文信息模块
/// </summary>
/// <param name="title">发文标题《必填》</param>
/// <param name="content">发文内容《必填》</param>
/// <param name="userName">用户名《必填》</param>
/// <param name="userGuid">用户 GUID《必填》</param>
/// <param name="fileWriter">拟稿人</param>
/// <param name="fileWriterGuid">拟稿人主键唯一标识</param>
```

```
/// <param name="fileFrom">来文单位</param>
/// <param name="taster">审修人</param>
/// <param name="subscriber">签发人</param>
/// <param name="keyword">主题词</param>
/// <param name="urgencyDegree">紧急程度</param>
/// <param name="toOrg">主送机关</param>
/// <param name="ccOrg">抄送机关</param>
/// <param name="readScope">发文范围</param>
/// <param name="fileAmount">印制份数</param>
/// <returns>返回添加结果</returns>
    public string InsertInfoToFaWen(string title, string
content, string userName, string userGuid, string fileWriter,
string fileWriterGuid, string fileFrom,
        string taster, string subscriber, string keyword,
string urgencyDegree, string toOrg, string ccOrg, string readScope,
string fileAmount)
    {

    }
```

5.8.2.5.3　新建传真电报接口

```
/// <summary>
    /// 插入信息到传真电报
    /// </summary>
    /// <param name="title">标题《必填》</param>
    /// <param name="ZSUnits">主送单位</param>
    /// <param name="CSUnits">抄送单位</param>
    /// <param name="Urgencydegree">缓急程度</param>
    /// <param name="qianfa">签发人</param>
    /// <param name="Remark">备注</param>
    /// <param name="NiGaoDate">拟稿日期</param>
    /// <param name="NiGaoRen">拟稿人</param>
    /// <param name="ZBOrg">拟稿部门</param>
    /// <param name="userName">创建人《必填》</param>
    /// <param name="userGuid">创建人GUID《必填》</param>
    /// <returns>反馈结果信息</returns>
```

```
        public static string InsertInfoToFaxTelegraph(string title,
string ZSUnits, string CSUnits, string Urgencydegree, string
qianfa, string Remark,
            string NiGaoDate, string NiGaoRen, string ZBOrg, string
userName, string userGuid)
        {


        }
```

5.8.2.5.4　插入附件信息接口

```
/// <summary>
        /// 插入附件信息
        /// </summary>
        /// <param name="fileGuid">签报主键（从 InsertInformationToOA
接口中返回的主键信息）《必填》</param>
        /// <param name="Filename">文件名《必填》</param>
         /// <param name="fileExit">文件类型（例如：.doc\.elsx\.pdf\
……）《必填》</param>
        /// <param name="fileLength">文件大小 《必填 整数》</param>
        /// <param name="blob">附件文件的 BASE64 加密 《必填》</param>
         /// <param name="fileType">附件类型　签报附件 - 0　传真电报 - 1
发文 - 2 《必填》</param>
        /// <returns> 返回处理结果 1 为处理成功，0 为处理失败 </returns>
            public string InsertAttchmentInfoByFileGuid(string
fileGuid, string Filename, string fileExit, string fileLength,
string blob, string fileType)
        {


        }
```

5.8.2.5.5　获取人员信息 XML

```
<?xml version="1.0" encoding="utf-8" ?>
<string xmlns="http://tempuri.org/">
<root>
<item GUID="0b7513a8-8979-4e60-8926-99cbbf0a0bf6" name="XXX" />
<item GUID="faaa14c1-47b3-4085-a733-a5eb31fdd93e" name="XXX" />
```

```
<item GUID="317874df-16df-49ac-a9f4-9620f1393af0" name="XXX" />
<item GUID="7c8ca76d-5820-4eb4-b238-f99bca1c0c54" name="XXX" />
<item GUID="f768a6c7-61bd-4373-b69e-8b0804bb244b" name="XXX" />
<item GUID="0de3b8b0-c210-416e-9207-7e033e458b43" name="XXX" />
</root>
</string>
```

5.8.2.5.6 获取流程（审批）信息 XML

```
<?xml version="1.0" encoding="utf-8" ?>
  <string xmlns="http://tempuri.org/">
<root>
<item GUID="{28076728-9c6a-45ce-83be-a5d15efae876}" username="
分 局 办 公 室" beginTime="2015/3/26 14:24:54" sysUserName="xxx"
endTime="2015/10/8 9:13:02" Content="已办理完毕。" />
<item GUID="{3071cef6-1382-4f5e-b017-ecb2f74f83bb}" username="
分 局 办 公 室" beginTime="2015/3/25 15:26:55" sysUserName="xxx"
endTime="2015/3/25 16:00:44" Content="XXXXXXXXXXXXXXX" />
<item GUID="{d068dce4-4aef-4c13-9544-6d917f8b310d}" username="
分 局 办 公 室" beginTime="2015/3/25 15:22:58" sysUserName="xxx"
endTime="2015/3/25 15:24:19" Content="请办公室（XXXXXXX）阅处" />
<item GUID="{d4141c33-83e1-49ec-a627-84246a6899af}" username="分
局办公室" beginTime="2015/3/25 16:33:04" sysUserName="分局办公室"
endTime="2015/3/25 16:51:06" Content="XXXXXXXXXX" />
<item GUID="{e48d9114-2d8e-4b28-912f-f22c6ec5c0b7}" username="
分 局 办 公 室" beginTime="2015/3/25 16:51:22" sysUserName="xxx"
endTime="2015/3/26 11:23:53" Content="同意拟办意见。" />
</root>
</string>
```

5.9 建设成果

建成分别运行在互联网和局域网的两套信息管理系统和数据库系统，提供业务在线办理与信息综合检索。业务范围涉及石油勘探开发和海洋工程围填海，包含石油工程监管信息、企业公司信息、石油平台信息、围填海工程信息以及建设监管期、运营监管期形成的各类业务流转和上报、批复、通知类数据文档。

案例 6
海洋疏浚倾废船动态监视监控数据判读与作业合法性研究

摘要： 海洋疏浚倾废船动态监视监控数据是由海洋倾废航行记录仪采集、存储并转发的倾废船作业记录。该航行记录仪安装在倾废船测量平台上，用于测量倾废船航速、航向、经度、纬度、吃水深度、船闸状态、作业时间等数值信息。

本章在学习、整理、分析、研究相关数据与资源的基础上，利用 C# 编程技术、数据库技术、GIS 技术等对上述信息进行数据提取、作业区分，融合电子海图信息、船舶 GPS 航位信息、吃水变化信息等疏浚作业状态综合性分析；研究船舶位置及吃水变化信息的数据滤波优化处理算法，缩小数据误差；根据大量疏浚船实测作业数据，分析船舶作业状态，设计出船舶违章作业的判定方法；同时利用道格拉斯－普克算法和可视化软件作出船舶运行轨迹，提供运行轨迹记录及相关作业参数的图件输出功能，为海洋倾废执法管理和违章倾废的监管取证提供科学可靠的数据支持。

关键词： 海洋倾废；数据判读；GIS；ArcEngine；C#；数据库

6.1 概述

6.1.1 课题背景及意义

海洋倾废是一种人为破坏海洋生态环境的行为。倾废物料包括建港过程中挖掘航道时，港口航道回淤的清理时所形成的泥沙等废弃物，以及碱厂的生产废料。这些废弃物都要通过倾废作业船运输到国家海洋局指定的倾废区内倾倒。这些倾废区的划定都是经过专家论证的，专家综合考虑各方面的因素，使废弃物能够自然地被广袤的海洋所吸收，并使其对周围生态环境所造成的污染达到最小的程度。

保护环境就是保护人类赖以生存的生活空间，海洋倾废行为不当就会造成海洋环境的严重破坏。为了使倾废行为对海洋环境造成的污染最小，甚至免污染，国家海洋局在我国沿海划定各类法定倾废区，供各类倾废船只倾废作业。但多年来，国家倾废执法人员只能定期上船或利用少量巡航海监船检查倾废作业船只是否违章倾废。

目前海洋疏浚船舶的种类和数量在不断增加，为提高疏浚船舶的清淤疏浚效率和监控效率，加强船舶作业安全，减少疏浚船舶就近随意倾倒泥沙，甚至将泥沙倾倒在附近航道上的违规行为，同时也为了防止疏浚船舶超载现象，保障海上生命和财产安全，提高疏浚船舶的监管和执法效率，则近海海域的数字化管理就显得尤为重要。研发可靠的疏浚船舶载运状态监控系统和设备，对于相关涉海单位共享疏浚船监管数据，更好地对疏浚船舶实施动态管理，维持良好的通航环境和船舶交通秩序，提高船舶疏浚作业效率，减少水上交通事故和海洋污染，推进海洋倾废监管力度与海洋管理信息化、现代化建设意义重大。

6.1.2 研究内容

北海区倾废动态监视监控系统的建立，旨在对在北海区进行作业疏浚、倾废作业船只的位置、作业情况及实时视频加以组合，实施监视监控。本课题的研究内容是该系统需要解决的一个技术难题，研究从北海区倾废疏浚驳船载运、航行、作业特点出发，根据船舶方位信息、吃水变化信息以及航速、航向、船闸状态等信息，提出船舶倾废作业状态和违章作业的判定方法，设计船舶载运状态监视监测模型，完成对倾废船只航次划分与倾废量的统计，从而为准确掌握海洋工程、海洋倾废区的倾废量提供数据支持，为执法人员正确判断船舶违章作业提供科学依据。主要开展研究内容如下：

1）对倾废船海上作业回传数据进行分类整理与综合分析，掌握船舶运载规律与载运能力的计算方法。

2）对倾废船吃水变化信息进行数据滤波优化处理，以减轻被测信号中由于信号源、传感器、天气环境等外界干扰产生的数据误差，提高数据的可靠性和稳定性。

3）对多线程技术的应用，实现事件的并发处理，根据系统要求有效地实现大量数据的采集、分析、入库与图件、图表输出同步处理，提高系统的实时数据处理能力。

4）通过对疏浚船舶作业过程的详尽分析，利用计算机技术、数据库技术等，实现倾废船作业的数据提取、作业区分及船舶倾废到位的数学方法等综合分析，形成有效的分析结果。

5）利用 C#+ArcEngine 编程生成船舶运行轨迹记录，以表格形式显示相关作业参数，并以图形和图表的形式导出文件或打印输出，为监管取证提供有效数据。

6.1.3 国内外研究现状

海洋倾废是造成当今海洋污染的重要原因之一，放任自流的倾废活动必然会对周边的海洋环境产生严重的损害。为此国际社会在海洋环保方面做出了积极的努力，许多国际公约、区域性制度和国内相关法制相继被制定、实施，同时一批高科技海洋倾废监视监控软硬件系统相继推出，在管理控制海洋倾废方面发挥了巨大的作用。

20 世纪 80 年代以来，国外开始利用微机对倾废作业信息进行采集和处理，辅助操作人员进行倾废作业，进而实现倾废作业的实时监测和控制。进入 90 年代，国外结合卫星通信、微电子、传感器和计算机技术开发的一些优秀监控软件已经在许多新型的倾废船上成功应用。荷兰的 IHC 和德国的 KRUPP 公司利用计算机和传感技术，采用 DGPS 定位、超声波测深和水下成像技术对疏浚工况进行实时检测和控制，实现了机舱自动化和疏浚技术较为紧密的结合。荷兰 IHC 公司集成开发的综合监控系统主要功能有作业轨迹的监测和显示、动态导航和定位及电子地图服务。IHC 公司还推出了用语自航式挖泥船的综合监控系统，包括吸管位置监控、挖掘剖面监控、挖掘机位置监控和船舶吃水及负载监测四部分。荷兰 NESA 公司也推出了基于全球卫星定位系统（GPS）实时动态定位技术挖掘和勘测状态三维映像软件。这些监控软件的成功使用，表明自动化控制与智能监测显示技术是提高疏浚船施工质量和效能的重要手段，是海洋倾废监控技术发展的重要方向。

国内对倾废作业监视监控的研究相对较晚，90 年代中期才陆续有相关科研单位投入研究。1995 年，国家海洋局海洋技术研究所李林奇等参照国外以罗兰 C 导航定位为核心的倾废航行数据记录仪，研制了我国第一代基于 GPS 定位导航技术的海洋倾废航行记录仪 HYQ1-1 型，对倾废船作业记录进行采集与存储。由于 I 型倾废仪供电要求较严格，不能用于非自航式倾废船。于是在 2001 年他们结合非自航式倾废船的特点，研制了一种适用于非自航式小型自航倾废船的 HYQ2-1 型倾废航行数据记录仪，该记录仪具有耗电少、体积小，能在恶劣环境中工作、能提示到位等优点。2004 年，浙江大学流体传动与控制国家重点实验室以浙江疏浚工程有限公司自行研制的 900 斗轮式挖泥船为研究对象，结合 GPS 导航定位、计算机图形、GIS 和实时通信等技术，开发了挖泥船作业综合监控系统。2009 年，上海海洋大学邹国良等研发了基于无线传感网络的海洋倾废监控系统，通过无线传感器网络模块的详细设计和研究，给出了海域中无线传感器网络的体系结构，设计出无线传感网络模块的微控制流程和基于 DM355 的无线传感网络终端详细设计方案。这些系统结合国内外疏浚倾废作业监控的现状及发展趋势，实现了综合化程度较高、功能较齐全的实施监控功能，一定程度上提高了现有疏浚船作业的综合监控水平与海洋倾废监管力度。虽然我国疏浚船舶技术有了较大的发展，但是与国外先进水平相比较，尤其是在疏浚作业监控手段方面还有较明显的差距。随着计算机技术、自动化通信技术的深入发展，自动化与智能监测显示控制技术必然是疏浚倾废技术发展的重要方向。

6.2 倾废仪数据采集及传输背景知识

6.2.1 数据采集装置概述

海洋倾废航行记录仪具有数据传输及倾废船闸门控制等功能，是能够对船舶进行实时监控和信息管理的导航系统。系统实时采集、存储、传送倾废船舶位置、作业状态信息等数据，主要应用于海洋倾废领域。海洋倾废航行记录仪数据采集器及数据传输通信系统安装在倾废船测量平台上，用于测量倾废船航速、航向、经度、纬度、吃水深度等的变化。倾废仪采用 GPS 模块进行定位数据的获取并作为系统计时装置，压力式液位传感器负责检测船舶吃水信息，采样频率为 1 次 / 分，获取的数据采用 GPRS 通信方式进行传输（图 6-1）。

图 6-1 倾废仪

6.2.2 GPRS/CDMA GPS 数据传输系统

通用分组无线业务（General Packet Radio Service，GPRS）是在现有 GSM 网络上发展出来的一种新的分组交换数据应用业务。GPRS 是全球移动通信网络技术向第三代移动通信（3G）演进的主流技术和重要里程碑，被称为 2.5 代移动通信。与传统的 GSM 电路拨号交换相比，GPRS 在资源利用效率、交换容量和性能上都有质的飞跃。GPRS 抛弃了传统的独占电路交换模式，采用分组交换技术，每个用户可同时占用多个无线信道，同一无线信道又可以由多个用户共享，有效地利用了信道资源，带宽最高可达 171.2Kb/s。GPRS 采用 TCP/IP 协议，非常容易和现有 Internet 技术及应用平台整合，将使各种 IP 技术与服务同移动通信技术相结合，为客户提供各种高速高质的车船载数据通信业务。

GPRS/CDMA 专用数据终端是一款集数据采集、分析与处理功能，GPRS MODEM 传输功能和 TCP/IP 网络功能于一体的新型无线移动通信网络设备。实现了完整的 PPP 协议及上层 TCP/IP 协议，使非 IP 系统可以通过简单的串口通信实现 Internet 和 Intranet 接入（图 6-2）。其主要功能有：

1）数据的分析与处理：可按业务数据采集设备要求进行计算与处理，如 GPS 定位信息的加权平均计算等。

2）无线 IP 传输功能：GPRS/CDMA 专用数据终端内嵌完整 TCP/IP 协议栈，可以将数据封装成 IP 帧，然后通过无线模块传送到 GPRS 网络上。而大多数传统数据终端设备（如 GPS 设备）一般不具有 IP 功能，通过 GPRS/CDMA 专用数据终端，能轻松联网。

3）短信备份功能：利用 GSM 网络短信通道作为 GPRS 网络链路的备份链路。可以在 GPRS 网络链路出现故障时，自动切换到短消息备份链路，有效保证了关键信息的可靠传输。

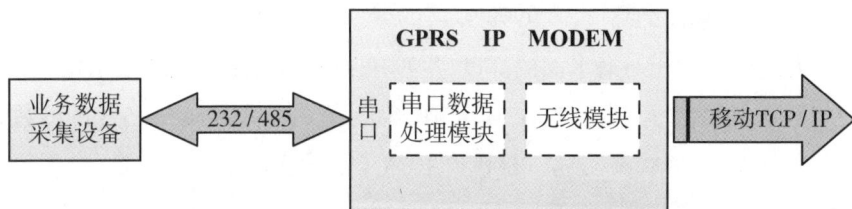

图 6-2 GPRS/CDMA 专用数据终端内部功能示意图

6.2.3　GPS 数据格式 (NMEA0183 标准输出)

NMEA 0183 是美国国家海洋电子协会（National Marine Electronics Association ）为海用电子设备制定的标准格式，目前已成为 GPS 导航设备统一的 RTCM（Radio Technical Commission for Maritime Services）标准协议。该协议采用 ASCII 码，其串行通信默认参数为：波特率 =4800bps，数据位 =8bit，开始位 =1bit，停止位 =1bit，无奇偶校验。

● **GPS 固定数据输出语句 $GPGGA**

$GPGGA 是一帧 GPS 定位的主要数据，也是使用最广的数据。该语句包括 17 个字段：语句标识头，世界时间，纬度，纬度盘球，经度，精度半球，定位质量指示，使用卫星数量，水平精确度，海拔高度，高度单位，大地水准面高度，高度单位，差分 GPS 数据期限，差分参考基站标号，校验和结束标记（用回车符 <CR> 和换行符 <LF>），分别用 14 个逗号进行分隔。该数据帧的结构及各字段释义如下：

$GPGGA,<1>,<2>,<3>,<4>,<5>,<6>,<7>,<8>,<9>,<10>,<11>,<12>*XX<CR><LF>

$GPGGA：起始引号符及语句格式说明（表明本句为 GPS 定位数据）

<1> UTC 时间，格式为 hhmmss.sss

<2> 纬度，格式为 ddmm.mmmm（前导位数不足则补 0）

<3> 纬度半球，N 或 S（北纬或南纬）

<4> 经度，格式为 dddmm.mmmm（前导位数不足则补 0）

<5> 经度半球，E 或 W（东经或西经）

<6> 定位质量指示，0= 定位无效，1= 定位有效

<7> 使用卫星数量，从 00 到 12（前导位数不足则补 0）

<8> 水平精确度，0.5 ~ 99.9

<9> 天线离海平面的高度，- 9999.9 ~ 9999.9 米

<10> 大地椭球面相对海平面的高度，-9999.9 ~ 9999.9 米，m 表示单位米

<11> 差分 GPS 数据期限（RTCM SC-104），最后设立 RTCM 传送的秒数量

<12> 差分参考基站标号，从 0000 到 1023（前导位数不足则补 0）

* 语句结束标志符

xx 从 $ 开始到 * 之间的所有 ASCII 码的异或校验和

<CR> 回车

<LF> 换行

● **GPS 数据格式 GPRMC 表示推荐使用的最小 GPS 数据**

$GPRMC,<1>,<2>,<3>,<4>,<5>,<6>,<7>,<8>,<9>,<10>,<11>,<12>*hh

<1> UTC 时间，hhmmss（时分秒）格式

<2> 定位状态，A= 有效定位，V= 无效定位

<3> 纬度 ddmm.mmmm（度分）格式（前面的 0 也将被传输）

<4> 纬度半球 N（北半球）或 S（南半球）

<5> 经度 dddmm.mmmm（度分）格式（前面的 0 也将被传输）

<6> 经度半球 E（东经）或 W（西经）

<7> 地面速率（000.0~999.9 节，前面的 0 也将被传输）

<8> 地面航向（000.0~359.9 度，以真北为参考基准，前面的 0 也将被传输）

<9> UTC 日期，ddmmyy（日月年）格式

<10> 磁偏角（000.0~180.0 度，前面的 0 也将被传输）

<11> 磁偏角方向，E（东）或 W（西）

<12> 模式指示（仅 NMEA0183 3.00 版本输出，A= 自主定位，D= 差分，E= 估算，N= 数据无效）

6.3　关键技术

6.3.1　船舶吃水值的滤波处理

由于倾废船海上作业环境的不确定性，倾废仪采集的数据不可避免地包含了噪声，它们来自被测信号源本身、传感器、外界干扰等。这些数据回传到本地数据库不能直接被采用，要对数据进行数字滤波优化处理，以提高数据精度。所谓数字滤波即根据有用信号和噪声的不同特征，利用某种计算方法消除或减弱噪声，减少干扰在有用信号中的比重，提高信号的真实性。

6.3.1.1　采集信号野值的分析

使用液位传感器吃水检测仪进行数据采集时，在测量、记录、传输过程中，有时因突然受到海上环境噪声干扰、信号丢失或信号传递失灵等，使获得的信号产生一些异常的虚假值。这些异常虚假值的渗入，造成时间历程的波形产生过高或过低的突变点。如果对这些信号进行采样，就会在采样值中出现异常的虚假采样值，这

种虚假的采样值即称为野值，也叫剔点。野值的存在必将影响信号分析的可靠性，在信号处理前必须被剔除。但是如果将此信号剔除，那么信号中包含的其他类似船舶位置、航速、航向等信息也会被一并删除，同样影响到信号分析的可靠性。所以需要建立一个正确的准则，剔除真正的野值并加以补正。

在试验研究中，一般采用目测与数学判据相结合的办法来进行野值的剔除，而在实际的倾废船载运监控中，无法在信号处理之前应用人工的目测法，只能应用数学判据的方法来进行。实际运行过程中，船舶航速、航向、装载量都在不断变化，增加了应用数学判据进行野值补正的难度。综合考虑本课题建立如下野值处理原则：

1）获取驳船满载、空载吃水值，以其为参照数据，补正船只运行过程中产生的过大或过小的野值。

2）对驳船吃水为 0 的数据进行记录，若 1 小时以上长时间都为 0 值时，发出警报，以示数据异常，并根据驳船当前方位、航向将数据修正为参照吃水值。

3）对驳船吃水值超过 1 小时以上无变化的数据进行记录，发出警报，以示数据异常。并根据驳船当前方位、航向将数据修正为参照吃水值。

6.3.1.2　限幅滤波

对于测深仪和吃水传感器输出的数据，由于工作时数据变化较快，且干扰主要由偶然因素引起，故本课题主要采用限幅滤波（程序判断滤波）算法来排除信号野值。限幅滤波基本过程是：比较相邻两个采样值 y_n 和 y_{n-1}，根据倾废船满载吃水值、空载吃水值和误差范围确定两次采样允许的最大偏差为 $\triangle Y$。如果两次采样值 y_n 和 y_{n-1} 的差值超出了允许的最大偏差，则认为发生了随机干扰，并认为采样值 y_n 为非法值，应予以剔除，并用 y_{n-1} 代替之；如果二者差值未超出偏差范围，则认为本次观测值有效。该方法能够排除明显的脉冲干扰。

$$|y_n - y_{n-1}| \leqslant \triangle Y，则保留 y_n$$

$$|y_n - y_{n-1}| > \triangle Y，则 y_n = y_{n-1}$$

6.3.1.3　递推平均滤波法

对于测深仪、倾角传感器、吃水传感器和行程传感器的输出数据，在实际工作过程中变化均较慢，且干扰具有偶然随机波动的性质，宜对它们采用中位值平均滤波。其基本过程是：连续采样 N 个数据，去掉一个最大值和一个最小值，然后计算

N 减 2 个数据的算术平均值作为本次滤波结果输出值。该方法属于中位值滤波与算术平均滤波相结合的复合滤波，能有效克服因偶然因素引起的波动干扰，对这些变化缓慢的被测参数有良好的滤波效果（图 6-3）。

$$y_n = \frac{1}{N} \sum_{i=1}^{n} x_n - 1$$

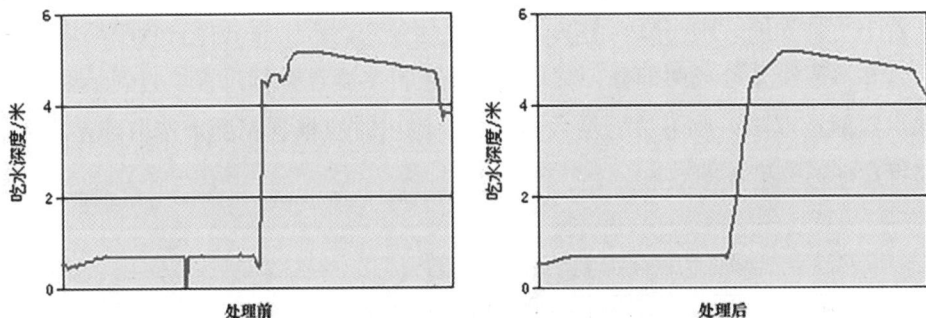

图 6–3 数据处理效果图

6.3.2 多线程技术

Windows 是一个多任务的系统，可以通过任务管理器查看当前系统运行的程序和进程。当一个程序开始运行时，它就是一个进程，进程所指包括运行中的程序和程序所使用到的内存和系统资源。而一个进程又是由多个线程所组成的，线程是程序中的一个执行流，每个线程都有自己的专有寄存器（栈指针、程序计数器等），但代码区是共享的，即不同的线程可以执行同样的函数。多线程是指程序中包含多个执行流，即在一个程序中可以同时运行多个不同的线程来执行不同的任务，也就是说允许单个程序创建多个并行的线程来完成各自的任务。多线程的使用提高了资源和系统的运行效率。

C# 的一大特点是它对多线程程序设计（multithreaded programming）的内置支持。一个多线程的程序通常包含两个或多个能同时运行的部分，程序的每一个部分称为一个线程（thread），每个线程都定义一个独立的执行路径。多线程程序设计依赖于 C# 语言定义的功能和 .NET Framework 中的类的结合。C# 和 .NET Framework 既支持基于进程的多任务操作，也支持基于线程的多任务操作。因此，使用 C# 语言，可以创建并管理进程和线程。

6.3.3 道格拉斯·普克抽稀算法

系统采用 C#+ArcEngine 进行组件开发，加载工程作业区底图图层，找出疏浚船单次作业所有位置的经纬度点，利用道格拉斯·普克抽稀算法，生成简化后的疏浚船单次作业运行轨迹。道格拉斯·普克抽稀算法，是用来对大量冗余的图形数据点进行压缩以提取必要的数据点的。该算法实现抽稀的过程是：先将一条曲线首尾点虚连一条直线，求其余各点到该直线的距离，取其最大者与规定的临界值相比较，若小于临界值，则将直线两端间各点全部舍去，否则将离该直线距离最大的点保留，并将原线条分成两部分，对每部分线条再实施该抽稀过程，直到结束。抽稀结果点数随选取限差临界值的增大而减少，应用时应根据精度来选取限差临界值，以获得最好的效果（图 6-4）。

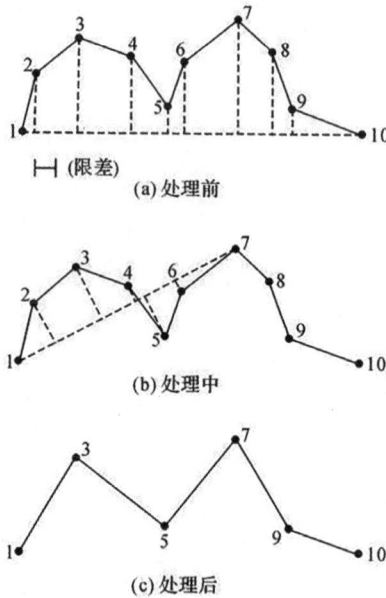

图 6-4　抽稀算法示意图

6.4　功能实现

6.4.1　倾废船数据分析

倾废船数据通过 GPRS 网络回传，保存至 SQL Server 数据库，对回传信号进行分析，所有倾废船的数据按天保存，即一天建立一张数据表，以日期命名。本程序要实现如下功能：

1）按时间、倾废船号从 SQL Server 数据库循环提取回传数据；

2）为每条船建立一个临时列表，暂存其数据，按照滤波算法剔除重置吃水值，并分析船舶当前状态（装载、运载、倾倒、回程）；

3）判断过程中将船只状态写入 Oracle 数据库船只作业数据表；

4）若程序判断倾废船一次作业已经完成，则结束此次作业，在 Oracle 数据表中做作业结束标记，生成作业轨迹图、时间线图，同时清空并释放列表；

5）按时间循环提取下一次回传数据。

6.4.1.1 规范作业

按照倾废船运行路线将其分为四个区：A 即挖泥区、B 即挖泥区至倾废区、C 即倾倒区、D 即倾倒区至挖泥区。一次规范性作业记录过程是：倾废船进入挖泥区，标记作业开始，在 Oracle 数据表中记录一条数据，标记此倾废船船号、船名、开始作业时间；驶入指定位置做装泥操作，结合吃水值判断其开始装载、装载完成，并将状态点写入数据表；船舶经过 B 区进入 C 区，结合船闸、吃水值判断卸载、卸载完成，结合 GPS 位置信息判断出倾倒区时间，将状态写入数据表；当位置判断倾废船经过 D 区再次回到 A 区时，标志本次作业完成，下次作业开始，在数据库做作业结束标记，同时建立一条新纪录。

6.4.1.2 违章作业

倾废船违章作业指在挖泥区装载完成后，未驶入指定倾倒区进行卸载。有些船只未进入倾倒区就开始倾倒，有些选择就近的倾倒区倾倒，更有甚者装载之后刚出挖泥区就随即卸载。对于倾废船违章作业的判定，主要是对其装载后运行至倾倒区这段航程的吃水值、船闸信息，结合 GPS 方位、航速、航向的综合判定。

理想的数据状况下，违章判定相对容易。但实际情况是海上作业船只参差不齐，有些船只有船闸信息，有些船只有吃水信息，有些船只二者都有，这样在判断的时候就要分三种情况。并且各船载运量不同，吃水值相差较大，不能按照统一的参照值判断其吃水变化情况。加之前端倾废仪未考虑海上环境、风浪、船摆等对数据的影响，测得的数据比较粗糙。以上三种情况增加了违章判定的难度，本文在现有数据的基础上，进行了野值剔除、数据滤波等处理，以尽可能地提高数据精度。

6.4.1.3 避风补给等特殊情况

船只避风、加水、补给、修船等情况。

6.4.2 倾废船数据提取

系统利用 Timer 控件定时读取倾废仪回传数据，暂存在 ArryList 列表中提供数据分析，并将分析结果即作业状态写入数据库表。

6.4.2.1 系统使用 GPS 数据说明

GPS 回传数据格式如 a）所示，数据说明如 b）所示。

a）<2012110112345,13455245426,A,11742.63921,3858.73529,000,0000,0398,31,000,50 >

b）时间 2011-12-20 1:23:45、卡号 13455245426、数据有效标识 A、经度 117.7106535、纬度 38.9789215、船速静止 0、方向 N（0）、吃水值 3.98 米、信号值 31（大于 15 为有效）、船闸信号 0（0 为未开闸，1 为开闸，反之亦然，各船不同）、告警信号 50（十六进制）

服务器程序将 GPS 格式数据自动转换后保存到新建的数据表中，以日期命名，GPS 数据时间比北京时间晚大约 8 小时。

6.4.2.2 Timer 控件的使用

C# 时间控件 System.Windows.Forms.Timer 是应用于 WinForm 中的，它是通过 Windows 消息机制实现的，类似于 VB 或 Delphi 中的 Timer，内部使用 API SetTimer 实现。本程序使用 Timer 定时器实现数据的循环读取。

代码清单 6-1　Timer 定时读取数据

```
private void M1_timer_Tick(object sender, EventArgs e) /// 计时运行器
{
    M1_timer.Stop();
    string DumpshipId = "";
    string ArrayId = "";
    string ArrayRecBgnTM = "";
    string ArrayRecCurrTM = "";
    try
    {
        string oraShipStr = "select * from TASKSTATRECORD";
        oraConn.Open();
            OracleCommand oraCmd = new OracleCommand(oraShipStr,
    oraConn);
```

```
        OracleDataReader oraDR = oraCmd.ExecuteReader();
        while (oraDR.Read())
        {
            DumpshipId = oraDR["DUMPSHIPID"].ToString();
            ArrayId = oraDR["ARRAYID"].ToString();
            ArrayRecBgnTM = oraDR["ARRAYRECBGNTM"].ToString(); // 单
次作业起始时间
            ArrayRecCurrTM = oraDR["ARRAYRECCURRTM"].ToString(); //
单次作业当前读取时间
                    string[] initialTime = initialTbTime(Convert.
ToInt32(DumpshipId)).Split(';');
                    if (initialTime[0] != "")// && initialTime[2] !=
"")  // 有邦定日期，去掉当前状态
            {
                    //if (Convert.ToInt32(initialTime[2]) == 1) //
已邦定
                //{
                if (viewFind(Convert.ToInt32(DumpshipId))) // 在
视图中出现
                    {
                        TimeSpan DaySpn;
                        DateTime TbNameDt;
                        string TbNameStr = "";
                        if (ArrayRecBgnTM != "") // 已经读取过有
记录
                        {
                            if (ArrayRecCurrTM == "") // 重新读取
值置空  本次作业重新读取
                            {
                                ArrayRecCurrTM = ArrayRecBgnTM;
// 当前读取时间
                            }
                        }
                        else // 新船 insert 或是初始化运行，到安装表
INSTRUMENTFIXED 中索取初始时间
                        {
```

```
                                       string ArrayRecCurrTM2 = FirstCurrT
m(Daystr(initialTime[0]), DumpshipId); // 当前运行的时间，初始状态为数据
表中最早出现记录的时间
                                  if (ArrayRecCurrTM2 == "") //yes 当
前表中没有数据，安装时间早于数据传回时间，向后表找数据
                                  {
                                        TimeSpan DaySpn2 = DateTime.
Now.AddHours(-8).Subtract(Convert.ToDateTime(initialTime[0]).Date);
                                        for (int i = 1; i <= DaySpn2.
Days; i++)
                                        {
                                              DateTime TbNameDt2 =
Convert.ToDateTime(initialTime[0]).Date.AddDays(i);
                                              string TbNameStr2 =
Daystr(TbNameDt2.ToString());
                                              if (TbNameFind(TbNameStr2))
                                              {
                                                    if
(shipFind(TbNameStr2, DumpshipId))
                                                    {
                                                    ArrayRecCurrTM =
FirstCurrTm(TbNameStr2, DumpshipId); // 最早出现该船数据的数据表中的最早
时间
                                                    break;
                                                    }
                                              }
                                        }
                                  }
                                  else
                                  {
                                        ArrayRecCurrTM =
ArrayRecCurrTM2;
                                  }
                                  string initialTimeStr =
"update TASKSTATRECORD set ARRAYRECBGNTM=to_date('" + Convert.
ToDateTime(ArrayRecCurrTM) + "','yyyy-mm-dd hh24:mi:ss')," +
```

```
                                          "ARRAYRECCURRTM=to_date('" +
Convert.ToDateTime(ArrayRecCurrTM) + "','yyyy-mm-dd hh24:mi:ss')
where DUMPSHIPID=" + Convert.ToInt32(DumpshipId); // 各船初始化时间写
入数据表

                                     InstOrUpdt(initialTimeStr,
oraConn);
                  }
                  if (ArrayRecCurrTM != "")
                  {
                       string nextTbFstTime = "";
                            lastRowTime = Convert.
ToDateTime("2011-01-01 23:59:59");
                            DaySpn = DateTime.Now.AddHours(-8).
Subtract(Convert.ToDateTime(ArrayRecCurrTM).Date);
                            //DayNum = Convert.ToInt32(DaySpn.
Days);
                            for (int i = 1; i <= DaySpn.Days;
i++)
                            {
                                 TbNameDt = Convert.
ToDateTime(ArrayRecCurrTM).Date.AddDays(i);
                                 TbNameStr = Daystr(TbNameDt.
ToString());
```
/// 遍历该日期后数据表，一直搜索到最后一张表看是否有该船数据，搜索到数据将表时间写入TASKSTATRECORD，在dataExtract中写入，若没有则等待补发
/// 针对数据中断问题
```
                                 if (TbNameFind(TbNameStr))
                                 {
                                      if (shipFind(TbNameStr,
DumpshipId)) // 该日期后数据表中是否有该船数据
                                      {
                                           nextTbFstTime =
FirstCurrTm(TbNameStr, DumpshipId);//sql 数据表中出现此船信息的最早时间
                                           string sqlStrEnd =
"select max(gpsTime) from yes" + Daystr(ArrayRecCurrTM) + " where
```

```
shipID=´" + DumpshipId + "´";
                                                    lastRowTime =
getgpsTime(sqlStrEnd);

                                        break;
                                    }
                                }
                            }

                                DateTime recTime1 = Convert.
ToDateTime(ArrayRecCurrTM);
                                DateTime recTime2 = recTime1.
AddHours(2);

                                dataExtract(Daystr(ArrayRecCurrTM),
recTime1, recTime2, DumpshipId, lastRowTime, nextTbFstTime);//,
initialTime[1], Convert.ToInt32(initialTime[3]));
                            }
                        }
                    }
                else   // 设备没安装或已拆除，初始化数据表
                {
                    string oraDelColVl = "update TASKSTATRECORD set
ARRAYID=null,ARRAYRECBGNTM=null,ARRAYRECCURRTM=null,TASKID=null,TAS
KSTAT=null," +
                            "TASKVOLUME=null,RECENGINID=null where
DUMPSHIPID=" + Convert.ToInt32(DumpshipId);
                        InstOrUpdt(oraDelColVl, oraConn);
                }
            //}
        }
        oraDR.Close();
        oraCmd.Dispose();
    }
    catch (Exception mx)
    {
        objWrite(txtLog, mx.Message + " timer - id=" + DumpshipId +
" time=" + ArrayRecCurrTM + " " + DateTime.Now.ToString());
    }
```

```
finally { oraConn.Close(); xmlUpdate(); }
M1_timer.Start();
}
```

6.4.2.3　ArryList 类的使用

数组有很多优点，比如数据在内存中是连续存储的，所以它的索引数据非常快，而且赋值与修改元素也很简单。但是，数组也存在一些不足，比如在数组的两个数据间插入数据要重新排序；还有在声明数组的时候必须指明数组的长度，过长会造成内存浪费，过短会造成数据溢出。针对数组的以上缺点，C# 提供了 ArrayList 对象来弥补这些不足。ArrayList 是 .NET Framework 提供的用于数据存储和检索的专用类，它是命名空间 System.Collections 下的一部分，它的大小是按照其中存储的数据来动态扩充与收缩的，在声明时并不需要指定其长度，并且可以很方便地进行数据的添加、插入和移除。

程序使用 ArrayList 来记录倾废船单次作业数据。当程序判断倾废船进入挖泥区后，则将此船数据写入 ArrayList，此后一直跟踪记录，直到该船再次进入挖泥区，表示单次作业结束，清空 ArrayList 数组，重新记录下一次作业数据。

代码清单 6–2　ArrayList 数组记录单次作业

```
double m_shipDeep, int m_shipSignal, string m_shipGate, string m_
shipAlarm, DateTime m_sysTime)
{
    int AryLstNum1 = -1;
     DateTime InitialRecTm = Convert.ToDateTime("2050-01-01
23:59:59");
    string updateRec;
    try
    {
        string ExtractNum = "select ARRAYID,ARRAYRECBGNTM from
TASKSTATRECORD where DUMPSHIPID=" + Convert.ToInt32(m_shipID);
        OracleCommand oraRecCmd = new OracleCommand(ExtractNum,
oraConn);
        OracleDataReader oraRecRD = oraRecCmd.ExecuteReader();
        if (oraRecRD.HasRows)
```

```
            {
                while (oraRecRD.Read())
                {
                    if (!DBNull.Value.Equals(oraRecRD["ARRAYID"]))
                                { AryLstNum1 = Convert.
ToInt32(oraRecRD["ARRAYID"]); }
                        if (!DBNull.Value.Equals(oraRecRD["ARRAYRECB
GNTM"]))
                        { InitialRecTm = Convert.ToDateTime(oraRecRD["ARRAY
RECBGNTM"]); }
                    if (AryLstNum1 != -1)
                    {
                        if (m_gpsTime >= InitialRecTm)
                        {
                            shipArray[AryLstNum1].Add(m_shipLong + ";"
+ m_shipLat + ";" + m_shipID + ";" + m_shipName + ";" + m_gpsTime +
";" + m_shipDeep + ";" +
                                m_shipSignal + ";" + m_shipGate + ";" +
m_shipAlarm + ";" + m_sysTime); //经度、纬度、船号、船名、gps 时间、吃水、
GPRS 信号，船闸，报警信号、北京时间
                                updateRec = "update TASKSTATRECORD set
ARRAYRECCURRTM=to_date('" + m_gpsTime + "','yyyy-mm-dd hh24:mi:ss')
where DUMPSHIPID=" + Convert.ToInt32(m_shipID);// 更新当前读取时间
                            InstOrUpdt(updateRec, oraConn);
                        }
                    }
                    else // 重新启动程序后，本次作业 array 数据丢失，作业完成后
arrayid 置空（重新分配 arrayid）
                    {
                        if (m_gpsTime >= InitialRecTm)
                        {
                            for (int i = 0; i <= 199; i++)
                            {
                                if (shipArray[i].Count == 0) // 查找一个
空数组
                                {
```

```
                                    shipArray[i].Add(m_shipLong + ";" +
m_shipLat + ";" + m_shipID + ";" + m_shipName + ";" + m_gpsTime +
";" + m_shipDeep + ";" +

                                        m_shipSignal + ";" + m_shipGate
+ ";" + m_shipAlarm + ";" + m_sysTime);
                                    AryLstNum1 = i;
                                    updateRec = "update TASKSTATRECORD
set ARRAYID=" + AryLstNum1 +

                                            ",ARRAYRECCURRTM=to_date('"
+ m_gpsTime + "','yyyy-mm-dd hh24:mi:ss') where DUMPSHIPID=" +
Convert.ToInt32(m_shipID); //写入初始化数组号、时间
                                    InstOrUpdt(updateRec, oraConn);
                                    break;

                                }
                            }
                        }
                    }
                }
            }
        else //只有船号、船名;ARRAYRECBGNTM空值, 此种情况只运行一次
        {
            for (int i = 0; i <= 199; i++)
            {
                if (shipArray[i].Count == 0)
                {
                    shipArray[i].Add(m_shipLong + ";" + m_shipLat
+ ";" + m_shipID + ";" + m_shipName + ";" + m_gpsTime + ";" + m_
shipDeep + ";" +

                        m_shipSignal + ";" + m_shipGate + ";" + m_
shipAlarm + ";" + m_sysTime);
                    AryLstNum1 = i;
                        updateRec = "update TASKSTATRECORD set
ARRAYID=" + AryLstNum1 + ",ARRAYRECBGNTM=to_date('" + m_gpsTime +
"','yyyy-mm-dd hh24:mi:ss')," +

                            "ARRAYRECCURRTM=to_date('" + m_gpsTime +
"','yyyy-mm-dd hh24:mi:ss') where DUMPSHIPID=" + Convert.ToInt32(m_
```

```
shipID); // 写入初始化数组号、时间
                        InstOrUpdt(updateRec, oraConn);
                        break;
                    }
                }
            }
            oraRecRD.Close();
            oraRecCmd.Dispose();
        }
        catch (Exception RecArrayList)
        {
            objWrite(txtLog, RecArrayList.Message + " RecArrayList - "
+ DateTime.Now.ToString());
        }
        return AryLstNum1;
    }
```

6.4.3 单次作业判断

单次作业判断是本课题的难点，它包含倾废船当前方位、装载、卸载、空载、满载、船闸、吃水、航行、静止、船速等数据的综合分析。由于海上环境、风、浪等不确定因素，造成 GPS 回传数据的不稳定性，加之前端倾废仪未排除船舶周期性摇摆、舷外水密度等对数据的影响，直接将测得的数据回传至本地数据库，很大程度上降低了数据的精度，增加了回传数据的分析难度。为使数据判断相对准确一些，系统对船舶吃水值进行了野值剔除、限幅滤波等处理（图 6-5）。

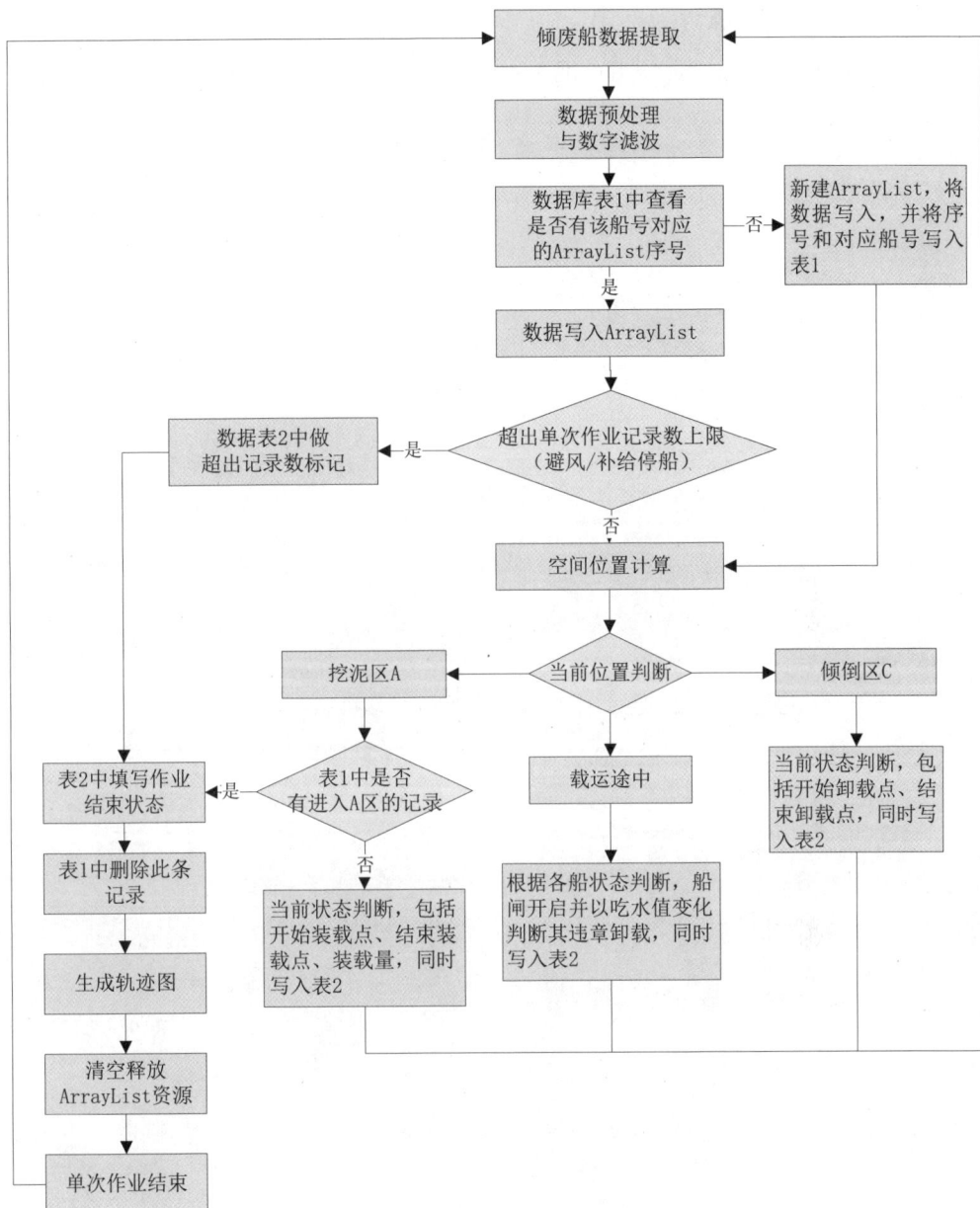

图 6-5　单次作业状态判断流程图

6.4.3.1　倾废船位置计算

计算倾废船与挖泥区或倾倒区的距离，判断倾废船的当前位置。

代码清单 6-3　倾废船当前位置

```
private bool distanceCnt(double X, double Y, int LayerID, int
AreaID)
{
    bool within = false;
    double distance;
    IPoint pt = new PointClass();
    pt.PutCoords(X, Y);
    pt.SpatialReference = srWGS84;
    pt.Project(this.axMapContain.SpatialReference);
    IGeometry pGeometryA = pt as IGeometry;
    IFeatureLayer pFeaturelayer = axMapContain.get_Layer(LayerID)
as IFeatureLayer;
    IFeatureClass pFeatureClass = pFeaturelayer.FeatureClass;
    IProximityOperator pProOperator = pGeometryA as
IProximityOperator;
    IQueryFilter pQueryFilter = new QueryFilterClass();
    pQueryFilter.WhereClause = "ID=" + AreaID;
    IFeatureCursor fCursor1 = pFeatureClass.Search(pQueryFilter,
false);
    IFeature pFeature = null;
    try
    {
        while ((pFeature = fCursor1.NextFeature()) != null)
        {
            IGeometry pGeometryB = pFeature.Shape;
            distance = pProOperator.ReturnDistance(pGeometryB);
            if (distance <= 200)
            {
                within = true;
            }
        }
```

```
      System.Runtime.InteropServices.Marshal.FinalReleaseComObjec
t(fCursor1);

      ESRI.ArcGIS.ADF.ComReleaser.ReleaseCOMObject(fCursor1);

   }
   catch (Exception dstc)
   {
      objWrite(txtLog, dstc.Message);
   }
   return within;
}
```

6.4.3.2　倾废船实时位置更新

将倾废船当前位置写入数据库，以供即时查询。

代码清单 6-4　更新数据库中船舶的实时位置

```
private void WriteToShipTb(int a_shipID, double a_shipLong, double
a_shipLat, DateTime a_sysTime, double NowVolume, int alarmDeep, int
alarmGPRS, int alarmGPS, int alarmInstru, int alarmCurrent)
{
   IQueryFilter queryflt = new QueryFilterClass();
   queryflt.WhereClause = "id=" + a_shipID;
   IFeatureCursor ftCursor = FclsIntl.Search(queryflt, false);
   IFeature Fc = null;
   try
   {
      while ((Fc = ftCursor.NextFeature()) != null)
      {
         IPoint test = Fc.Shape as IPoint;
         IPoint pt = new PointClass();
         pt.PutCoords(a_shipLong, a_shipLat);
         pt.SpatialReference = srWGS84;
         pt.Project(this.axMapContain.SpatialReference);
         Fc.Shape = pt;
            Fc.set_Value(FclsIntl.FindField("CURRLOADVOLUME"),
NowVolume);
         if (alarmDeep != 0)
```

```
                    Fc.set_Value(FclsIntl.FindField("DRAFTALARMTM"), a_
sysTime);
            else
                  Fc.set_Value(FclsIntl.FindField("DRAFTALARMTM"),
DBNull.Value);
                 Fc.set_Value(FclsIntl.FindField("GPRSALARM"),
alarmGPRS);
            if (alarmGPRS != 0)
                 Fc.set_Value(FclsIntl.FindField("GPRSALARMTM"), a_
sysTime);
            else
                    Fc.set_Value(FclsIntl.FindField("GPRSALARMTM"),
DBNull.Value);
            Fc.set_Value(FclsIntl.FindField("GPSALARM"), alarmGPS);
            if (alarmGPS != 0)
                  Fc.set_Value(FclsIntl.FindField("GPSALARMTM"), a_
sysTime);
            else
                     Fc.set_Value(FclsIntl.FindField("GPSALARMTM"),
DBNull.Value);
                 Fc.set_Value(FclsIntl.FindField("DUMPINSTRUALARM"),
alarmInstru);
            if (alarmInstru != 0)
                             Fc . set_Value (FclsIntl.
FindField("DUMPINSTRUALARMTM"), a_sysTime);
            else
                             Fc . set_Value (FclsIntl.
FindField("DUMPINSTRUALARMTM"), DBNull.Value);
                 Fc.set_Value(FclsIntl.FindField("EXTPOWERALARM"),
alarmCurrent);
            if (alarmInstru != 0)
                 Fc.set_Value(FclsIntl.FindField("EXTPOWERALARMTM"),
a_sysTime);
            else
                             Fc . set_Value (FclsIntl.
FindField("DUMPINSTRUALARMTM"), DBNull.Value);
```

```
            Fc.Store();
        }
        Fc = null;
            System.Runtime.InteropServices.Marshal.
ReleaseComObject(ftCursor);
        ESRI.ArcGIS.ADF.ComReleaser.ReleaseCOMObject(ftCursor);
    }
    catch (Exception fcusr)
    {
            objWrite(txtLog, fcusr.Message + " WriteToShipTb - " +
DateTime.Now.ToString());
            MessageBox.Show(fcusr.Message + " WriteToShipTb - " +
DateTime.Now.ToString());
    }
}
```

6.4.3.3　作业航次划分与违章判定

在倾废船作业过程中进行全程监控，实时提取回传数据，分析当前作业状态，写入数据库表，并生成倾废船运行轨迹图。按照倾废航行路线，将倾废船航程划分为 3 个区域，分别是工程区（装载区）、载运途中（工程区至倾倒区）、倾倒区。

一次规范作业记录过程是：根据倾废船当前位置和工程区进行包含运算（GIS 程序判断），若倾废船进入工程区标记作业开始，在数据库表中新建一条记录，记录倾废船编号、名称、进入工程区时间等信息；同时新建一个动态数组 ArrayList，记录倾废船经纬度、航速、航向、吃水值、船闸状态等信息。倾废船驶入指定位置开始装载，结合吃水值判断其开始装载、装载完成，并将状态点信息写入数据表。同理用包含运算，结合经纬度、航速，判断倾废船离开工程区，驶入倾倒区，将时间点写入数据表。在倾倒区，结合船闸、吃水值判断倾废船开始卸载、卸载完成，并写入数据表。当位置判断倾废船再次回到工程区时，标志本次作业完成，在数据表中做作业结束标记；提取 ArrayList 列表中的数据，结合数据表中作业状态点，输出作业轨迹图；清空 ArrayList 列表，开始下次作业记录（图 6-6）。

违章作业：违章作业是指倾废船在工程区装载完成后，未驶入指定的倾倒区倾倒。有些船只边航行边倾倒，有些选择就近的倾倒区倾倒，更有甚者刚驶出工程区就随即卸载。违章判定主要是针对载运途中，提取倾废船吃水值、船闸信息，结合经纬度、航速的综合判定。若船闸开启，吃水值变化，且未在倾倒区，则判断其违章作业，在数据表中做违章标记，轨迹图中标示出船闸开启点（图 6-7）。

图 6-6　规范作业

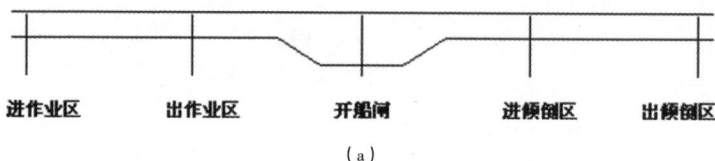

（a）

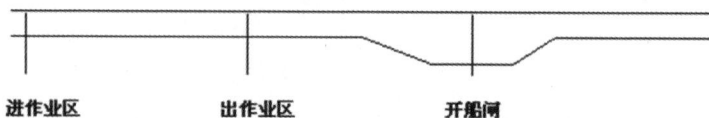

（b）

图 6-7　违章作业

6.4.3.4　图件生成

6.4.3.4.1　C# 中多线程编程

使用 C# 编写任何程序时，都有一个入口：Main() 方法。程序从 Main() 方法的第一条语句开始执行，直到这个方法返回为止。这样的程序结构非常适合于有一个可识别的任务序列的程序，但程序常常需要同时完成多个任务。例如在提取倾废船数据的同时，能同步进行图件的生成而不需要等待，这就需要程序具有同时处理多个任务的能力。

在 C# 应用程序中，第一个线程总是 Main() 方法，因为第一个线程是由 .NET 运行库开始执行的，Main() 方法是 .NET 运行库选择的第一个方法。后续的线程由应用程序在内部启动，即应用程序可以创建和启动新的线程。.NET 中线程使用 Thread 类来处理，该类位于 System.Threading 命名空间中。一个 Thread 实例管理一个线程，即执行序列。通过实例化一个 Thread 对象，就可以创建一个线程，然后通过 Thread 对象提供的方法对线程进行管理。

6.4.3.4.2　生成时间线图件

利用 C# 和绘图工具 GDI+ 制作时间线图片生成模块，标识出倾废船各时间段的状态，包括进作业区、出作业区、开船闸、进倾倒区、出倾倒区。GDI+ 是 .NET Framework 的新类库，用于图形编辑。它提供的工具可以在任何绘图表面上绘制二维"线框图"，包括绘制线条、图形、多边形、曲线、各种笔刷和钢笔。

代码清单 6-5　时间线图件生成模块

```csharp
public static void outPic(int Autoid, OracleConnection oraConnpic,
string tbName, string SaveFolder)
{
    Bitmap bmp = new Bitmap(500, 150);
    Graphics TimeLinePhoto = Graphics.FromImage(bmp);
    Pen pPen = new Pen(Color.Black, 1);
    System.Drawing.Point[] pPoints = { new System.Drawing.Point(10,
20), new System.Drawing.Point(490, 20) };
    TimeLinePhoto.DrawLine(pPen, pPoints[0], pPoints[1]); // 横线
    string m_INTASKZONETM = string.Empty;
    string m_OUTTASKZONETM = string.Empty;
    string m_INDUMPZONETM = string.Empty;
    string m_BGNDUMPTM = string.Empty;
    string m_OUTDUMPZONETM = string.Empty;
    DateTime t_INDUMPZONETM = DateTime.Now;
    DateTime t_BGNDUMPTM = DateTime.Now;
    int index = 0;
    string searchTb = string.Empty;
    string ActionSign = string.Empty;
    string sqlStr = "select AUTOID,INTASKZONETM,OUTTASKZONETM,INDUM
PZONETM,BGNDUMPTM,OUTDUMPZONETM " +
        "from "+ tbName +" where AUTOID=" + Autoid;
        //OracleConnection oraConnpic = new
OracleConnection(oraConnstr);
        OracleCommand oraCmdpic = new OracleCommand(sqlStr,
oraConnpic);
    try
    {
```

```
            //oraConnpic.Open();

            OracleDataReader oraDRpic = oraCmdpic.ExecuteReader();

            if (oraDRpic.HasRows)

            {

                while (oraDRpic.Read())

                {

                    if (!DBNull.Value.Equals(oraDRpic["INTASKZONETM"]))

                    {

                        index += 1;

                        m_INDUMPZONETM = "进作业区";

                        searchTb += "1";

                    }

                        if (!DBNull.Value.Equals(oraDRpic["OUTTASKZO
NETM"]))

                    {

                        index += 1;

                        m_OUTTASKZONETM = "出作业区";

                        searchTb += "1";

                    }

                    else { searchTb += "0"; }

                    if (!DBNull.Value.Equals(oraDRpic["INDUMPZONETM"]))

                    {

                        index += 1;

                        m_INDUMPZONETM = "进倾倒区";

                        searchTb += "1";

                        t_INDUMPZONETM = Convert.ToDateTime(oraDRpic["I
NDUMPZONETM"]);

                    }

                    else { searchTb += "0"; }

                    if (!DBNull.Value.Equals(oraDRpic["BGNDUMPTM"]))

                    {

                        index += 1;

                        m_BGNDUMPTM = "开船闸";//画船

                        searchTb += "1";

                        t_BGNDUMPTM = Convert.ToDateTime(oraDRpic["BGND
UMPTM"]);
```

```
               }
               else { searchTb += "0"; }
                   if (!DBNull.Value.Equals(oraDRpic["OUTDUMPZO
NETM"]))
               {
                   index += 1;
                   m_OUTDUMPZONETM = " 出倾倒区 ";
                   searchTb += "1";
               }
               else { searchTb += "0"; }
           }
       }
     oraDRpic.Close();
     ......
         bmp.Save(SaveFolder + @"\" + Autoid + "_" + index.
ToString() + "_" + ActionSign + ".png", System.Drawing.Imaging.
ImageFormat.Png);
         bmp.Dispose();
         TimeLinePhoto.Dispose();
     }
     catch (Exception Linepic)
     { objWriteLine(txtPath, Linepic.Message); }
}
```

6.4.3.4.3　生成轨迹图件

ArcGIS 的基本功能是地理要素和属性的空间表达与展示。GIS 中地理要素的表达方式有三类，即点、线和面，无论哪种要素，都可以依据要素的属性特征，采取单一符号化、分类符号化、分级符号等多种方法来实现数据的符号化。其中点状要素主要通过点状符号的形状、色彩、大小等来表示不同的分类或分级。

利用 ArcEngine 导入制图模板并以动态修改显示内容的方式制作图形并输出。制图过程分以下几步：导入模板，数据提取与计算，空间关系运算，方位重定向运算，图形渲染渐变值运算，图形显示范围运算，加载经纬度网格，修改文本属性字段，调用 output 方法按照指定参数输出图形。

其中图形渲染渐变值运算是在图形制作中，用逐级渐变色表示出船舶吃水值差异的，而各倾废船载运量不同，所产生的吃水值不同，不能用固定的值域进行配色，需要根据其吃水范围进行动态计算。

代码清单 6-6　动态图层渲染

```
public void ModiRender(IActiveView pActiveView, int _index)
{
    IMap pMap = pActiveView.FocusMap;
    ......
    IQueryFilter pQueryFilter;
    ICursor pCursor;
    double min = 0;
    double max = 65.53;
    double sub = 0;
    pFeatureLayer = pLayer as IFeatureLayer;
    pGeoFeatureLayer = pLayer as IGeoFeatureLayer;
    pClassBreaksRenderer = (IClassBreaksRenderer)
pGeoFeatureLayer.Renderer;
    pTable = pGeoFeatureLayer as ITable;
    pQueryFilter = new QueryFilterClass();
    pQueryFilter.AddField("shipDeep");
    pCursor = pTable.Search(pQueryFilter, true);
    pRow = pCursor.NextRow();
    min = Convert.ToDouble((pRow.get_Value(pRow.Fields.
FindField("shipDeep"))));
    max = Convert.ToDouble((pRow.get_Value(pRow.Fields.
FindField("shipDeep"))));
    while (pRow != null)
    {
        //MessageBox.Show ((pRow.get_Value(pRow.Fields.
FindField("shipDeep"))).ToString());
        if (Convert.ToDouble((pRow.get_Value(pRow.Fields.
FindField("shipDeep")))) > 0
            && Convert.ToDouble((pRow.get_Value(pRow.
Fields.FindField("shipDeep")))) < 65.53)
        {
```

```
                    if (Convert.ToDouble((pRow.get_Value(pRow.
Fields.FindField("shipDeep")))) < min)
                {
                        min = Convert.ToDouble((pRow.get_
Value(pRow.Fields.FindField("shipDeep"))));
                }
                else
                {
                    if (Convert.ToDouble((pRow.get_Value(pRow.
Fields.FindField("shipDeep")))) > max)
                    {
                            max = Convert.ToDouble((pRow.get_
Value(pRow.Fields.FindField("shipDeep"))));
                    }
                }
            }
            pRow = pCursor.NextRow();
        }
        sub = Math.Round((max - min) / 29, 6); //已经排除异常值
        if (sub == 0)
        {
            max = 9;
            min = 0.25;
            sub = Math.Round((max - min) / 29, 6);
        }
        pClassBreaksRenderer.Field = "shipDeep";
        pClassBreaksRenderer.MinimumBreak = 0.000000;
        for (int i = 1; i < 30; i++)
        {
            pClassBreaksRenderer.set_Break(i, min + sub * (i
- 1));
        }
        pClassBreaksRenderer.set_Break(30, max);
        pClassBreaksRenderer.set_Break(31, 65.53);
        pGeoFeatureLayer.Renderer = (IFeatureRenderer)
pClassBreaksRenderer;
```

```
        pActiveView.ContentsChanged();
            pActiveView.PartialRefresh(esriViewDrawPhase.
esriViewBackground, pLayer, null);
    }
```

图形显示范围运算是针对倾废船当前活动范围，计算出其运行轨迹的四至坐标，对出图范围进行动态定位的。

代码清单 6-7　动态定位计算

```
    public void ZoomtoLyr(IActiveView pActiveView,int _index)
    {
        IMap pMap = pActiveView.FocusMap;
        ......
        IGeometry pGeometry;
        double xMax;
        double yMax;
        double xMin;
        double yMin;
        pFeatureLayer = pLayer as IFeatureLayer;
        pFeatureClass = pFeatureLayer.FeatureClass;
        pQueryFilter = new QueryFilterClass();
        pQueryFilter.WhereClause = "";
            pFeatureCursor = pFeatureClass.Search(pQueryFilter,
false);
        pFeature = pFeatureCursor.NextFeature();
        pGeometry = pFeature.Shape;
        xMax = pGeometry.Envelope.XMax;
        xMin = pGeometry.Envelope.XMin;
        yMax = pGeometry.Envelope.YMax;
        yMin = pGeometry.Envelope.YMin;
        while (pFeature != null)
        {
            pGeometry = pFeature.Shape;
            if (xMax < pGeometry.Envelope.XMax)
            {
```

```
                    xMax = pGeometry.Envelope.XMax;
                }
                if (xMin > pGeometry.Envelope.XMin)
                {
                    xMin = pGeometry.Envelope.XMin;
                }
                if (yMax < pGeometry.Envelope.YMax)
                {
                    yMax = pGeometry.Envelope.YMax;
                }
                if (yMin > pGeometry.Envelope.YMin)
                {
                    yMin = pGeometry.Envelope.YMin;
                }
                pFeature = pFeatureCursor.NextFeature();
            }
            IEnvelope pEnvelope = new EnvelopeClass();
            pActiveView = (IActiveView)pActiveView.FocusMap;
            double dWidth = pActiveView.Extent.Width;
            double dHeight = pActiveView.Extent.Height;
            pEnvelope = pLayer.AreaOfInterest;
            pActiveView.Refresh();
            pEnvelope.PutCoords(xMin - (xMax - xMin) * 0.25, yMin -
(yMax - yMin) * 0.25, xMax + (xMax - xMin) * 0.25, yMax + (yMax -
yMin) * 0.25);
            pActiveView.Extent = pEnvelope;
                pActiveView.PartialRefresh(esriViewDrawPhase.
esriViewBackground, pLayer, null);
        }
```

　　方位重定向运算是针对倾废仪回传数据中倾废船航向数据存在明显偏差而做的方向计算。其方法是按照倾废船经纬度信息（前一时间方位点应指向后一时间方位点），计算出两点生成直线的斜率，再利用反正切函数计算出直线的倾斜角（相对于 X 轴）radin=Math.Atan((Y1-Y)/(X1-X))（X1 ≠ X），将弧度制转换成角度制 angle=180*radin/Math.PI，然后通过比较两点纬度值的大小判断其是第一、二象限角

rAngle=90-(angle) 或是第三、四象限角 rAngle=270-(angle)，计算出方向取值范围在 0~359 度之间（当两点纬度相同时，根据两点纬度值的大小，得出方向取值为 90 度或 270 度）。

代码清单 6-8　方向计算

```
private void Orient()
{
    try
    {
        double X = 0;
        double Y = 0;
        double X1 = 0;
        double Y1 = 0;
        double radin;
        double angle;
        double K;
        int rAngle;
        DataSet dtSet = new DataSet();
        SqlDataAdapter orientDA = null;
        string orientStr = "select * from transfer_article
order by gpsTime";
        orientDA = new SqlDataAdapter(orientStr, sqlConn);
        orientDA.Fill(dtSet, "transfer_article");
        string updateStr = "update transfer_article set
shipOrient=@shipOrient where gpsTime=@gpsTime";
        orientDA.UpdateCommand = new SqlCommand(updateStr,
sqlConn);
        orientDA.UpdateCommand.Parameters.Add("@
shipOrient", SqlDbType.Int, 4, "shipOrient");
        orientDA.UpdateCommand.Parameters.Add("@gpsTime",
SqlDbType.DateTime, 8, "gpsTime");
        DataTable dtTb = dtSet.Tables["transfer_article"];
        for (int i = 0; i < dtTb.Rows.Count - 1; i++)
        {
            if (!DBNull.Value.Equals(dtTb.Rows[i]
```

```
["shipLong"]))
                            {
                                    X = Convert.ToDouble(dtTb.Rows[i]
["shipLong"]);
                            }
                        if (!DBNull.Value.Equals(dtTb.Rows[i]
["shipLat"]))
                            {
                                    Y = Convert.ToDouble(dtTb.Rows[i]
["shipLat"]);
                            }
                        if (!DBNull.Value.Equals(dtTb.Rows[i + 1]
["shipLong"]))
                            {
                            X1 = Convert.ToDouble(dtTb.Rows[i + 1]
["shipLong"]);
                            }
                        if (!DBNull.Value.Equals(dtTb.Rows[i + 1]
["shipLat"]))
                            {
                            Y1 = Convert.ToDouble(dtTb.Rows[i + 1]
["shipLat"]);
                            }
                        if (X1 != X)
                        {
                            K = (Y1 - Y) / (X1 - X);
                            radin = Math.Atan(K);
                            angle = 180 * radin / Math.PI;
                            if (X1 > X) //east
                            {
                                    rAngle = Convert.ToInt32(90 -
(angle));//第 1 2 象限
                            }
                            else //west
                            {
                                    rAngle = Convert.ToInt32(270 -
```

```
(angle));//第 3 4 象限
                    }
                }
                else
                {
                    if (X1 > X) //east
                    {

                        rAngle = 90;//第 1 2 象限
                    }
                    else //west
                    {
                        rAngle = 270;//第 3 4 象限
                    }
                }
            dtTb.Rows[i]["shipOrient"] = rAngle;
            if (i == dtTb.Rows.Count - 2)
            {
                dtTb.Rows[i + 1]["shipOrient"] = rAngle;
            }
        }
        orientDA.Update(dtSet.Tables["transfer_article"]);
    }
    catch (Exception ex)
    {
        objWrite(txtLog, ex.Message);
    }
}
```

采用 IActiveView 接口下的 Output 方法，可以将地图输出为几十种格式，具体的格式受 IExport 类型限制，如 Export bmp、Export png、Export jpeg 等。首先定义 ExportJPEG 的实例 pExport，然后设置其相关的参数，方法调用语句为：OutPut(hdc, Dpi, pixelBounds, VisibleBounds, TrackCancel)，其中 hdc 是输出设备，由 pExport. StartExporting 指定；Dpi 是输出图片的精度，但是这里 resolution 并不能改变图片的精度，无论设置多大的 Dpi，输出同一范围图片的尺寸、精度都是一样的。要想改变精度，得指定 IOutputRasterSettings::ResampleRatio 这个参数，可以设置 1～5 个级别的采样率，在输出图片尺寸很大的时候，这个参数能提高图片的质量；PixelBounds 设置的是输出像素所占的范围；VisibleBounds 指定地图可视的范围，这个范围是以地图坐标为单位的，以当前 MapExtent 为基准来控制放大、缩小视图；参数 pExpotrt.PixelBounds 定义的是输出图片的尺寸，相当于画布的尺寸（图 6-8 ～图 6-10）。

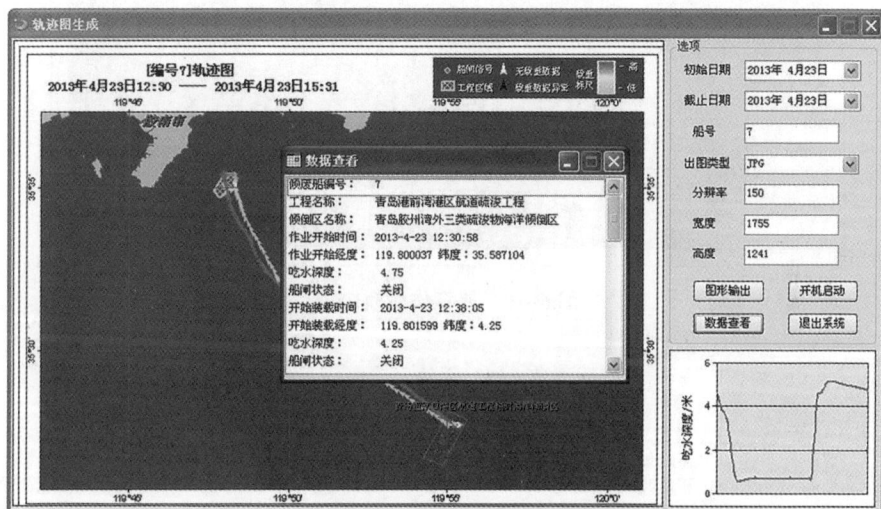

图 6-8　后台数据处理界面

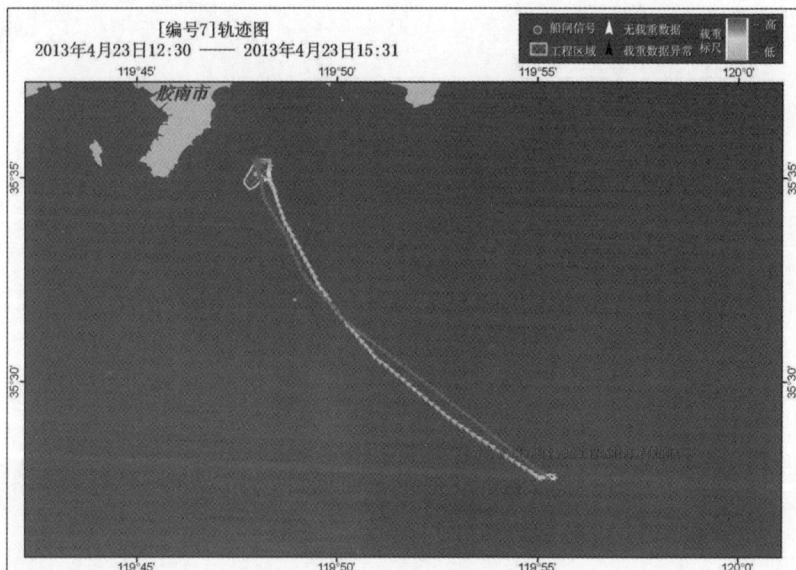

图 6-9　规范作业轨迹图

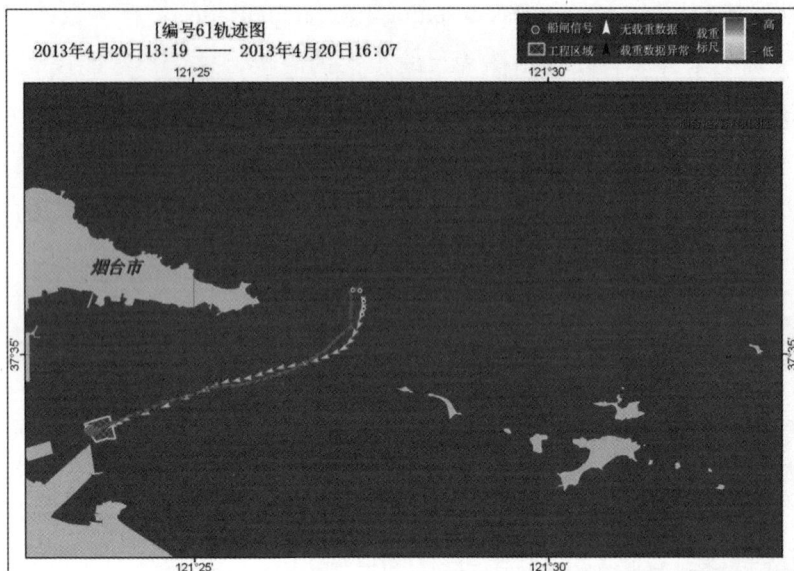

图 6-10　违章作业轨迹图

代码清单 6-9　图件生成模块调用

```
        private void PicOutput(string readDay, int DumpshipId,
string shipName, string areaName, string type, IActiveView
pActiveView)
    {
        string picPath = System.Windows.Forms.Application.
StartupPath + "\\TrackLine\\" + areaName.Trim()
        + "\\" + readDay + "\\";
        if (!Directory.Exists(picPath))
        Directory.CreateDirectory(picPath);
        try
        {
        // 出图
        IExport pExport = null;
        // pExport = new ExportJPEGClass();
        switch (cmbPicType.SelectedIndex)
        {
            case 0:
                pExport = new ExportJPEGClass();
```

```
                                    break;
                        case 1:
                            pExport = new ExportPNGClass();
                            break;
                        ……
                        case 9:
                            pExport = new ExportSVGClass();
                            break;
                        default:
                            pExport = new ExportJPEGClass();
                            break;
                    }
                    pExport.ExportFileName = picPath + shipName + "_" +
readDay + "_" + type + "." + cmbPicType.SelectedItem;
                        int reslution = (int)(pActiveView.ScreenDisplay.
DisplayTransformation.Resolution); //150;
                    pExport.Resolution = reslution;
                        //tagRECT ptagRect = axTrackLine.ActiveView.
ExportFrame;
                    tagRECT ptagRect = new tagRECT();
                    ptagRect.left = 0;
                    ptagRect.top = 0;
                    ptagRect.right = 1755;
                    ptagRect.bottom = 1241;
                     IEnvelope pEnv = new EnvelopeClass(); // 通过当前地图
框架得到相对位置
                    //pEnv = pActiveView.Extent;
                        pEnv.PutCoords(ptagRect.left, ptagRect.top,
ptagRect.right, ptagRect.bottom);
                    pExport.PixelBounds = pEnv;
                    int hDC = pExport.StartExporting();
                            ITrackCancel pTrackCancel = new
CancelTrackerClass();
                        //pActiveView.Output(hDC, reslution, ref ptagRect,
null, null);
                        pActiveView.Output(hDC, reslution, ref ptagRect,
```

```
pActiveView.Extent, pTrackCancel);
                pExport.FinishExporting();
                pExport.Cleanup();
                        System.Runtime.InteropServices.Marshal.
ReleaseComObject(pExport);
            }
            catch (Exception ex)
            {
                objWrite(txtLog, ex.Message);
            }
        }
```

6.5　总结与展望

　　本章研究成果已经为相关海洋执法部门所采用，根据大量实测数据和轨迹图件的对比分析，验证了该数据分析与判定方法具备较高的精准度，在倾废监管实际工作中发挥了积极的作用。笔者将在电子海图操作、倾废船实时位置显示及数据异常报警方面展开进一步研究。

案例 7
海洋行政执法信息化管理研究与应用实践

摘要：海洋行政执法工作是国家海洋行政管理工作的重要组成部分，是我国经济、社会可持续发展的重要经济基础和载体。海洋的开发与管理相辅相成，做好海洋执法监察管理工作是合理利用海洋资源的重要保障，提高海洋执法监察管理水平是海洋事业发展的迫切需求。将现代化信息技术引入海洋信息化建设以提高海洋管理科学化水平，是服务于海区经济发展规划需要，服务于国家经济发展战略需要，保证海洋合理开发利用和海洋经济健康可持续发展的有效途径。

信息化建设是指利用计算机、数据库、网络等一系列现代化技术，通过对信息资源的深度开发和科学利用，不断提高工作效率和监管决策的过程。海洋行政执法信息化建设的核心目标是提高执法监管水平，并且为切实发挥信息化的功效，必须与行政管理体系及行政执法业务紧密联系。

本章着重研究新形式下海洋行政执法信息化管理机制，以渤海定巡、海岛定巡、单独定期、不定期执法及海盾、碧海、海洋倾废、石油勘探开发等专项执法为主线，以航空监察、案件报备、行政审批、法律法规为辅助，收集、整编、集成各类执法相关数据信息；综合运用跨平台 Java 编程技术、数据库管理技术、网络技术实现各类执法信息的分类存储、在线检索、统计分析与综合应用，实现海洋行政执法业务流转与在线办公，在一定程度上实现北海区海洋行政执法信息化管理。

关键词：海洋行政执法　信息化　Java

7.1　概述

7.1.1　项目背景

海洋行政执法工作是国家海洋行政管理工作的重要组成部分，海洋行政执法是国家海洋局赋予中国海监的一项神圣职责。历年来，全国各级海洋行政主管部门及其所属的中国海监机构，依据《中华人民共和国领海及毗连区法》《中华人民共和国专属经济区和大陆架法》《中华人民共和国海域使用管理法》和《中华人民共和国海洋环境保护法》等海洋法律法规赋予的监督管理职能，围绕海域使用管理、海洋环境保护、海洋权益维护等方面，开展各项海洋行政执法工作。

海洋是我国经济、社会可持续发展的重要经济基础和载体。随着海洋经济的发展和社会的进步，海洋行政执法工作逐步走入社会公众的视野，各类违法用海项目和海洋环境污染事件的发生，将海洋行政执法相关工作推到了社会关注的前沿，对海洋行政执法的严肃性、科学性和执法效率提出了更高的要求。针对海洋行政执法面临的新形势，利用现代化信息手段提高行政执法综合监管能力势在必行。因此，中国海监北海总队适时提出了海洋行政执法信息化体系建设和"北海区执法监管综合信息系统"建设方案。

7.1.2 研究目的与意义

海洋的开发与管理相辅相成，做好海洋执法监察管理工作是合理利用海洋资源的重要保障，提高海洋执法监察管理水平是海洋事业发展的迫切需求。海洋行政执法信息化建设的主要目标就是以技术手段提高海洋管理决策的科学化水平，使海洋研究与管理服务于海区经济发展规划的需要，服务于国家经济发展战略的需要，最终促进海洋合理开发与有效利用，保证海洋经济健康可持续发展。

海洋行政执法信息化管理研究与应用实践，是北海区执法监管综合信息系统（简称执法系统）的重要组成部分。在深入调研北海区海洋行政执法业务工作的基础上，在北海总队行政执法处组织管理与海监一二三支队、北海航空支队的积极配合下，讨论研究行政执法信息化监管机制，初步建立行政执法信息化管理体系；并遵循实用性、先进性、前瞻性、安全性、可扩展性原则，以信息化建设需求为导向，以海洋行政执法监管为核心，建立开放、实用、准实时的北海区海洋执法业务工作流平台，实现执法信息的规范化、数字化应用，推进海洋行政执法信息化建设进程，同时为同类型海洋行政管理信息化研究提供参考和借鉴。

7.1.3 国内外研究现状

张良《构建中国海洋行政管理综合协调机制》，分析了美国、加拿大等国家的海洋行政管理模式，从国外海洋行政管理的经验及我国的实际出发，提出构建我国海洋行政管理的综合协调机制，从理清海洋行政管理的各主体间关系到协调机制的运行规则、组织模式和制度保障上提出了具体的设想。

王印红《海洋强国背景下海洋行政管理体制改革的思考与重构》写道，在党的十八大提出深化行政管理体制改革和建设海洋强国的背景下，重构了海洋行政管理体制，沿着决策权和执行权相分离的思路，形成"分散管理、统一执法，决策部门、执行部门和信息部门相互合作，相互制约的海洋行政管理体制"。

张洁《海洋行政执法文书管理系统开发与应用》，针对当前海洋行政执法尤其是执法文书管理手段落后、效率低下的问题，提出建立统一的海洋行政执法文书管理系统，使整个执法过程的文书下发、数据收集、处罚决定、数据统计等过程实现自动化在线处理，在海洋行政执法工作中发挥了重要作用。

罗万华《交通行政执法信息化技术研究与应用》提到，交通行政执法信息系统的建立，很好地满足了执法案件网上办理和数据交换共享的需求，规范了执法行为，提高了执法效能，提升了执法服务水平。通过在重庆、西藏、河南等省区的具体应用，满足了交通行政执法业务的实际需要，取得了良好效果。

潘高峰《基于 J2EE 技术的行政执法管理系统的设计与实现》，从行政监管实际工作需求出发，设计了一套面向政府法制部门和各级行政执法单位的综合管理系统，解决了执法人员管理停留在人工纸质状态时存在的信息管理难度大、统计难、无法量化考核等问题，实现了对执法人员的全面数字化管理。

7.2　需求分析

7.2.1　信息化现状

7.2.1.1　网络建设现状

以中国海监为核心的海监地面专网是链接各海区总队和地方支队的三级联通网络体系。随着海洋维权执法任务的日益繁重和安全保密工作的越发严格，北海区海监地面专网移交至北海维权支队。海洋行政执法方面，大量的行政执法数据既无法通过海监地面专网传输，又不可使用开放性的互联网网络。鉴于此，由海洋行政执法处牵头，北海信息中心具体承办，搭建了以北海总队为主体，连接海监一二三支队、北海航空支队的执法专线。近年经过持续投入建设、网络融合技术的使用与终端节点的扩充，已经发展成为上联国家海洋局，下联北海区分局属各单位并且集成 VSAT 卫星通信网的北海分局局域网。随着工作的持续开展，专线带宽由最初的

2Mbps 陆续升级至 10Mbps，能够满足当前海域海岛、环保、执法、OA 办公等系统的数据传输与业务运转（图 7-1）。

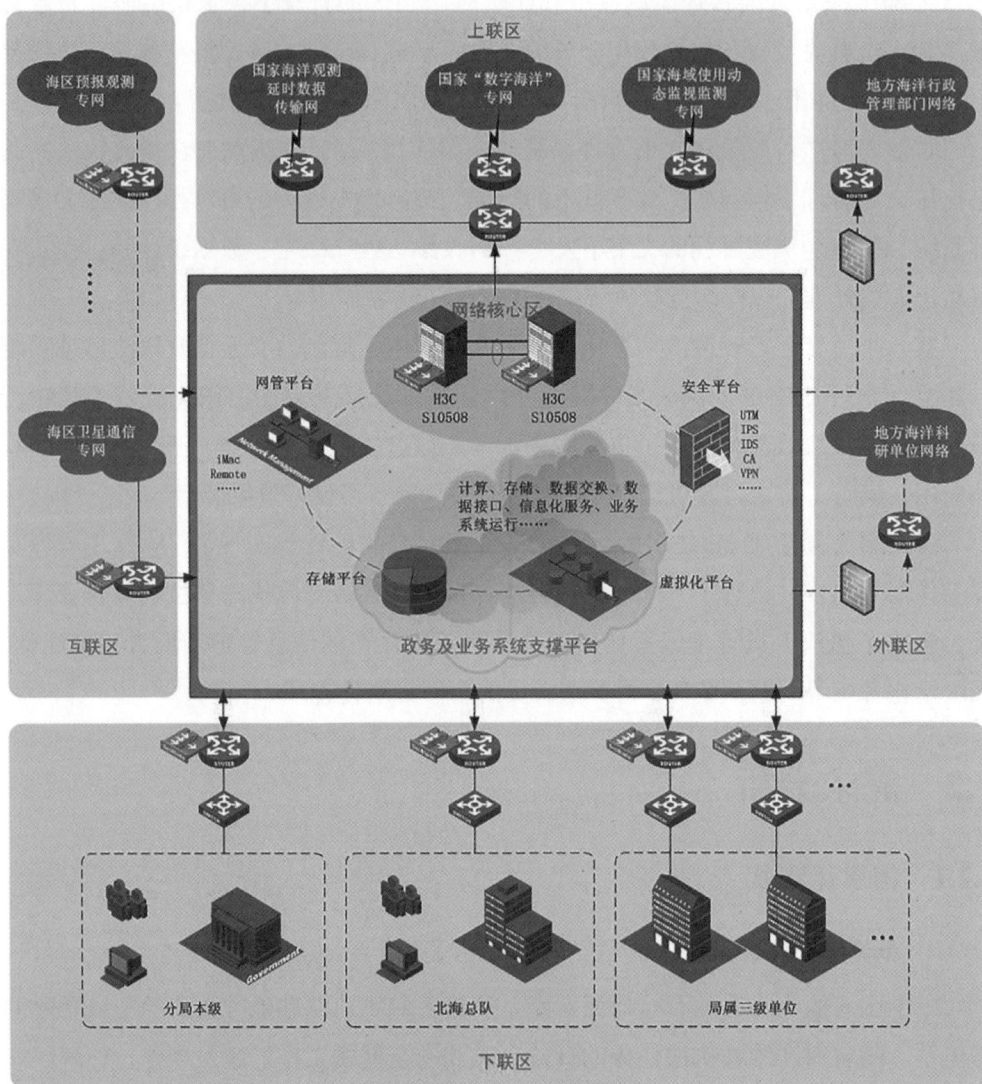

图 7-1　北海分局局域网络规划

● **信息系统建设现状**

北海区海监执法信息化建设各支队参差不齐，定期巡查、专项行动、执法案件等信息分为两种存储方式，一部分纸质文档整理到文件柜，一部分手工录入保存至电脑硬盘。各支队根据业务所需初步建立了以 Excel 或 Access 为平台的数据库系统，但数据形式不统一，格式不规范；地理信息数据方面大多以 Shape 文件格式为主，很少有业务人员能够使用专业的地图软件处理非数据库类数据源。各支队没有自行建立海洋行政执法方面的信息系统，正在使用的国家海洋局案件报备系统只是对已立案案件进行标记，以避免重复性立案审查，提供简单的在线查询，功能单一。随着执法系统的上线试运行与业务化运转，目前北海区海监各支队统一使用执法系统上报日常执法业务。执法系统各项功能也将跟随海洋行政执法监管信息化的不断深入而日臻完善。

● 现有数据

执法系统建设之初，各支队执法数据存储分散，缺乏集成应用与统计分析。基础数据包括北海区所辖海域及山东、河北、天津、辽宁三省一市陆域范围。海监通手持端数据包括测量的点、线、面图层，拍照、录像电子文档及行政区划、水系、岸线、石油平台、排污口、电缆管道、倾废区、海域使用等专题图层。海洋行政执法业务数据分为海域类、海岛类、环保类、平台类和应急类，具体为单独定期、不定期执法检查、举报核查、应急执法、渤海定巡、海岛定巡、专项行动及各类执法检查及违法案件查处信息。执法系统业务运行后，随着系统功能的不断完善，上述数据将陆续上传至系统统一存储，并提供分类整理、统计查询、流转审批与在线办理功能。

7.2.2 系统建设需求

随着计算机技术、通信技术、网络技术的飞速发展，人类正步入一个以信息技术为核心的信息化时代，信息技术正以极其广泛的渗透性、无与伦比的先进性、举足轻重的无形价值与传统产业相结合。在信息技术革命的冲击下，传统的工作模式与管理机制已经无法适应于当前执法工作的要求。要提高工作效率，增强执法监管力度，必须大力发展信息技术在海洋行政执法工作中的应用性建设。

中国海监北海总队一贯高度重视海洋执法信息化建设工作，已初步搭建起北海区海监信息化基础平台，例如分局局域网邮件服务系统，为北海区各支队提供业务数据在线交换。经过前期信息化建设，虽然取得了一定的成绩，但是还存在突出问题，表现在基础数据较分散，未能有效整合利用，信息资源开发、数据统计与分析能力欠缺，面向海洋行政执法监察决策的信息能力不足，公共信息服务发展相对滞后。结合当前工作实际，建立一个具备海洋行政执法信息支撑能力的综合应用信息系统能够在一定程度上解决上述问题，同时通过系统建设规范北海区海洋行政执法业务流程，提升海监执法队伍信息化水平，增强海监执法监管力度，初步形成海监执法工作规范化体系。

7.2.3　制度和环境需求

信息化建设需要监管层的支持和技术支撑单位自身的努力。监管层是推动信息化建设的助推器，技术支撑单位则是加速信息化建设的动力源，只有二者合力才能更快、更好地推进信息化建设步伐。

要提高认识，加强一把手工程。领导者应先充分认识到：信息化建设是对管理模式、组织结构、思维方式进行的一场"自上而下"的创新和变革。实践证明：领导的主持和参与是信息化建设取得成功的首要条件，是信息化建设起步与成功的关键。

要积极营造信息化建设良好的外部环境。经验表明：监管层的支持、鼓励和引导在信息化建设工作中至关重要。监管层对信息化建设环境的改进和完善包括网络基础设施建设、配套体系的建立和完善、网络安全的构建以及制定相应的规章制度，从而为信息化建设营造一个良好的基础环境。

7.3　建设目标

7.3.1　总体目标

在前期项目建设成果的基础上，配合北海总队行政执法处进行执法信息规范化制度建设，初步形成北海区执法信息体系化管理机制；利用现有局域网资源和硬件池，补充适当的网络设备和虚拟设备；通过提升网络传输速率，优化系统访问资源配置，通过数据集成与应用及系统升级开发，在海域与海岛管理、海洋环境保护、海洋规划等海洋行政管理的信息化支持能力建设的基础上，坚持实用性、先进性、前瞻性、开放性、安全性和可扩展性原则，开展北海区海洋执法业务工作流平台建设工作，进一步完善北海区海洋执法综合监管信息系统功能，为海洋执法管理提供及时准确的信息服务和辅助决策支持。

7.3.2　具体目标

● **优化网络资源环境提升系统访问速度**

将北海总队连接青岛（海监一支队）、天津（海监二支队）、大连（海监三支队）的专线带宽逐步提升至10Mbps。通过优化CAS单点登录系统、安装CAS证书、浏览器高级选项设置等技术手段提高系统访问速度，提升工作效率。

● **海洋行政执法业务信息化分类标准制定**

由海洋行政执法处组织管理，海监一二三支队、北海航空支队具体参与，北海信息中心作为信息技术支撑，以执法处前期文书档案标准化规范和执法系统前期建设为基础，进一步完善执法业务信息化分类标准。

● **海洋行政执法业务流转与在线审批模块研发**

模块力求实现行政执法部门在线办公功能，包括表单填报、附件上传、业务流转、在线审批、电子签章、文档共享与分类检索，是全面展示日常执法业务的公共信息平台。

● **进一步完善执法系统各项功能**

在原系统设计基础上，增加行政审批板块，内容包括海域与海岛管理、海洋环境保护、各类企业上报文档与行政批复文件，提供在线检索与浏览；增加渤海定巡、海岛定巡、单独定期、行政执法日报在线填报与统计表格排版、输出、打印功能；优化案件报备板块，页面中集成案件基本信息、案件工作流示意图和案件相关文档信息。

7.3.3 设计原则

信息系统建设遵循可扩展性、综合性、先进性、科学性、合理性、标准化、可靠性、安全性的总体设计原则。

● **可扩展性**

系统设计要考虑到业务未来发展的需要，要尽可能设计得简明。各个功能模块间的耦合度小，便于系统的扩展，满足不同时期的需要。对于存在原有的数据库系统，则需要充分考虑其兼容性。

● **综合性**

系统本身必须具有综合性，其目的是全面、准确地反映海洋执法的成果信息，为业务部门管理工作提供及时、准确的数据信息，使研究和管理人员能够从宏观到微观全面了解当前执法信息管理概况。除了系统展示外，数据库设计也是系统综合性的集中体现之一。

● **先进性**

系统的开发建设采用软件工程学所倡导的开发模式及最新的理论、技术和方法，系统设计应采用可视化技术、数据流与控制流集成化、软件功能部件化等最新的分析设计方法。同时，考虑到系统的发展完善，系统的软硬件配置应具有一定的先进性；另外，对系统的运行管理要有较高的要求，以保证系统具有一定的先进性和较长的生命周期。

● 科学性

系统设计必须遵循地理信息系统、海洋资源管理、数据库技术等有关学科的科学原理。

● 合理性

系统设计的合理性意味着实用性、可行性。因此，系统设计的合理性是我们追求的最终目标。

● 标准化

系统应具有统一完整的技术体系，如数据采集标准、数据交换标准、数据库建设标准、数据质量控制标准、数据更新标准、数据使用标准、系统设计标准、软件开发标准、测试标准、硬件平台标准、硬件可靠性标准、硬件全天候运行标准等。技术标准应采用相应的国家标准和行业标准。当没有国标和行标时，可按国标和行标的建标指导原则建立自己的标准。

● 可靠性

系统软件采用技术成熟、应用广泛的软硬件平台和数据库管理软件。基础软件平台应选择应用广泛或通用性较强的软件，这对于将来的应用开发、数据安全及系统未来的扩展和应用范围的拓展均具有重要意义；部分应用软件可自行开发，但应避免低水平的重复开发现象。

● 安全性

保证数据加工生产、传递、使用的安全性。严格遵循国家安全法规制度和总体方案数据安全管理要求，保证数据信息源的可靠性；实行专人负责制和信息使用认证制度，采取等级权限管理，保证特定用户使用特定数据；防止数据传输过程中的丢失和非法复制，确保数据的安全性。

7.4 信息化体系建设

信息化体系建设是由监管层、业务层与高端信息技术人才共同研究与制定的行业信息化标准、规范和制度，并在此基础上开展的一系列信息化蓝图设计，属于信息化上层建筑。限于笔者的个人能力和课题研究时限，只对此部分内容稍作阐述。

国家信息化体系六大核心要素为信息资源，信息网络，信息技术应用，信息技术和产业，信息化人才，信息化政策、法规和标准。海洋行政执法信息化体系建设也应在围绕海洋行政执法主体业务的范围内涵盖上述内容，具体包括网络体系、数据库体系、信息系统体系、业务体系、数据运维体系、信息安全体系、基础设施能力建设、信息化人才培养、管理机制等。

网络及通信环境是信息资源开发利用和信息技术应用的基础，是信息传输、交换和共享的必要手段。软硬件平台是信息资源存储与分发的必要载体，数据库系统则是信息数据分析与处理的实体工具。信息源是指信息数据的产生部门按照一定的标准，处理产生规范的业务数据，并维持稳定的更新频率与数据质量控制。信息安全是指信息系统（包括硬件、软件、数据、人、物理环境及基础设施）受到保护，不受偶然的或者恶意的原因而遭到破坏、更改、泄露，系统连续可靠正常地运行，信息服务不中断，最终实现业务连续性。笔者认为信息化建设是一项大课题，就如同城市规划，既需要高端设计人才，也不能缺少泥瓦匠与铺路石，只有大家齐心协力才有可能把信息化工作做好。

7.5 系统设计

7.5.1 建设内容

本项目立足于海洋行政执法监管与执法业务，通过充分的业务调研和需求分析，对海洋行政执法工作进行深入的了解，结合计算机专业知识与数据库、编程技术，在执法系统前期建设工作的基础上，进一步完善信息化管理机制与系统功能，力求实现集海洋行政执法监管、执法业务、协同工作于一体的，涵盖业务流转、信息共享与数据交换综合功能的，全面展示执法工作与业务应用的公共平台。系统建设既面向北海总队管理层，又适用于海监一线执法人员，按照工作性质、业务职能设计多级用户使用与管理模式。

7.5.2 系统功能框架

7.5.2.1 执法系统总体框架

执法系统包含主页、法律法规、行政审批、执法地图、信息检索、填报统计、执法业务、案件填报和系统管理九个模块。其中，首页分为通知公告、执法动态、执法培训、工作交流、基础监测报告、案件快速查询、海监通专区、软件下载八个板块；法律法规包括海域使用、海洋环保、海岛保护、海洋行政处罚与监督、海监执法制度等国家法律及规章制度；行政审批包括国管单体用海、海洋倾倒证、泥浆钻屑排放、石油平台移位等批复文件及上报文档；执法地图提供遥感影像、执法专题地图的空间信息查询；信息检索包括确权海域、区域用海、功能区划、石油平台、电缆管线、海洋倾废的信息查询；填报统计包括渤海定巡、海岛定巡、单独定期、行政执法日报周报月报、航空监察专报的在线填报；执法业务提供海域使用、海洋环境保护、石油勘探开发、应急执法、海岛保护航空监察、综合监察等业务工作的在线流转与审批功能；案件填报是非涉密案件信息的报备；系统管理是对用户信息、通知公告、执法动态等信息的后台管理与维护（图 7-2）。

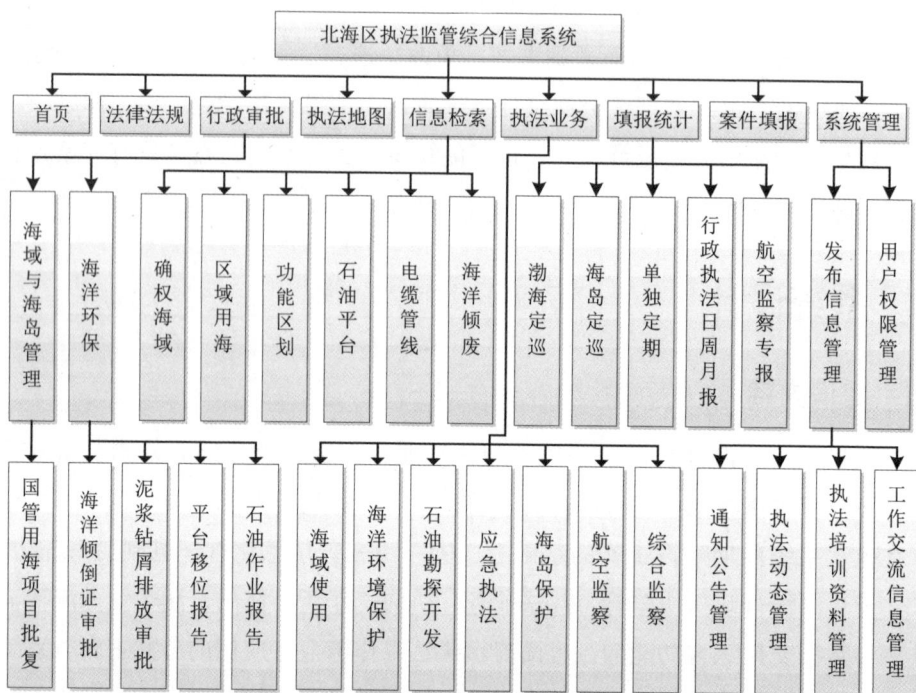

图 7–2　系统框架图

7.5.2.2　执法业务流转与在线审批模块

执法业务流转与在线审批模块是本课题研究与设计实现的核心内容，它是在执法系统原有功能的基础上进行的功能扩展。结合原数据库的组织架构、用户、权限、角色等基础信息表，在不改变现有系统与数据组织的基础上，综合考量执法业务流转模块实际需求，设计修改数据库结构。模块可实现北海总队执法处、支队内部及总队与支队间的业务文档及公文的上行、下行与在线流转审批，同时提供电子签章功能。

7.5.2.2.1　业务分类

由北海总队执法处组织，海监一二三支队、北海航空支队作为业务支持，北海信息中心作为信息技术支持，共同讨论海洋行政执法业务分类。参照《执法文书档案分类表》，将本模块涉及的执法业务分为八大类、三十三小类，具体见执法业务分类表（表7-1）。

表 7-1　执法业务分类表

一级	二级	一级	二级
公告通知	综合类 海域海岛类 环保类 平台类 其他	应急执法	石油开发溢油事故 其他应急核查
海域使用	国管用海项目 海盾专项 区域建设用海 围填海疑点疑区 案件查处 其他	海岛保护	无居民海岛保护 海岛定巡 争议海岛 海岛疑点疑区 案件查处 其他
海洋环境保护	碧海专项 北戴河专项 海洋倾废 海洋保护区 案件查处 海砂开采 环保月报 其他	航空检查	航空监察航次报告 航空监察报告 其他
石油勘探开发	渤海定巡（海上巡航） 渤海定巡（现场检查） 石油勘探开发专项 海底电缆管道 案件查处 其他	综合监察	执法日报 执法周报 执法月报 单独定期 单独不定期 举报核查 其他

7.5.2.2.2　业务流程设计

业务流程设计是指利用计算机思维，根据实际业务需求适当调整业务流程，形成利于电脑程序实现的业务逻辑，从而提高工作效率。本项目海洋行政执法业务流程由北海总队执法处和北海信息中心共同制定，分为执法处内部流程、支队内部流程、总队 / 执法处下发支队任务分配流程和支队上报总队 / 执法处任务分配流程。其中内部流程是各自独立的，执法处和各支队之间没有互访权限，任务上报或下达可通过任务分配流程相互流转。以总队 / 执法处下发支队工作任务为例，先走执法处内部流程，其是以承办人为中心的花瓣式结构，由承办人发起流程并按照领导的签发意见转呈其他领导或抄送其他同事。内部流程结束后按照工作所需既可归档也可下发各支队，继续走任务分配流程。任务分配流程为直线信息推送结构，任务下发至支队公共账号，由每日当班的公共账号管理员呈支队领导阅示，支队领导指定承办人受理，承办人办结后发起支队内部流程（同执法处内部流程），流程结束后上传至执法处承办人，执法处承办人呈领导阅示后办结归档，整个流程结束（图7-3）。

此外，任务办结时如果点击共享按键，就可将信息共享给海域海岛管理处、环保处等业务相关处室。

7.5.3 系统开发结构

面对日益复杂的软件规模，选择良好的开发框架对保证系统的成功搭建至关重要。成熟的框架会减少重复开发工作量、缩短开发时间、降低开发成本、增强程序的可维护性和可扩展性。执法系统的主框架采用面向服务的体系结构 SOA 和基于 J2EE 的轻量级架构 Wicket+Spring+Hibernate 开发模式，采用模块化、框架式设计，采用中间件、工作流及 Web Service 等先进技术，以增强系统的灵活性、可重用性，方便应用系统间的集成。系统后期扩展功能模块海洋行政执法业务在线流转与审批平台，采用 Struts+Spring+Hibernate 框架组合，前端框架采用 ExtJS。

7.5.3.1 面向服务架构 SOA

面向服务的体系结构 SOA（Service-Oriented Architecture）是一个组件模型。它将应用程序的不同功能单元（成为服务）通过这些服务之间定义良好的接口和契约联系起来；接口是采用中立的方式进行定义的，它应该独立于实现服务的硬件平台、操作系统和编程语言；构建在各种这样的系统中的服务可以一种统一和通用的方式进行交互。

在传统的架构上，软件包是被编写为独立软件的，即在一个完整的软件包中将许多应用程序功能整合在一起。实现整合应用程序功能的代码通常与功能本身的

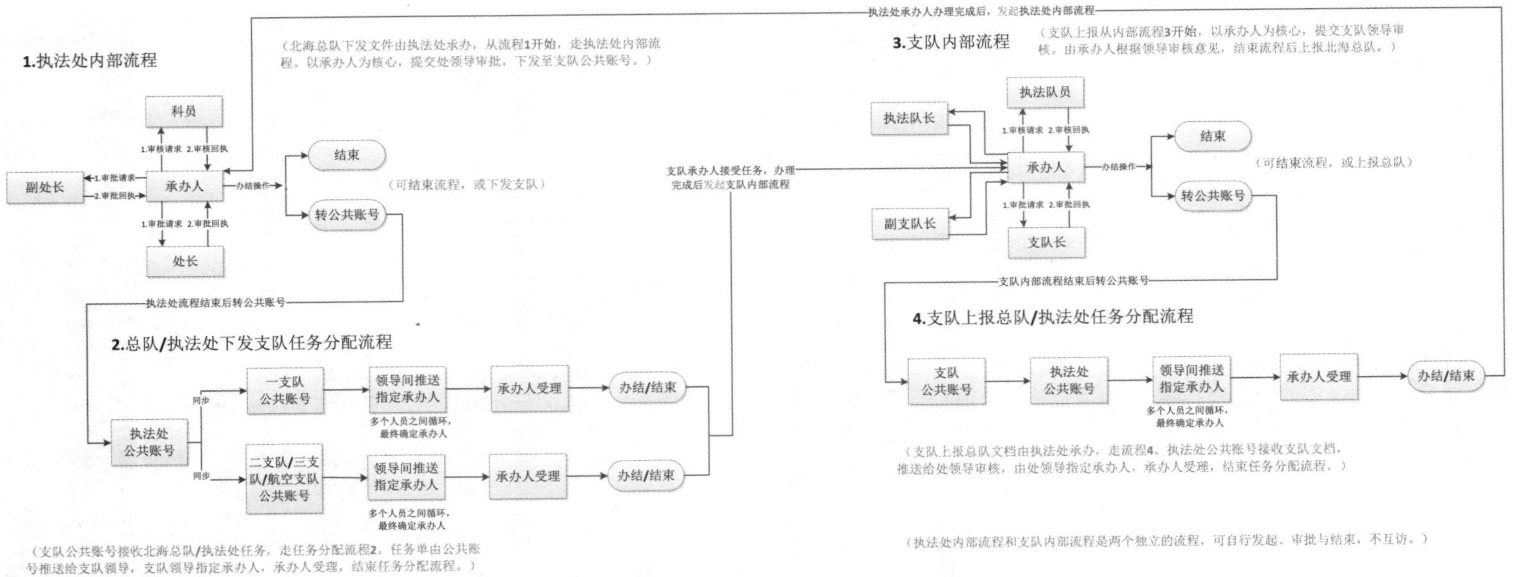

图 7-3 海洋行政执法业务办公流程图

代码混合在一起。笔者将这种方式称作软件设计"单一应用程序"。与此密切相关的是，更改一部分代码将对使用该代码的代码产生重大影响，这会造成系统的复杂性，并增加维护系统的成本。而且还使重新使用应用程序功能变得较困难，因为这些功能不是为了重新使用而打的程序包。其缺点是：代码冗余、不能重用、成本高。

SOA 旨在将单个应用程序功能彼此分开，以便这些功能可以单独用作单个的应用程序功能或"组件"。这些组件可以用在企事业内部创建各种业务的应用程序，或者如有需要，对外向合作伙伴公开，以便与合作伙伴的应用程序相融合。其优点是：代码重用、松散耦合、平台独立、语言无关。

7.5.3.2 Web Service

Web Service 平台是一套标准，它定义了应用程序如何在 Web 上实现互操作。Web Service 是技术规范，SOA 是设计原则。在本质上讲，SOA 是一种架构模式，而 Web Service 是利用一组标准实现的服务。Web Service 是实现 SOA 的常用方式。用 Web Service 实现 SOA 的好处是：可以实现一个中立平台，来获取服务，获取更好的通用性。Web Service 的目的是即时装配、松散耦合以及自动集成。

7.5.4 系统开发平台

7.5.4.1 应用服务平台

7.5.4.1.1 Apache2.0

Apache 是世界使用排名第一的 Web 服务器软件。它可以运行在几乎所有广泛使用的计算机平台上，由于其跨平台和安全性被广泛使用，是最流行的 Web 服务器端软件之一。

Apache HTTP Server（简称 Apache）是 Apache 软件基金会的一个开放源码的网页服务器，可以在大多数计算机操作系统中运行。其多平台和安全性被广泛使用，是最流行的 Web 服务器端软件之一。它快速、可靠并且可通过简单的 API 扩展，将 Perl/Python 等解释器编译到服务器中。

Apache web 服务器软件拥有以下特性：

▶ 支持最新的 HTTP/1.1 通信协议

▶ 拥有简单而强有力的基于文件的配置过程

▶ 支持通用网关接口

- ▶ 支持基于 IP 和基于域名的虚拟主机
- ▶ 支持多种方式的 HTTP 认证
- ▶ 集成 Perl 处理模块
- ▶ 集成代理服务器模块
- ▶ 支持实时监视服务器状态和定制服务器日志
- ▶ 支持服务器端包含指令（SSI）
- ▶ 支持安全 Socket 层（SSL）
- ▶ 提供用户会话过程的跟踪
- ▶ 支持 FastCGI
- ▶ 通过第三方模块可以支持 Java Servlet

7.5.4.1.2　Tomcat7.0

Tomcat 服务器是一个免费的开放源代码的 Web 应用服务器。它运行时占用的系统资源小，扩展性好，支持负载平衡与邮件服务等开发应用系统常用的功能。Tomcat 和 IIS、Apache 等 Web 服务器一样，具有处理 HTML 页面的功能，另外它还是一个 Servlet 和 JSP 容器，独立的 Servlet 容器是 Tomcat 的默认模式。

Tomcat 具有如下特性：

- ▶ 部署简单

与传统的桌面应用程序不同，Tomcat 中的应用程序是一个 WAR（WebArchive）文件。WAR 是 Sun 提出的一种 Web 应用程序格式，与 JAR 类似，也是许多文件的一个压缩包。这个包中的文件按一定目录结构来组织。

- ▶ 安全管理

Tomcat 提供 Realm 支持。Realm 类似于 Unix 里面的 group。在 Unix 中，一个 group 对应着系统的一定资源，某个 group 不能访问不属于它的资源。Tomcat 用 Realm 将不同的应用（类似系统资源）赋给不同的用户（类似 group）。没有权限的用户则不能访问这个应用。

- ▶ 易操作

基于 Tomcat 的开发其实主要是 JSP 和 Servlet 的开发，开发 JSP 和 Servlet 非常简单，可以用普通的文本编辑器或者 IDE，然后将其打包成 WAR 即可。这里要提到另外一个工具 Ant，Ant 也是 Jakarta 中的一个子项目，它所实现的功能类似于 Unix 中的 make。只需要写一个 build. xml 文件，然后运行 Ant 就可以完成 xml 文件中定义的工作，这个工具对于一个大的应用来说非常好，只需在 xml 中写很少的东西就可以将其编译并打包成 WAR。事实上，在很多应用服务器的发布中都包含了 Ant。另外，在 JSP1.2 中，可以利用标签库实现 Java 代码与 HTML 文件的分离，使 JSP 的维护更方便。

▶ 集成方便

Tomcat 也可以与其他一些软件集成起来实现更多的功能。如与 JBoss 集成起来开发 EJB，与 Cocoon（Apache 的另外一个项目）集成起来开发基于 xml 的应用，与 OpenJMS 集成起来开发 JMS 应用。除了提到的这几种外，可以与 Tomcat 集成的软件还有很多。

Tomcat 目前已经被许多软件集成，例如 JBoss、Eclipse、Web Sphere Application Studio、Net Beans、JBuilder 等 IDE 软件，它们能够方便地集成 Tomcat 的各种版本。这些 IDE 软件在开发中能够自由地配置指向 Tomcat 的安装路径，可以随意选择 Tomcat 的不同安装版本，在开发环境中即可嵌入 Tomcat 运行环境，进行集成调试。这时的 Tomcat 就好比一个插件，即插即用，十分方便。Eclipse 等使用 Tomcat 进行开发为当前许多的开发人员所应用。

7.5.4.2 开发平台

7.5.4.2.1 Java

Java 是 由 Sun Microsystems 公 司 于 1995 年 5 月 推 出 的 Java 程 序 设 计 语 言和 Java 平台的总称。它基于 Java 虚拟机技术，具有跨平台、支持动态的 Web 和 Internet 计算等特性，Java 的出现极大地推动了 Web 的迅速发展。

▶ Java 平台

Java 平台由 Java 虚拟机（Java Virtual Machine）和 Java 应用编程接口（Application Programming Interface，API）构成。Java 应用编程接口为 Java 应用提供了一个独立于操作系统的标准接口，可分为基本部分和扩展部分。在硬件或操作系统平台上安装一个 Java 平台之后，Java 应用程序就可运行。Java 分为三个体系：JavaSE（Java 平台标准版）、JavaEE（Java 平台企业版）和 JavaME（Java 平台微型版）。

▶ Java 语言特点

Java 是一种简单的、解释型、分布式的面向对象语言，它结构中立，具有很强的可移植性。Java 程序在 Java 平台上被编译为体系结构中立的字节码格式（class 文件），然后可以在实现这个 Java 平台的任何系统中运行。Java 语言还具有分布式、安全、多线程式的特点。Java 语言的优良特性使得 Java 应用具有无比的健壮性和可靠性，从而减少了应用系统的维护费用。Java 对面向对象技术的全面支持和 Java 平台内嵌的 API 能缩短应用系统的开发时间并降低成本。Java 的一次编译、到处运行的特性使得它能够提供一个随处可用的开放结构和在多平台之间传递信息的低成本方案。

7.5.4.2.2　Eclipse

Eclipse 是一个免费的、开放源代码的、基于 Java 的可扩展开发平台。就其本身而言，它只是一个框架和一组服务，用于通过插件组件构建开发环境。Eclipse 附带了一个标准的插件集，其中包括 JDT（Java Development Tools，Java 开发工具）。Eclipse 最初主要用于 Java 语言开发，但是目前也有人通过插件使其作为其他计算机语言比如 C++ 和 Python 的开发工具。众多插件的支持使得 Eclipse 拥有其他 IDE 软件很难具有的灵活性，许多软件开发商以 Eclipse 为框架开发自己的 IDE。

Eclipse 的设计思想是：一切皆为插件。它自身的核心是非常小的，其他所有的功能都以插件的形式附加到核心上。Eclipse 中三个最吸引人的地方：一是它所提供的插件机制；二是它众多功能强大的插件所带来的无限的扩展性；三是它创新性的图形 API，即 SWT/Jface。

7.5.4.2.3　Wicket 框架

Wicket 是一个基于 Java 的 Web 开发框架，与 Struts、WebWork、Tapestry 相类似。其特点在于对 HTML 和代码进行了有效的分离（有利于程序员和美工的合作），基于规则配置（减少了 XML 等配置文件的使用），学习曲线较低（开发方式与 C/S 相似），更加易于调试（错误类型比较少，而且容易定位）。

Wicket 在 UI 的处理上，与 Tapestry 采用了同一手法，即使用原生的 HTML 元素，但通过添加 HTML 元素的属性来表明这个特殊的控件，然后由后台的 HTML 解析器进行分析，抽取这些元素，再由后台进行处理，最终输出 HTML。这样做避免了开发一个专用的 IDE 用来处理 HTML，同时实现了多语言对 Web 框架的支持。Wicket 在后台的处理上与 ASP.NET 相同，直接将前台的 HTML 中的控件映射到 Java 对象中，通过 Java 对象来直接操作控件的输出和行为。Wicket 不仅清楚地区分了程序员和美工的工作范围，而且清楚地划分了 Web 开发的层次，也有利于程序的开发和维护。Wicket 可以自动管理服务器端和客户端的数据交互和状态，有效地避免了"重复提交"，而且支持 Pojo，有利于单元测试。Wicket 还可以定义各种控件，有利于复用。

7.5.4.2.4　SSH 框架

SSH 在 J2EE 项目中表示了 3 种框架，即 Spring + Struts +Hibernate。 Struts 对 Model、View 和 Controller 都提供了对应的组件。Spring 是一个轻量级的控制反转（IoC）和面向切面（AOP）的容器框架，它由 Rod Johnson 创建。它是为了解决企业应用开发的复杂性而创建的。Spring 使用基本的 JavaBean 来完成以前只可能由 EJB 完成的事情。Hibernate 是一个开放源代码的对象关系映射框架，它对 JDBC 进行了非常轻量级的对象封装，可以应用在任何使用 JDBC 的场合，可以在 Servlet/JSP 的 Web 应用中使用，也可以在应用 EJB 的 J2EE 架构中取代 CMP，完成数据持久化的重任。

▶ Struts

Struts 框架是基于 MVC（model view controller）模式的框架，是一个免费开源的 Web 层的应用框架，主要采用 JSP 与 Servlet 技术实现，把 Servlet、JSP、自定义标签和信息资源整合到一个统一的框架中，关注于控制器的流程，而开发人员只需开发相应 的 Action 类、ActionFormBean 和 JSP 组件，就可以套用 Struts 框架，进行项目的开发（图 7-4）。

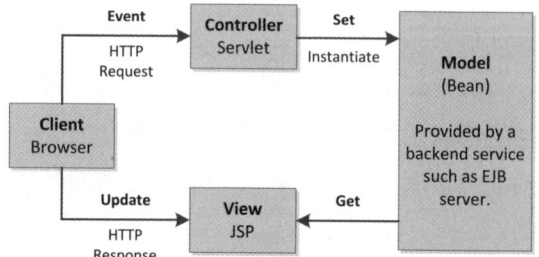

图 7–4　Struts 框架图

▶ Spring

Spring 框架是在 J2EE 的基础上实现的一个轻量级 J2EE 框架。它服务于所有层面的应用程序，提供了 Bean 的配置基础、AOP 的支持、JDBC 提取框架、抽象事务支持等。它还有效地组织了系统中的中间层对象，消除了组件对象创建与使用耦合紧密的问题。

▶ Hibernate

Hibernate 是一个开放源代码的对象关系映射框架，它对 JDBC 进行了非常轻量级的对象封装，使得 Java 程序员可以随心所欲地使用对象编程思维来操纵数据库。Hibernate 可以应用在任何使用 JDBC 的场合，既可以在 Java 的客户端程序使用，也可以在 Servlet/JSP 的 Web 应用中使用，最具革命意义的是，Hibernate 可以在应用 EJB 的 J2EE 架构中取代 CMP，完成数据持久化的重任。Hibernate 的核心接口一共有 5 个，分别为 Session、SessionFactory、Transaction、Query 和 Configuration。这 5 个核心接口在任何开发中都会用到。这些接口不仅可以对持久化对象进行存取，还能够进行事务控制。

7.5.4.2.5　ExtJS 框架

ExtJS 是一个 AJAX 框架，是一个用 JavaScript 写的，用于在客户端创建丰富多彩的 Web 应用程序界面。ExtJS 可以用来开发 RIA，即客户端的 AJAX 应用。因此，可以把 ExtJS 用在 .NET、Java、Php 等各种开发语言开发的应用中（图 7-5）。

ExtJS 最 开 始 基 于 YUI 技 术， 由 开 发 人 员 Jack Slocum 开发，通过参考 JavaSwing 等机制来组织可视化组件。从 UI 界面上 CSS 样式的应用，到数据解析上的异常处理，都可算是一款不可多得的 JavaScript 客户端技术的精品。

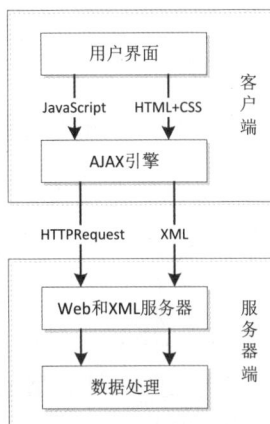

图 7-5　ExtJS 框架图

Ext 的 UI 组件模型和开发理念脱胎、成型于 Yahoo 组件库 YUI 和 Java 平台上 Swing 两者，并为开发者屏蔽了大量跨浏览器方面的处理。相对来说，EXT 要比直接针对 DOM、W3C 对象模型开发 UI 组件轻松。

7.5.4.2.6　AJAX

AJAX 即 "Asynchronous JavaScript and XML"（ 异 步 JavaScript 和 XML）， 是指一种创建交互式网页应用的网页开发技术，用于创建快速动态网页。通过在后台与服务器进行少量数据交换，AJAX 可以使网页实现异步更新。这意味着可以在不重新加载整个网页的情况下，对网页的某部分进行更新，而传统的网页（不使用 AJAX）如果需要更新内容，必须重载整个网页页面。

AJAX 不是一种新的编程语言，而是一种用于创建更好更快的、交互性更强的 Web 应用程序的技术。它使用 JavaScript 向服务器提出请求并处理响应而不阻塞用户，核心对象是 XML、HTTP、Request。通过这个对象，网页的 JavaScript 可在不重载页面的情况与 Web 服务器交换数据，即在不需要刷新页面的情况下，就可以产生局部刷新的效果。通过 AJAX，因特网应用程序可以变得更完善、更友好。

7.6　数据库设计

根据执法系统设计要求，系统数据库以海域与海岛管理、海洋环境保护和海洋行政执法业务数据为基础，建立了基础地理数据库、北海区执法业务数据库、机构设置数据库和系统管理数据库。后期系统功能完善和执法业务流转平台搭建都是在上述数据库基础上进行的扩展。通过数据交换平台完成标准化数据的入库，对数据库进行业务化维护与管理，确保数据库的安全、稳定和长期运行，为海洋执法管理提供及时准确的信息服务和辅助决策支持。

7.6.1 数据库编码规则

1）采用 26 个英文字母（区分大小写）和 0～9 十个自然数，加上横线（-）和下划线（_）组成，共计 64 个字符。不能出现其他字符（注释除外）。

2）数据库对象包括表、视图（查询）、存储过程（参数查询）、函数、约数，对象名称总长度不得超过 30。

3）实际名称尽量描述实体的内容，由单词或词组组成，单词 / 词组之间存在关系时使用下划线（_）关联，不得以数字、下划线（_）开头，并且单词首字母大写。如果名称超过限制长度，则使用单词 / 简称，或使用单词首字母作为缩写。

4）名称中出现的序号、年度、时间等，作为后缀放在对象名称最后，使用下划线（_）关联。

7.6.2 数据表结构设计

7.6.2.1 办公流转数据表

相关数据见表 7-2～表 7-16。

表 7-2　YWLC_Form（业务表单表）

序号	字段名	数据类型	为空	备注
1	FormID	Int	否	ID
2	MenuID	Int	否	菜单 ID（）
3	FileName	Nvarchar(500)	否	文件名称
4	BillCode	Nvarchar(500)	是	流水号
5	SendCode	Nvarchar(500)	是	发号
6	Remarks	Ntext	是	备注
7	MakerID	Int	否	经办人
8	MakeDate	Datetime	否	经办日期
9	ReplyUserID	Int	是	审批人
10	StateID	Int	否	单据状态 ID
11	DeptName	Nvarchar(500)	是	部门名称
12	ReplyUserName	Nvarchar(50)	是	审批人姓名
13	DeptCode	Nvarchar(50)	是	部门编号

续 表

序号	字段名	数据类型	为空	备注
14	MakerName	Nvarchar(50)	是	经办人姓名
15	IsPublic	bit	是	是否公开
16	IsLook	bit	是	是否查看：true 为已查看
17	UpperUserID	Int	是	上次审批人
18	UpperFormID	Int	是	上级流转表单 ID
19	MenuPath	Nvarchar(50)	是	菜单路径
20	IsEnd	bit	是	是否办结 true 办结
21	IsUsed	bit	否	是否删除 false 为删除
22	FormType	Int	否	表单类型： ①内部流转 ②任务分配
23	DeptType	Nvarchar(15)	否	部门类型：北海分局（bhfj）、北海总队(bhzd)、行政执法处 (xzzfc)

表 7-3 YWLC_FormIsOpen（公开的部门）

序号	字段名	数据类型	为空	备注
1	FormIsOpenID	Int	否	ID
2	MainSystemDeptID	Nvarchar(50)	否	主系统部门 ID
3	MainSystemDeptName	Nvarchar(50)	是	部门名称
4	FormID	Nvarchar(500)	否	表单 ID

表 7-4 YWLC_Menu（菜单表）

序号	字段名	数据类型	为空	备注
1	MenuID	Int	否	ID
2	UpperMenuID	Int	否	上级菜单 ID
3	MenuName	Nvarchar(500)	否	菜单名称
4	FilePath	Nvarchar(500)	是	文件上传路径
5	ModulePath	Nvarchar(500)	否	页面链接地址
6	ModuleType	Int	是	功能类型： ①自下而上 ②自上而下
7	MainSystemMenuID	Nvarchar(50)	是	主系统菜单 ID
8	OrderBy	Int	是	排序
9	IsLeaf	bit	是	是否子节点：true 为子节点

表 7–5　YWLC_FormFiles（表单附件）

序号	字段名	数据类型	为空	备注
1	FormFilesID	Int	否	ID
2	FormID	Int	否	表单 ID
3	FileName	Nvarchar(500)	否	上传文件
4	FilePath	Nvarchar(500)	否	文件路径
5	FileNameNew	Nvarchar(500)	否	文件存放的名称
6	UserID	Int	是	上传人 ID
7	UserName	Nvarchar(50)	是	上传人姓名
8	UserDeptCode	Nvarchar(20)	是	上传人部门 Code
9	UserDeptName	Nvarchar(50)	是	上传人部门名称
10	IsUsed	bit	否	是否删除

表 7–6　YWLC_Module（流程模块表）

序号	字段名	数据类型	为空	备注
1	ModuleID	Int	否	ID
2	ModuleName	Nvarchar(500)	否	流程模块名称
3	IsUsed	bit	否	是否删除

表 7–7　YWLC_FlowRecord（表单审批记录表）

序号	字段名	数据类型	为空	备注
1	FlowRecordID	Int	否	ID
2	FormID	Int	否	表单 ID
3	ReplyUserID	Int	否	审批人 ID
4	ReplyUserName	Nvarchar(500)	是	审批人姓名
5	RoleID	Int	否	角色 ID
6	ReplyDate	Datetime	否	审批日期
7	ReplyContent	Ntext	是	审批内容
8	OrderNum	Int	是	排序
9	Account	Nvarchar(50)	是	账号

表 7–8　YWLC_Messages（消息表）

序号	字段名	数据类型	为空	备注
1	MessagesID	Int	否	ID
2	FormID	Int	否	表单 ID
3	MessagesContent	Nvarchar(500)	否	标题内容

续　表

序号	字段名	数据类型	为空	备注
4	ReceiveUserID	Int	否	接受人 ID
5	ReceiveUserName	Nvarchar(20)	是	接收人的姓名
6	MessagesDate	Datetime	是	消息时间
7	Type	Int	是	消息类型： ①审批消息 ②查看消息 ③下发消息 ④上报消息 ⑤流转消息
8	IsLook	bit	否	是否查看：false 未查看，true 已查看

表 7-9　YWLC_State（表单状态表）

序号	字段名	数据类型	为空	备注
1	StateID	Int	否	ID
2	ModuleID	Int	否	流程模块表 ID
3	StateName	Nvarchar(500)	否	状态名
4	StateValue	Nvarchar(500)	否	状态值
5	Remarks	Nvarchar		备注
6	IsUsed	bit	否	是否删除

表 7-10　YWLC_Dept（部门表）

序号	字段名	数据类型	为空	备注
1	DeptID	Int	否	ID
2	DeptName	Nvarchar(500)	否	部门名称
3	OrderBy	Int	是	排序
4	IsUsed	bit	否	是否删除

表 7-11　YWLC_Role（角色表）

序号	字段名	数据类型	为空	备注
1	RoleID	Int	否	ID
2	RoleName	Nvarchar(500)	否	角色名称
3	RoleLevel	Int	是	级别
4	RoleEnd	Nvarchar(20)	是	角色后缀

表 7–12　YWLC_RoleFlow（角色流向表）

序号	字段名	数据类型	为空	备注
1	RoleFlowID	Int	否	ID
2	StartRole	Int	否	起始角色
3	EndRole	Int	否	流向角色

表 7–13　YWLC_CopyTo（抄送表）

序号	字段名	数据类型	为空	备注
1	CopyToID	Int	否	ID
2	FormID	Int	否	表单 ID
3	UserID	Int	否	用户 ID
4	IsLook	Int	否	是否查看：false 未查看，true 已查看

表 7–14　YWLC_PublicDept（需要公开的部门）

序号	字段名	数据类型	为空	备注
1	PublicDeptID	Int	否	ID
2	DeptCode	Nvarchar(20)	否	部门 Code
3	DeptName	Nvarchar(20)	否	部门名称
4	Order	Int	是	排序
5	Type	Nvarchar(10)	是	类型

表 7–15　YWLC_FLOW（表单流向）

序号	字段名	数据类型	为空	备注
1	FlowID	Int	否	ID
2	StartFormID	Int	否	起始表单 ID
3	EndFormID	Int	否	结束表单 ID

7.6.2.2　执法业务数据表

表 7-16　渤海定巡执法工作统计（以渤海定巡为例，其余表略）

BOHAI_REGU_INSPECT_COUNT

序号	渤海定巡执法统计		代码				备注
	中文名称	英文全称	字段名	类型	精度	初始值	约束条件	备注
1	序号	ID	ID	Int			无重复 (PK)	主键，自动序号，加 1
2	全局编号	UUID	UUID	Varchar	50	dbo.emptyString	不为空	
3	航次及编号	Voyage Number	Voyage_No	Varchar	30			
4	航次起始时间	Voyage begin time	Voyage_Bgn_Time	Datetime				航次的起始日期，比如：2010/11/26
5	航次结束时间	Voyage end time	Voyage_End_Time	Datetime				同上
6	人次	Law enforcement officials	Lawenforce_Official	Int		dbo.int0		参与执法的人次，单位：人次
7	海上航程	Ship voyage	Ship_Voyage	Decimal	6,1	dbo.int0		海上船舶航程，单位：海里
8	历时	Total Time	Total_Time	Decimal	6,1	dbo.int0		所用时间，单位：小时
9	油田矿区	Oilfield	Oilfield	Int		dbo.int0		巡检的油田矿区，单位：个
10	平台	Platform	Platform	Nvarchar	50	dbo.int0		
11	FPSO	FPSO	FPSO	Int		dbo.int0		
12	保护区	Nature reserve	Nature_Reserve	Int		dbo.int0		
13	倾废区	Dumping zone	Dumping_Zone			dbo.int0		

表名 BOHAI_REGU_INSPECT_COUNT

续　表

表名			BOHAI_REGU_INSPECT_COUNT					
序号	渤海定巡海法执统计		代码					备注
	中文名称	英文全称	字段名	类型	精度	初始值	约束条件	
14	海砂开采区	Seasand Exploitation Zone	Seasand_Exploit_Zone	Int		dbo.int0		
15	陆岸行程	Vehicle stroke	Vehicle_Stroke	Int		dbo.int0		陆岸车辆行程，单位：千米
16	空中航程	Aviation voyage	Aviation_Voyage	Int		dbo.int0		单位：海里
17	登检平台	Check platform	Check_Platform	Int		dbo.int0		
18	登检FPSO及人工岛	Check FPSO and Artificial Island	Check_FPSO_AI	Int				
19	照片	Photo	Photo	Int		dbo.int0		单位：张
20	摄像	Record Time	Record_Time	Int		dbo.int0		录制的视频，单位：分钟
21	应急	Emergency	Emergency	Int				
22	采样	Sampling	Samp	Int		dbo.int0		
23	发现涉嫌违法行为	Illegal Action	Illegal_Action	Int				发现涉嫌违法行为，单位：起
24	检查的公司	Company Name	Company_Name	Nvarchar	50			检查的公司名称
25	船舶舷号	Boat No	Boat_No	Varchar	30			比如：21、11
26	统计时间	Count Time	Count_Time	Datetime				取出年份用于统计？
27	填报人	Reporter	Reporter	Nvarchar	20			
28	审核	Audit Sign	Audit_Sign1	Int		dbo.int0		审核标识1：审核，0：未审核

续　表

表名			BOHAI_REGU_INSPECT_COUNT				
	渤海定巡执法统计		代码				
序号	中文名称	英文全称	字段名	类型	精度	初始值	约束条件	备注
29	支队审核人	Reviewer	Reviewer1	Nvarchar	20			
30	支队审核日期		Audit_Date1	Datetime				
31	总队审核		Audit_Sign2	Int		dbo.int0		审核标识 1：审核，0：未审核
32	总队审核人		Reviewer2	Nvarchar	20			
33	总队审核日期		Audit_Date2	Datetime				

7.7 系统功能实现

7.7.1 执法系统主界面

系统主界面见图 7-6。

图 7-6 系统主界面

7.7.2 通知公告 / 执法动态板块

首页的通知公告、执法动态、执法培训、工作交流四个板块利用了 Flexpaper 文档在线阅读技术。Flexpaper 是一个开源轻量级文档展示组件,与 PDF2SWF 搭配使用,可提供更加友好的阅读界面(图 7-7,图 7-8)。

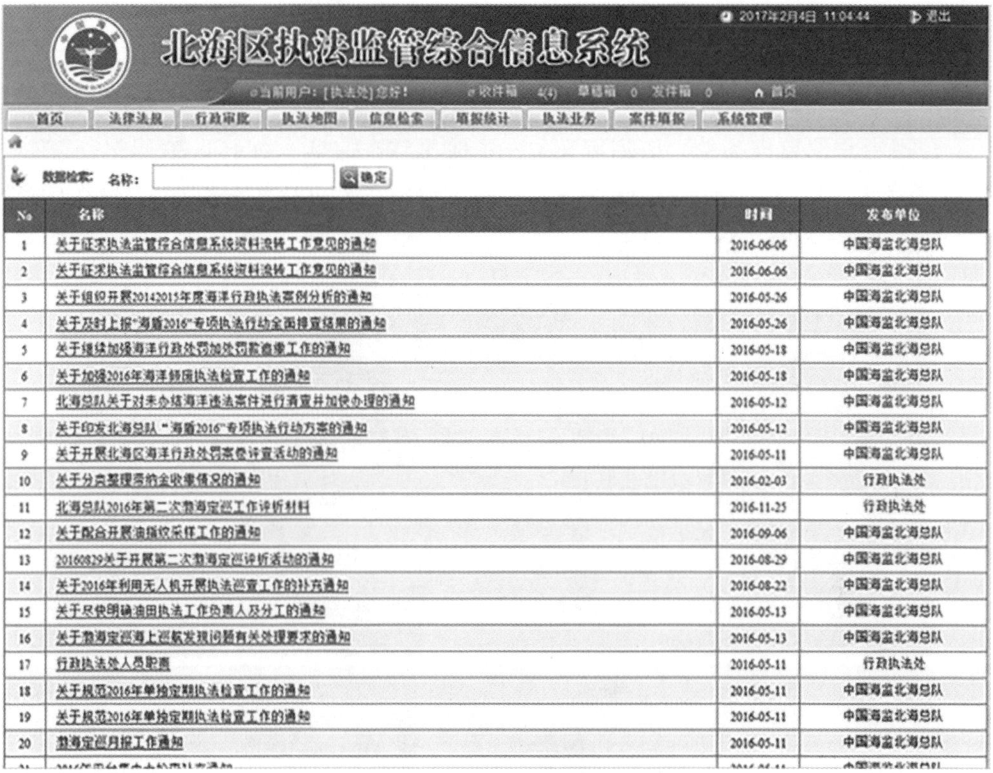
2017年2月4日 11:04:44
退出
北海区执法监管综合信息系统
当前用户：[执法处]您好！
收件箱 4(4)
草稿箱 0
发件箱 0
首页
首页
法律法规
行政审批
执法地图
信息检索
填报统计
执法业务
案件填报
系统管理
数据检索：
名称：
确定
No
名称
时间
发布单位
1 关于征求执法监管综合信息系统资料流转工作意见的通知 2016-06-06 中国海监北海总队
2 关于征求执法监管综合信息系统资料流转工作意见的通知 2016-06-06 中国海监北海总队
3 关于组织开展20142015年度海洋行政执法案例分析的通知 2016-05-26 中国海监北海总队
4 关于及时上报"海盾2016"专项执法行动全面排查结果的通知 2016-05-26 中国海监北海总队
5 关于继续加强海洋行政处罚加处罚款追缴工作的通知 2016-05-18 中国海监北海总队
6 关于加强2016年海洋倾废执法检查工作的通知 2016-05-18 中国海监北海总队
7 北海总队关于对未办结海洋违法案件进行清查并加快办理的通知 2016-05-12 中国海监北海总队
8 关于印发北海总队"海盾2016"专项执法行动方案的通知 2016-05-12 中国海监北海总队
9 关于开展北海区海洋行政处罚案卷评查活动的通知 2016-05-11 中国海监北海总队
10 关于分类整理罚没金收缴情况的通知 2016-02-03 行政执法处
11 北海总队2016年第二次渤海定巡工作评析材料 2016-11-25 行政执法处
12 关于配合开展油指纹采样工作的通知 2016-09-06 中国海监北海总队
13 20160829关于开展第二次渤海定巡评析活动的通知 2016-08-29 中国海监北海总队
14 关于2016年利用无人机开展执法巡查工作的补充通知 2016-08-22 中国海监北海总队
15 关于尽快明确油田执法工作负责人及分工的通知 2016-05-13 中国海监北海总队
16 关于渤海定巡海上巡航发现问题有关处理要求的通知 2016-05-13 中国海监北海总队
17 行政执法处人员职责 2016-05-11 行政执法处
18 关于规范2016年单独定期执法检查工作的通知 2016-05-11 中国海监北海总队
19 关于规范2016年单独定期执法检查工作的通知 2016-05-11 中国海监北海总队
20 渤海定巡月报工作通知 2016-05-11 中国海监北海总队

图 7–7　内容列表界面

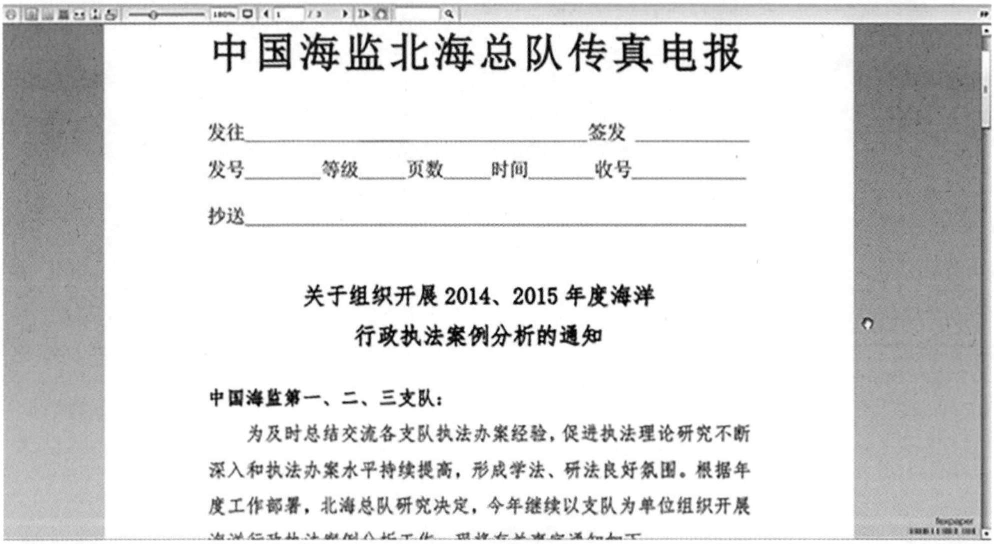
中国海监北海总队传真电报
发往
签发
发号
等级
页数
时间
收号
抄送
关于组织开展 2014、2015 年度海洋
行政执法案例分析的通知
中国海监第一、二、三支队：
为及时总结交流各支队执法办案经验，促进执法理论研究不断
深入和执法办案水平持续提高，形成学法、研法良好氛围。根据年
度工作部署，北海总队研究决定，今年继续以支队为单位组织开展

图 7–8　在线阅读界面

7.7.3 填报统计

7.7.3.1 定期执法填报

以渤海定巡填报为例,填写页面包含了航次基本信息、海上巡察、陆案巡察和航空巡察,一、二、三航空支队登录后按照权限填写各自的巡察内容,无权限填写的项不提供填写编辑功能(图 7-9,图 7-10)。

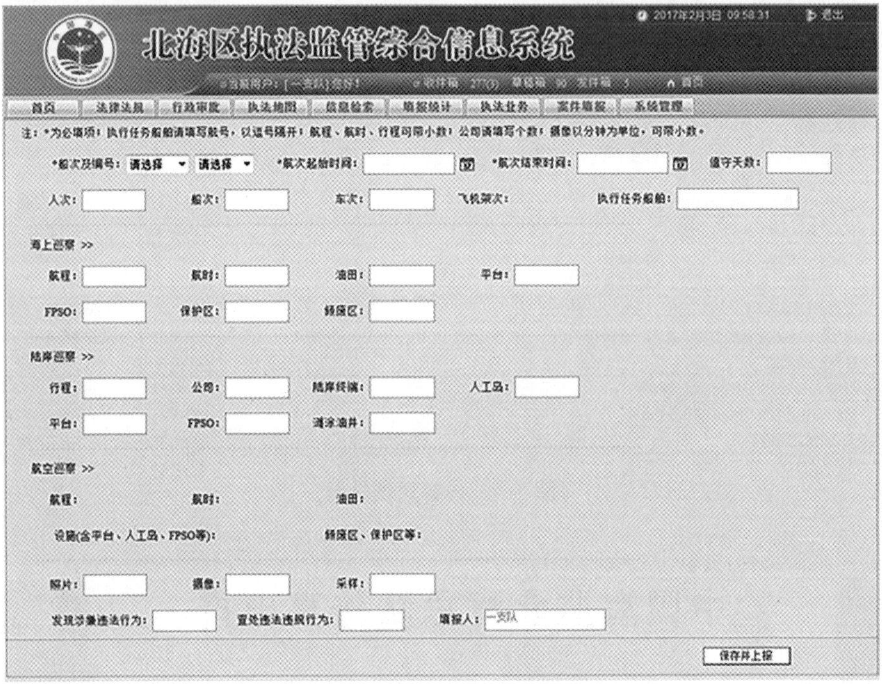

图 7-9 渤海定巡填报界面

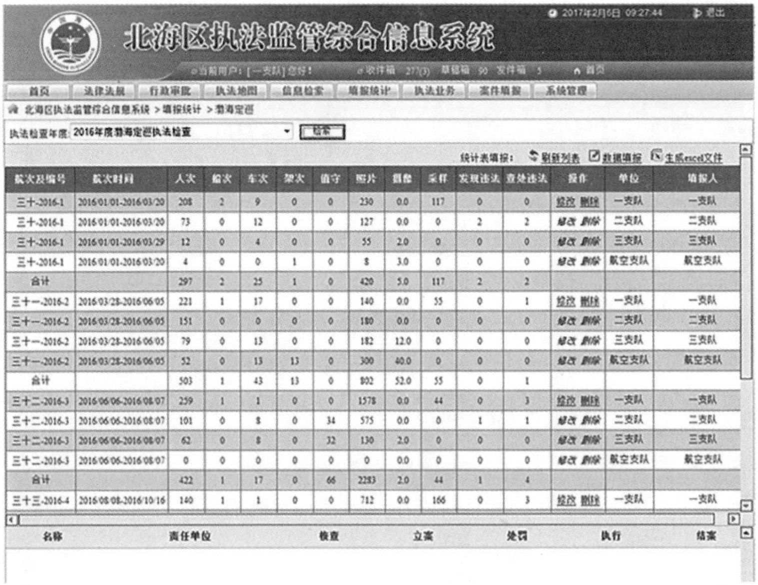

图 7-10　渤海定巡列表界面

7.7.3.2　执法日报填报

执法日报上传利用 Word 的 XML 格式实现执法数据的提取与统计，上传之后再利用 FreeMaker+XML 技术导出 Word 文档，提供下载查看。上传的同时加入日期判断，防止漏传、隔日上传等现象（图 7-11 ~ 图 7-13）。

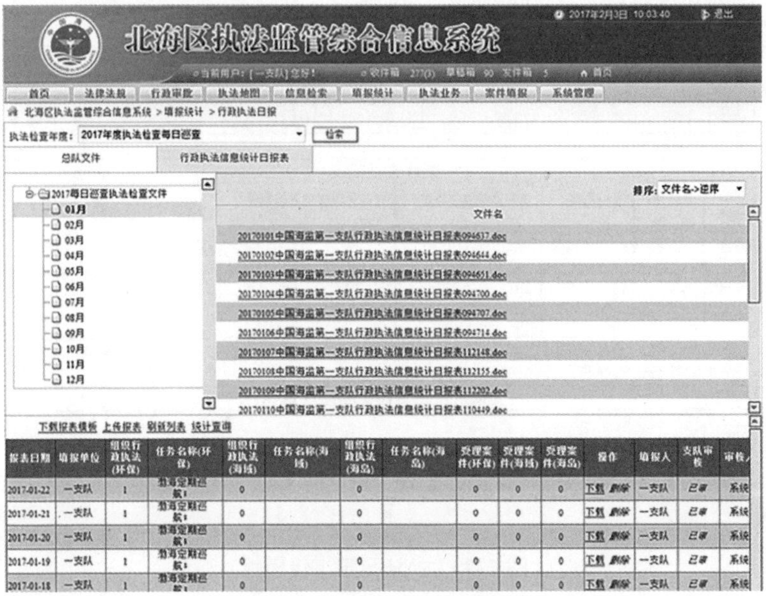

图 7-11　执法日报列表界面

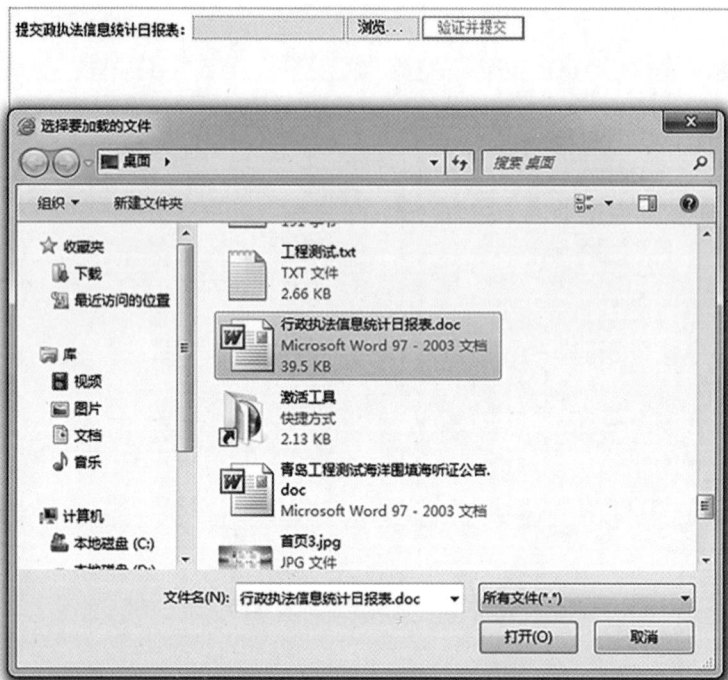

图 7-12　执法日报上传界面

中国海监第 [一] 支队行政执法信息统计日报表

日期：[2017] 年 [2] 月 [3] 日　　　　　　　　　　签发：[一支队]

执法领域	组织行政执法(起)	执法船舶派出（艘次）	执法车辆派出（车次）	执法人员派出（人次）	组织行政执法任务名称（可列多个）
环保	[1]	[]	[]	[]	[]
海域	[1]	[]	[]	[]	[]
海岛	[]	[]	[]	[]	[]

案件查处情况					
执法领域	受理案件（起）	查处案件（起）	查获涉嫌违法案件（起）	查获涉嫌违法采砂案件（起）	查扣涉案船舶（艘）
环保	[]	[]	[]	/	[]
海域	[]	[]	[]	[]	[]
海岛	[]	[]	[]	/	[]

受理案件数：当日受理举报案件数和当日立案数总和；　查处案件数：指当日立案数。
查获案件数：指当日发现新违法案件数。

受理及查获案件简要情况说明	
环保	[]
海域	[]

图 7-13　执法日报上传模板

7.7.3.3　填报输出

填报输出采用 ExcelAPI 开源 jar 包，它是 Java 操作 Excel 的工具，可以新建、读取、更新 Excel 文档，能够对 Excel 单元格进行编辑，比如行高、列宽、单元合并等，能够较好地处理字符串、数字和日期，很适合本系统使用（图 7-14）。

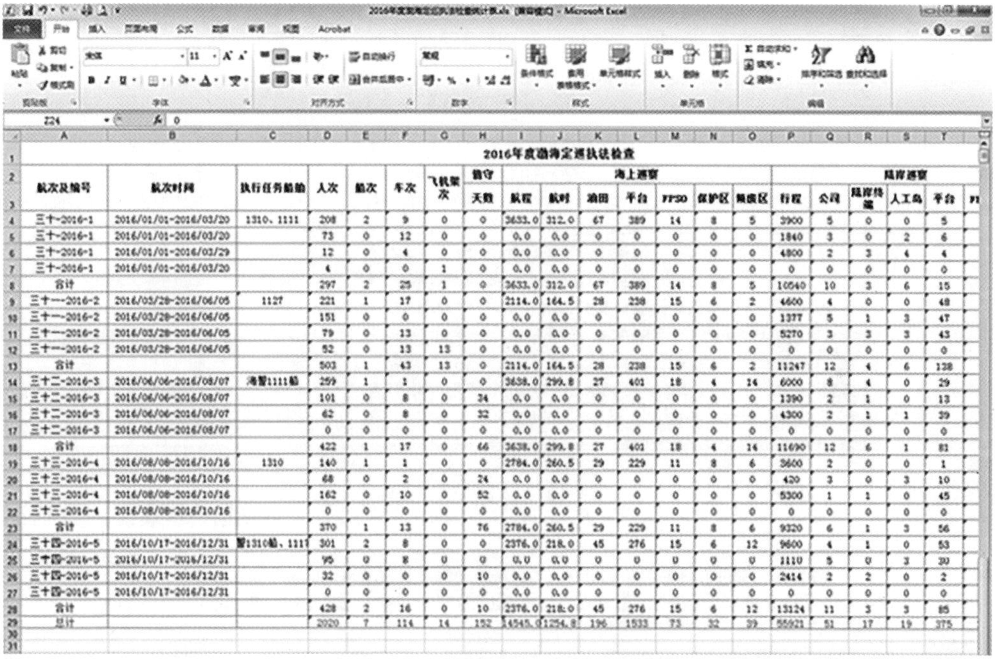

2016年度渤海定巡执法检查

航次及编号	航次时间	执行任务船舶	人次	船次	车次	飞机架次	值守	海上巡查							陆岸巡查				
							天数	航程	航时	油田	平台	FPSO	保护区	倾废区	行程	公司	陆岸终端	人工岛	平台
三十-2016-1	2016/01/01-2016/03/20	1310、1111	208	2	9	0	0	3633.0	312.0	67	389	14	8	5	3900	5	0	0	5
三十-2016-1	2016/01/01-2016/03/20		73	0	12	0	0	0.0	0.0	0	0	0	0	0	1840	3	0	2	6
三十-2016-1	2016/01/01-2016/03/29		12	0	4	0	0	0.0	0.0	0	0	0	0	0	4800	2	3	4	4
三十-2016-1	2016/01/01-2016/03/20		4	0	0	1	0	0.0	0.0	0	0	0	0	0	0	0	0	0	0
合计			297	2	25	1	0	3633.0	312.0	67	389	14	8	5	10540	10	3	6	15
三十一-2016-2	2016/03/28-2016/06/05	1127	221	1	17	0	0	2114.0	164.5	28	238	15	6	2	4600	4	0	0	48
三十一-2016-2	2016/03/28-2016/06/05		151	0	0	0	0	0.0	0.0	0	0	0	0	0	1377	5	1	3	47
三十一-2016-2	2016/03/28-2016/06/05		79	0	13	0	0	0.0	0.0	0	0	0	0	0	5270	3	3	3	43
三十一-2016-2	2016/03/28-2016/06/05		52	0	13	13	0	0.0	0.0	0	0	0	0	0	0	0	0	0	0
合计			503	1	43	13	0	2114.0	164.5	28	238	15	6	2	11247	12	4	6	138
三十二-2016-3	2016/06/06-2016/08/07	海警1111船	259	1	1	0	0	3638.0	299.8	27	401	18	4	14	6000	8	4	0	29
三十二-2016-3	2016/06/06-2016/08/07		101	0	8	0	34	0.0	0.0	0	0	0	0	0	1390	2	1	0	13
三十二-2016-3	2016/06/06-2016/08/07		62	0	8	0	32	0.0	0.0	0	0	0	0	0	4300	2	1	1	39
三十二-2016-3	2016/06/06-2016/08/07		0	0	0	0	0	0.0	0.0	0	0	0	0	0	0	0	0	0	0
合计			422	1	17	0	66	3638.0	299.8	27	401	18	4	14	11690	12	6	1	81
三十三-2016-4	2016/08/08-2016/10/16	1310	140	1	1	0	0	2784.0	260.5	29	229	11	8	6	3600	2	0	0	1
三十三-2016-4	2016/08/08-2016/10/16		68	0	2	0	24	0.0	0.0	0	0	0	0	0	420	3	0	3	10
三十三-2016-4	2016/08/08-2016/10/16		162	0	10	0	52	0.0	0.0	0	0	0	0	0	5300	1	1	0	45
三十三-2016-4	2016/08/08-2016/10/16		0	0	0	0	0	0.0	0.0	0	0	0	0	0	0	0	0	0	0
合计			370	1	13	0	76	2784.0	260.5	29	229	11	8	6	9320	6	1	3	56
三十四-2016-5	2016/10/17-2016/12/31	警1310船、1111	301	2	8	0	0	2376.0	218.0	45	276	15	6	12	9600	4	1	0	53
三十四-2016-5	2016/10/17-2016/12/31		95	0	8	0	0	0.0	0.0	0	0	0	0	0	1110	5	0	3	30
三十四-2016-5	2016/10/17-2016/12/31		32	0	0	0	10	0.0	0.0	0	0	0	0	0	2414	2	2	0	2
三十四-2016-5	2016/10/17-2016/12/31		0	0	0	0	0	0.0	0.0	0	0	0	0	0	0	0	0	0	0
合计			428	2	16	0	10	2376.0	218.0	45	276	15	6	12	13124	11	3	3	85
总计			2020	7	114	14	152	14545.0	1254.8	196	1533	73	32	39	55921	51	17	19	375

图 7–14　填报输出 Excel 文档

7.7.3.4　行政审批

行政审批模块定期上传、更新国家海洋局国管单体用海、北海分局海洋环境保护相关行政审批文件（图 7-15，图 7-16）。

图 7-15　列表界面

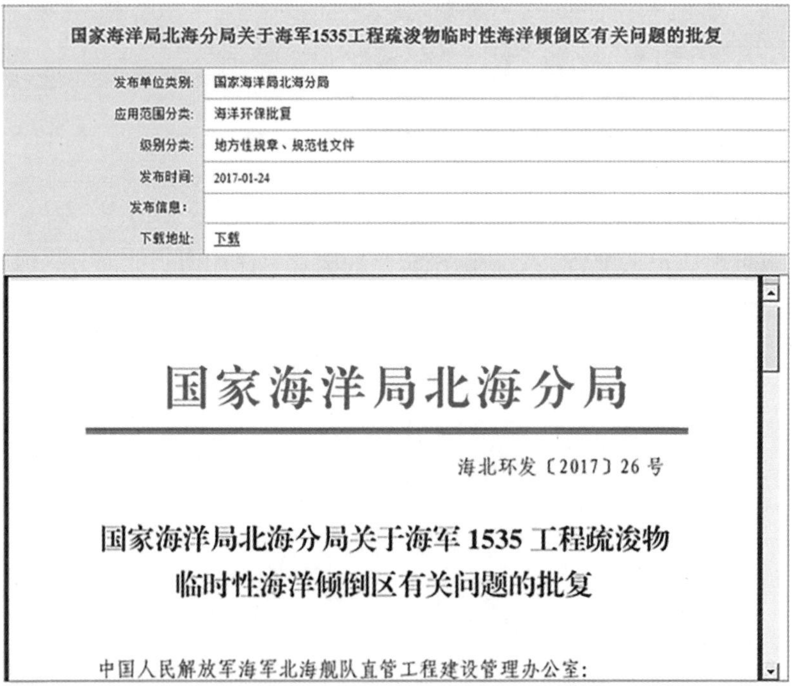

图 7-16　内容界面

7.7.4　执法业务流转

执法业务流转采用 ExtJS 框架技术、Flash 多文档上传技术、FlexPaper 在线阅读技术。通过此模块流程设计，北海总队执法处和四个支队可在线办理各自的公文流转业务，也可根据需要相互转发业务文档（图 7-17，图 7-18）。

图 7-17　业务流转主界面

图 7-18　流程创建界面

7.8 总结与展望

　　北海区执法监管综合信息系统历时三年建设期，加上本课题执法业务流转模块和相关功能的扩充与完善，基本上涵盖了海洋行政执法日常业务，基本满足通知下达与业务上报功能。下一步工作将在此基础上继续优化与完善，包括信息技术、管理机制、基础设施、人员能力建设等等，同时希望通过国家海洋局信息化整合与顶层设计，进一步推进海区行政执法信息化建设进程。

案例 8
海洋环境基础数据可视化与
专题图制作的研究

摘要：专题图是用于分析和表现数据的一种强有力的方式。使用专题图显示数据时，可以清楚地看出在数字记录中难以发现的模式和趋势，为使用者提供更为直观的数据分析形式，进而深入了解数据的空间分布和定量定型特征。

GIS 的一个显著特征就是能将数据库中的信息进行直观的可视化分析。专题图是 GIS 中对各类数据进行分析、展示最常用的手段。GIS 专题图制作需要大量的人工调整和渲染过程，使用模板可以大大简化这一过程的工作量。GIS 制图模板包含更广泛的内容，它不仅具有自定义的图形表示，同时包含制图对象在设计、计算和出图时所需要的全部图形信息。

本章在学习、整理、分析"海洋环境基础数据库"水文气象资料的基础上，引入 GIS 制图模板技术，研究、设计了海洋观测要素专题图可视化信息模型，实现了海洋要素专题图动态批量成图功能。此外，在多维图形风玫瑰图的设计中，为了达到较好的可视化效果，作者扩展了对课题的研究，利用 .NET Framework 的新类库 GDI+ 完成了图形的制作。

关键词：专题图　ArcEngine　数据库　GDI+

8.1　概述

8.1.1　项目背景

地理信息系统（GIS）是将计算机软硬件、地理数据及系统管理人员相互结合并对任意形式的地理数据进行获取、存储、更新、分析、管理及显示的集成。它独特的地图视觉化效果、地理分析功能与数据库系统相结合，使其在各领域中进行解释事件、预测结果、规划战略等，具有相当的实用价值。为了使海洋信息数据的建库和管理向科学化、可视化、便捷化方向发展，将 GIS 技术引进海洋信息管理领域，并结合海洋数据自身特点，建立相关海洋信息管理系统或体系，成为当前海洋地理信息系统（Marine GIS）研究的一个重要方向。

基于 GIS 技术的可视化属于空间认识范畴，它借助可视化工具将文字符号描述的数据变成了形象生动的图形。这种符号既易于人脑记忆、辨别、分析，又能被计算机识别、存储、转换、输出。对基于模板的 AE 环境下海洋环境基础数据可视化与专题图制作的研究，力图提高海洋信息的可视化、数字化程度，力图实现海洋信息生产部门由传统的信息管理和利用方式向科学化、标准化、规范化的现代空间管理方式过度，促进并推广北海海洋环境信息的可视化过程，同时也为同类型可视化信息系统的设计开发提供参考和借鉴。

8.1.2　研究目的与意义

本课题的研究充分结合数据库数据管理与 GIS 强大的制图功能，针对海洋数据的多样性、空间性等特点，依据海洋信息的一般表达习惯，探讨对海洋观测数据有效、准确、形象的表示方法；制作海洋信息可视化数据模型，将海洋数据进行图形效果展示和分类图件输出，以提高信息的可视化、数字化程度，进而增强海洋数据的业务应用能力，为海洋信息服务提供业务支持。课题研究成果将在"数字海洋"北海分局节点上发布运行，为使用者提供更直观的数据分析形式，了解数据的空间分布和定量、定性特征，进一步掌握海洋变化规律，从而为提高对海洋灾害预测预报的准确性提供科学依据。

8.1.3　国内外研究现状

由于 GIS 提供了便捷的数据管理和友好的人机交互环境，因此已被广泛应用到众多行业和领域，发挥着重要的作用。为了使海洋信息数据的建库和管理向科学化、可视化、便捷化方向发展，20 世纪 80 年代末海洋工作者们尝试将 GIS 引进海洋领域，并结合海洋研究领域的特点，陆续着手建立相关的地理信息系统，由此逐渐形成了海洋地理信息系统。在发达国家中，海洋地理信息产业的建设与发展受到高度重视，美国在该领域做了大量工作。尤其近 20 年，他们将最新的数据库技术、可视化技术、网络技术、3S 技术应用到海洋信息化工作中，形成了卓有成效的海洋信息管理体系和共享服务网络体系。英国建立了十分完善的水域海洋数据库，该数据库的时空覆盖率和数据质量精度极高，并被应用于设计海洋运输与通信、海洋资源与倾废、海洋能源与矿产方面的海洋信息系统建设。日本则利用美国 "NOAA-9"
气象卫星图像获得渔业信息，制成 "人造卫星鱼群海况图"，利用这种方法来监测
海洋渔业的发展。

　　我国对海洋环境数据的采集活动开始于 20 世纪 50 年代末，并进行了大规模的
海洋调查。新中国成立后，又先后开展了海洋普查、海岸调查和海岸带滩涂资源调
查等大规模海洋调查活动，加上长期的海洋台站观测、船舶观测和国际资料交流，
海洋基础资料更新在一定程度上得到了保障。然而，尽管拥有了大量种类繁多、类
型各异、兼有空间及非空间属性的海洋信息资料，但海洋生产、管理和科研部门所
掌握的海洋信息产品仍多局限于常规的文字报告和简单图表等形式，产品的信息含
量少，直观性差，严重制约了这些部门的眼界和思路。海洋信息可视化程度及综合
分析的水平较低，已成为海洋信息开发利用程度不高和服务水平低下的集中体现。

　　为了彻底改变技术落后、管理滞后、产品落伍的现状，我国海洋工作者们积极
开展开发与管理海洋信息的可视化技术研究，力求通过对多媒体与可视化等技术的
综合利用，开发出一系列能满足海洋管理、生产、科研与国防等多方面需求的标准
化海洋信息产品。同时，力图提供可推广、规模型的海洋信息服务，促进海洋经济
与社会之间的协调发展。主要内容包括：海岸带开发与管理现状信息可视化技术研
究，海岸变迁可视化技术研究，海洋工程动力环境可视化技术研究，海岸带生态保
护信息可视化管理技术研究，海岸带海洋灾害信息可视化技术研究，海洋资源价值
评估可视化技术研究，以及海底地形三维模拟和仿真研究等。作为直接影响人类生
产生活的基本环境信息，海洋环境基础数据的可视化研究则成为了首要的研究课
题。尤其是结合了 GIS 技术的海洋环境信息可视化表达的研究，不仅有助于人们理
解和分析海洋环境特征的分布情况，发现通常通过数值信息发现不了的现象，帮助
人们摆脱直接面对大量抽象数字组合的复杂形态，而且有助于揭示地域性海洋环境
现象的规律与本质，提高研究水平与工作效率。

　　虽然我国在该领域的研究和应用起步较晚，但经过十多年的努力和国家重点实
验室的引导，发展速度及普及范围有明显进步，形成了几种主要的产品类型，如资
源与环境信息系统、区域生态环境信息系统、洪涝旱灾害评估信息系统、城市建设
及旅游开发信息系统及各种比例尺的数字化地图数据库系统。其中最具代表性的是
国家 "九五" 科技攻关计划期间建成的海洋基础地理信息系统等一系列产品。这些
海洋综合管理信息系统及网络系统，极大地提高了海洋数据的利用率和海域管理工
作的水平。目前，我国已建成 1:50 万、1:25 万矢量海图数据库，沿海 1:25 万栅格

海图数据库基本完成，其他比例尺的矢量和栅格数据库正在建设中。同时，海水温度、盐度、声场、控制点、助航物、岸线、岛屿、地名、航海资料等专题数据库现已全面展开建库工作。

8.2　可视化研究理论基础

8.2.1　可视化相关概念

可视化是指通过视觉观察并在头脑中形成客观事物的影像的过程。可视化技术的出现，提升了人们对事物的观察能力，方便人们对事物整体概念形成认识。可视化技术是指运用计算机图形学和图像处理技术，将数据转换为图形和图像在屏幕上显示出来，并进行交互处理的理论、方法和技术。可视化技术又可分为信息可视化和数据可视化。

信息可视化（Information Visualization）属于跨学科的领域，它的研究方向是将那些大规模的非数值型信息资源的视觉进行呈现，帮助人类理解数据、分析数据、挖掘数据。它将数据信息和知识转化为一种视觉形式，充分利用人们对可视模式快速识别的自然能力。可视化将人脑和现代计算机这两大信息处理系统联系在一起，有效的可视界面使得我们能够观察、操纵、研究、浏览、探索、过滤、发现、理解大规模数据，并与之方便交互，从而可以极其有效地发现隐藏在信息内部的特征和规律。信息可视化从定义上来看，包括了数据可视化、信息图形、知识可视化、科学可视化以及视觉设计等多方面的发展和进步。在这个广义的范围上，我们可以把任何事物看作是一类信息：表格、图形、地图，甚至于包括文本在内，无论其是静态的还是动态的。

数据可视化是关于数据之视觉表现形式的研究。其中，这种数据的视觉表现形式被定义为一种以某种概要形式抽提出来的信息，包括相应信息单位的各种属性和变量。数据可视化技术的基本思想是将数据库中每一个数据项作为单个图元元素表示，大量的数据集构成数据图像，同时将数据的各个属性值以多维数据的形式表示，可以从不同的维度观察数据，从而对数据进行更深入的观察和分析。数据可视化来源于计算机图形学，随着这一学科的不断发展，可视化技术已经成为了研究用户界面、数据表示、处理算法和显示方式等系列问题的综合性学科。

专题图是各类信息可视化最直观的表达形式，也是数据分析最常用的手段。

8.2.2　GIS 可视化技术

GIS 可视化技术是目前信息领域中广泛应用的一项技术，以地理信息科学、计算机科学、地图学、认知科学、信息传输学与地理信息系统为基础，并通过计算机技术、数字技术、多媒体技术，动态、直观、形象地表现、解释、传输地理空间信息并揭示其内在规律。在 GIS 中，地理信息可视化的内容主要包括：

1）地理数据的可视化表示。其最基本的含义是地图数据的屏幕显示。我们可以根据数字地图数据分类、分级特点，选择相应的视觉变量（如形状、尺寸、颜色等），制作全要素或分要素表示的可阅读的地图，如屏幕地图、纸质地图或印刷胶片等。

2）地理信息的可视化表示。这是利用各种数学模型，把各类统计数据、实验数据、观察数据和地理调查资料等进行分级处理，然后选择适当的视觉变量以专题地图的形式表示出来，如分级统计图、分区统计图、直方图等。这种类型的可视化正体现了科学计算可视化的初始含义。

3）空间分析结果的可视化表示。地理信息系统的一个很重要的功能就是空间分析，包括网络分析、缓冲区分析、叠加分析等，分析的结果往往以专题地图的形式来描述。

8.3　关键技术

8.3.1　地理信息系统（GIS）概述

GIS 起源于 20 世纪 60 年代初，此时计算机技术开始应用于地图制作，相对于传统的地图制作方式，计算机辅助制图具有许多优越性，同时它具有制图质量高，便于存储、量测、分类等优点，因此计算机很快成为地图信息存储和计算处理的装置。进入 20 世纪 70 年代以后，随着计算机硬件和软件技术的飞速发展，数据处理速度加快，内存容量增大，新的输入、输出设备不断出现，为空间数据的录入、存储、检索和输出提供了强有力的手段，促使 GIS 应用迅速发展起来。20 世纪 90 年代至今，随着地理信息产业的建立和数字化信息产品在全世界的普及，地理信息系统已深入各行各业，成为人们生产、生活、学习和工作中不可缺少的工具和助手。另外，社会对地理信息系统认识普遍提高，需求大幅度增加，从而导致地理信息系统应用的扩大与深化。国家级乃至全球性的地理信息系统已成为公众关注的问题，地理信息系统已被许多国家政府列入"信息高速公路"计划，成为"数字地球"战略的有机组成部分。

8.3.2 组件式 GIS

GIS 技术的发展，在软件模式上经历了功能模块、包式软件、核心式软件，从而发展到 ComGIS 和 WebGIS 的过程。传统 GIS 虽然在功能上已经比较成熟，但是由于这些系统多是基于十多年前的软件技术开发的，因此属于独立封闭的系统。同时，GIS 软件变得日益庞大，用户难以掌握，费用昂贵，阻碍了 GIS 的普及和应用。组件式软件是新一代 GIS 的重要基础，ComGIS 的出现为传统 GIS 面临的多种问题提供了全新的解决思路。

ComGIS 是面向对象技术和组件式软件在 GIS 软件开发中的应用。ComGIS 控件与其他的软件或控件通过标准的接口通信。同传统 GIS 比较，这一技术具备无缝集成、跨语言使用、易于推广、成本低、无限扩展性、可视化界面设计和 Internet 应用的特点。ComGIS 的技术基础是组件式对象模型和 ActiveX 控件。ComGIS 的基本思想是把 GIS 的各大功能模块划分为几个组件，每个组件完成不同的功能。各个 GIS 组件之间，以及 GIS 组件与其他非 GIS 组件之间，都可以方便地通过可视化的软件开发工具集成起来，形成最终的 GIS 基础平台以及应用系统。

8.3.3 ArcGIS Engine

ArcGIS Engine 是建立在 ArcObjects（ArcGIS 软件核心功能库）之上的，一组完备的打包集成的嵌入式 GIS 组件库和工具库。开发人员可用来构建自定义 GIS 和制图应用程序。ArcGIS Engine 组件库中的组件在逻辑上可以分为 5 个部分，如图 8-1 所示。

1）基本服务（Base Services）：由 GIS 核心 Arc Objects 的组件构成，几乎所有的 GIS 组件都需要调用它们，如 Geometry 和 Display 等。

2）数据存取（Data Access）：对许多矢量或栅格数据进行存取，包括强大而灵活的地理数据库。

3）地图表达（Map Presentation）：包括用于

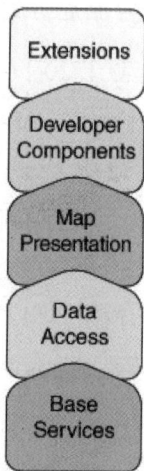

图 8-1 ArcGIS Engine
组件库的构成

创建和显示带有符号体系和标注功能的地图的 Arc Objects，以及包括创建自定义应用程序的专题图功能的 Arc Objects。

4）开发组件（Developer Components）：用于快速应用程序开发的高级用户接口控件和高效开发的综合帮助系统。其包含了进行快速开发所需要的全部可视化控件，如 SymbologyControl、GlobeControl、MapControl、PageLayoutControl、SceneControl、TOCControl、ToolbarControl 和 LicenseControl 控件等。除了这些，该库还包括大量可以由 ToolbarControl 调用的内置 commands、tools 和 menus，它们可以极大地简化二次开发工作。

5）扩展功能（Extensions）：包含了许多高级功能，如 Geo Data Base Update、空间分析、三维分析、网络分析和数据互操作等。ArcGIS Engine 标准版 License 并不包含这些 ArcObjects 组件的许可，它们只是作为一个扩展而存在，需要特定的 License 才能运行。

8.3.4　图形图像编程技术 GDI+

Windows 的一个优点是它可以让开发人员不考虑特定设备的细节，例如无需理解硬盘设备驱动程序，只需在相关的 .NET 类中调用合适的方法，就可以编程读写磁盘上的文件，这个规则同样适用于绘图。计算机在屏幕上绘图时，把指令发给视频卡，但是面对上百种视频卡和不同的指令集合功能，不可能为每种视频卡编写绘图代码，因此 Windows 早期版本中的 Graphical Device Interface（GDI 图形设备接口）应运而生。GDI 是 Windows 图形显示程序与实际物理设备之间的桥梁，使得用户无需关心具体设备细节，而只需在一个虚拟的环境（逻辑设备）中进行操作。

GDI+ 是 Microsoft 的新一代二维图形系统，是 GDI 的增强版，它完全面向对象，主要提供以下三类服务。

1）二维矢量图形绘制：GID+ 提供了存储图形基元自身信息的类（或结构体）、存储图形基元绘制方式信息的类，以及实际进行绘制的类。

2）图像处理：大多数图片都难以规定为直线和曲线的集合，无法使用二维矢量图形方式进行处理。GDI+ 因此提供了 Bitmap、Image 等类，它们可用于显示、操作和保存 bmp、jpg、gif 等图像格式。

3）文字显示：GDI+ 支持使用各种字体、字号和样式来显示文本。

GDI 接口是基于 API 函数的，而 GDI+ 是基于 C++ 类的对象化的应用程序编程接口，因此程序人员使用起来比 GDI 要方便的多。

8.4 数据组织与管理

本章研究数据引用了北海区海洋环境基础数据库中的海洋站水文气象数据信息。该数据来源于海洋环境观测成果数据，包括海洋水文信息与海洋气象信息以及信息获取日期、经纬度、观测方法、仪器设备等相关属性。数据采用大型数据库管理系统 Oracle 进行统一存储，保证数据的完整性、规范性、安全性。

8.4.1 海洋观测数据特点

我国海洋水文气象观测数据的获取主要有海洋台站观测、船舶观测和国际资料交流等几种方式。海洋水文数据包括海水表层温度、盐度、波浪、潮汐等，海洋气象数据包括风向、风速、气压、气温、降水量等。海洋水文气象数据是海洋环境监测数据、赤潮监测数据、污染监测数据等的重要组成部分，是感知海洋、开发和利用海洋的基础数据。海洋水文气象数据具有以下特点：

1）数据实时性强。监测海洋水文气象的传感器可以通过协议、无线或有线设备，实时地将水文气象物理现象转换成机器或人可识别的信号。

2）数据连续和时序性强。数据是按照一定的时间先后顺序进行采集并存储的，便于数据的访问和分析。

3）数据的相关性强。在一定范围内，不同的传感器采集到的同一个物理量的值具有相似或相关性；同一个传感器在同一个地方不同的时间采集的物理量具有相关性。

4）数据的规律性和周期性强。无论是长系列多年，还是短系列年内、季度内、月内，都有一定的周期性、规律性。

5）数据种类繁多。按类别分，有海平面气压、气温、风能等海洋气象数据和海流、海浪、海水温度、盐度、水色等海洋水文数据；按时序分，有瞬时、逐时及时段、年、季度、月等统计数据；按数据来源分，有实测、计算、统计、预测等。

6）数据不确定性。影响海洋水文气象数据的因素众多，各个物理因素的影响计值常常不确定。

由于海洋水文气象实时观测数据在采集、摘录、编报和通信过程中，难免产生误码、变码、缺测、遗失、系统误差、主观误差等错误数据，而这些错误数据直接影响到环境监测、海洋预报等工作，所以要对获取的数据进行质量控制，以最大限度地保证海洋观测资料的真实性、准确性和完整性。

8.4.2　数据库设计

数据库技术是作为数据处理的一门技术而发展起来的，所研究的问题就是如何科学地组织和存储数据，如何高效地获取和处理数据。在数据库中，可用数据模型来抽象地表示和处理现实世界中的数据。数据库即模拟现实世界中某应用环境（企事业、单位或部门）所涉及的数据的集合，它不仅要反映数据本身的内容，而且要反映数据之间的联系。

北海区海洋环境基础数据库是建立在强大的数据库管理系统 Oracle 之上，涵盖海洋水文、海洋气象、海洋物理、海洋化学、海洋生物生态、海洋地质、悬浮体、海洋地球物理和海洋地形地貌等内容的综合大型海洋数据库系统。以下列举本章所用的部分台站观测资料数据信息表结构（表 8-1 ~ 表 8-9）。

表 8–1　台站站位信息（TSW090101）

数据项名称	代码	类型与长度	备注
PID	PSW090101	NUMBER(10)	主键，唯一且不能为空
MID	MSW090101	NUMBER(10)	元数据记录号
所属分局名称	A3011300207	VARCHAR2(10)	用文字描述，如北海、东海、南海、海口
中心站	A3011300100	VARCHAR2(20)	用文字描述
台站代码	A3011300408	CHAR(4)	
台站旧代码	A3011300608	CHAR(6)	
水位站代码	A3011300508	CHAR(5)	
站名称	A3011300307	VARCHAR2(20)	用文字描述
站名代码	A3011300308	VARCHAR2(3)	
纬度	A3001100200	NUMBER(8,6)	°
经度	A3001100100	NUMBER(9,6)	°
邮编	A3000900500	CHAR(6)	
联系电话	A3000900400	VARCHAR2(20)	
联系地址	A3000900600	VARCHAR2(60)	用文字描述
台站建站时间	A3011300900	VARCHAR2(8)	YYYYMMDD
站址	A3000600400	VARCHAR2(60)	用文字描述
联系人	A3000900300	VARCHAR2(20)	用文字描述
观测资料类型及其时间描述	A3011300800	VARCHAR2(200)	用文字描述
时间戳	XSW090101	TIMESTAMP	数据库记录更新的时间

表 8-2 T011 定时海表温度、盐度数据（TSW090201）

数据项名称	代码	类型与长度	备注
PID	PSW090201	NUMBER(10)	主键，唯一且不能为空
MID	MSW090201	NUMBER(10)	元数据记录号
FID	FSW090101	NUMBER(10)	外键，TSW090101.PSW090101
台站代码	A3011300408	CHAR(4)	
纬度	A3001100200	NUMBER(8,6)	°
经度	A3001100100	NUMBER(9,6)	°
观测年	A300120030A	NUMBER(4)	年份，填满四位
观测月	A300120030B	NUMBER(2)	01 ~ 12
观测日	A300120030C	NUMBER(2)	01 ~ 31
观测时	A300120030D	NUMBER(2)	00 ~ 23
观测分	A300120030E	NUMBER(2)	00 ~ 59
观测秒	A300120030F	NUMBER(2)	00 ~ 59
表层水温	A3010100400	NUMBER(4,1)	℃
表层水温观测方法	A3010100500	VARCHAR2(1)	直接测温法填"1"；采水测温法填"2"
表层水温观测仪器代码	A3010100608	VARCHAR2(6)	
表层水温质量符	A3010100402	VARCHAR2(1)	按 GB/T 14914 的有关规定填写代码
表层水温准确度	A3010100403	VARCHAR2(1)	级
表层盐度	A3010200300	NUMBER(5,3)	
表层盐度观测方法	A3010200400	VARCHAR2(1)	直接测定法填"1"；实验室测定法填"2"
表层盐度观测仪器代码	A3010200508	VARCHAR2(6)	
表层盐度准确度	A3010201200	VARCHAR2(1)	级
表层盐度质量符	A3010200302	VARCHAR2(1)	按 GB/T 14914 的有关规定填写代码
海发光	A3010600100	VARCHAR2(6)	按 GB/T 14914 的有关规定填写代码
说明	A3005000100	VARCHAR2(128)	用文字描述，只在每月最后一条记录
密级	A3005000300	VARCHAR2(1)	按 GB/T 7156 的有关规定填写代码
时间戳	XSW090201	TIMESTAMP	数据库记录更新的时间

表 8-3 T012 逐时温盐数据（TSW090301）

数据项名称	代码	类型与长度	备注
PID	PSW090301	NUMBER(10)	主键，唯一且不能为空
MID	MSW090301	NUMBER(10)	元数据记录号
FID	FSW090101	NUMBER(10)	外键，TSW090101.PSW090101

续　表

数据项名称	代码	类型与长度	备注
台站代码	A3011300408	CHAR(4)	
纬度	A3001100200	NUMBER(8,6)	°
经度	A3001100100	NUMBER(9,6)	°
观测年	A300120030A	NUMBER(4)	年份，填满四位
观测月	A300120030B	NUMBER(2)	01 ~ 12
观测日	A300120030C	NUMBER(2)	01 ~ 31
观测时	A300120030D	NUMBER(2)	00 ~ 23
观测分	A300120030E	NUMBER(2)	00 ~ 59
观测秒	A300120030F	NUMBER(2)	00 ~ 59
表层水温准确度	A3010100403	VARCHAR2(1)	级
表层水温观测方法	A3010100500	VARCHAR2(1)	直接测温法填"1"；采水测温法填"2"
表层水温观测仪器代码	A3010100608	VARCHAR2(6)	
表层盐度准确度	A3010201200	VARCHAR2(1)	级
表层盐度观测方法	A3010200400	VARCHAR2 (1)	直接测定法填"1"；实验室测定法填"2"
表层盐度观测仪器代码	A3010200508	VARCHAR2(6)	
温度	A3010100100	NUMBER(4,1)	℃
温度质量符	A3010100102	VARCHAR2(1)	按 GB/T 14914 的有关规定填写代码
盐度	A3010200100	NUMBER(3,1)	
盐度质量符	A3010200102	VARCHAR2(1)	按 GB/T 14914 的有关规定填写代码
说明	A3005000100	VARCHAR2(128)	用文字说明，只在每月最后一条记录
密级	A3005000300	VARCHAR2(1)	按 GB/T 7156 的有关规定填写代码
时间戳	XSW090301	TIMESTAMP	数据库记录更新的时间

表 8-4　T021 逐时潮汐测站数据（TSW090401）

数据项名称	代码	类型与长度	备注
PID	PSW090401	NUMBER(10)	主键，唯一且不能为空
MID	MSW090401	NUMBER(10)	元数据记录号
FID	FSW090101	NUMBER(10)	外键，TSW090101 .PSW090101
台站代码	A3011300408	CHAR(4)	
纬度	A3001100200	NUMBER(8,6)	°
经度	A3001100100	NUMBER(9,6)	°

数据项名称	代码	类型与长度	备注
验潮仪仪器代码	A3010900408	VARCHAR2(6)	
水尺零点与基本水准点高程差	A3010900200	NUMBER(7,3)	m
基本水准点高程	A3010900500	NUMBER(5,2)	m
潮高准确度	A3010900803	VARCHAR2(1)	级
密级	A3005000300	VARCHAR2(1)	按 GB/T 7156 的有关规定填写代码
时间戳	XSW090401	TIMESTAMP	数据库记录更新的时间

表 8-5　T021 逐时潮汐数据（TSW090402）

数据项名称	代码	类型与长度	备注
PID	PSW090402	NUMBER(10)	主键，唯一且不能为空
MID	MSW090402	NUMBER(10)	元数据记录号
FID	FSW090401	NUMBER(10)	外键，TSW090401 .PSW090401
观测年	A300120030A	NUMBER(4)	年份，填满四位
观测月	A300120030B	NUMBER(2)	01 ～ 12
观测日	A300120030C	NUMBER(2)	01 ～ 31
观测时	A300120030D	NUMBER(2)	00 ～ 23
观测分	A300120030E	NUMBER(2)	00 ～ 59
观测秒	A300120030F	NUMBER(2)	00 ～ 59
潮高	A3010900800	NUMBER(4)	cm
潮高质量符	A3010900802	VARCHAR2(1)	按 GB/T 14914 的有关规定填写代码
说明	A3005000100	VARCHAR2(128)	用文字描述，只在每月最后一条记录
时间戳	XSW090402	TIMESTAMP	数据库记录更新的时间

表 8-6　T021 逐时潮汐高低朝数据（TSW090403）

数据项名称	代码	类型与长度	备注
PID	PSW090403	NUMBER(10)	主键，唯一且不能为空
MID	MSW090403	NUMBER(10)	元数据记录号
FID	FSW090401	NUMBER(10)	外键，TSW090401 .PSW090401
观测年	A300120030A	NUMBER(4)	年份，填满四位
观测月	A300120030B	NUMBER(2)	01 ～ 12
观测日	A300120030C	NUMBER(2)	01 ～ 31
观测时	A300120030D	NUMBER(2)	00 ～ 23
观测分	A300120030E	NUMBER(2)	00 ～ 59
观测秒	A300120030F	NUMBER(2)	00 ～ 59

续　表

数据项名称	代码	类型与长度	备注
高潮时质量符	A3010900902	VARCHAR2(1)	按 GB/T 14914 的有关规定填写代码
高潮高	A3010901000	NUMBER(4)	cm
高潮高质量符	A3010901002	VARCHAR2(1)	按 GB/T 14914 的有关规定填写代码
低潮时质量符	A3010901302	NUMBER(1)	按 GB/T 14914 的有关规定填写代码
低潮高	A3010901400	NUMBER(4)	cm
低潮高质量符	A3010901402	VARCHAR2(1)	按 GB/T 14914 的有关规定填写代码
时间戳	XSW090403	TIMESTAMP	数据库记录更新的时间

表 8-7　T051 定时气象表头信息（TSW091000）

数据项名称	代码	类型与长度	备注
PID	PSW091000	NUMBER(10)	主键，唯一且不能为空
MID	MSW091000	NUMBER(10)	元数据记录号
FID	FSW090101	NUMBER(10)	外键，TSW090101.PSW090101
台站代码	A3011300408	CHAR(4)	
纬度	A3001100200	NUMBER(8,6)	°
经度	A3001100100	NUMBER(9,6)	°
气压标识符	A3020200406	CHAR(1)	本站气压填空；海平面气压填 "S"
温度标识符	A3010100106	CHAR(1)	已订正气温填空；未订正气温填 "N"
观测场地海拔高度	A3020000600	NUMBER(4,1)	m
气压传感器海拔高度	A3020200500	NUMBER(4,1)	m
风速器离地面或平台高度	A3020400500	NUMBER(3,1)	m
测风平台海拔高度	A3020400100	NUMBER(3,1)	m
气压准确度	A3020200403	VARCHAR2(1)	级；±0.1hPa 填 "1"；±0.5hPa "2"，±1hPa 填 "3"
风向准确度	A3020400703	VARCHAR2(1)	级；±5° 填 "1"；±10° 填 "2"
气压观测仪器代码	A3020200108	VARCHAR2(6)	
风观测仪器代码	A3020400308	VARCHAR2(6)	
气温观测仪器代码	A3020100108	VARCHAR2(6)	
相对湿度观测仪器代码	A3020300108	VARCHAR2(6)	
降水量观测仪器代码	A3020800908	VARCHAR2(6)	
海面有效能见度观测仪器代码	A3020700808	VARCHAR2(6)	
观测年	A300120030A	NUMBER(4)	年份，填满四位
观测月	A300120030B	NUMBER(2)	01 ～ 12
密级	A3005000300	VARCHAR2(1)	按 GB/T 7156 的有关规定填写代码
时间戳	XSW091000	TIMESTAMP	数据库记录更新的时间

表 8–8　T051 定时气象逐时风数据（TSW091005）

数据项名称	代码	类型与长度	备注
PID	PSW091005	NUMBER(10)	主键，唯一且不能为空
MID	MSW091005	NUMBER(10)	元数据记录号
FID	FSW091000	NUMBER(10)	外键，TSW091000 .PSW091000
观测年	A300120030A	NUMBER(4)	年份，填满四位
观测月	A300120030B	NUMBER(2)	01 ～ 12
观测日	A300120030C	NUMBER(2)	01 ～ 31
风向	A3020400700	NUMBER(3)	。
风速	A3020402200	NUMBER(3,1)	m/s
风速质量符	A3020402202	VARCHAR2(1)	按 GB/T 14914 的有关规定填写代码
时间戳	XSW091005	TIMESTAMP	数据库记录更新的时间

表 8–9　T051 定时气象最大 / 极大风数据（TSW091006）

数据项名称	代码	类型与长度	备注
PID	PSW091006	NUMBER(10)	主键，唯一且不能为空
MID	MSW091006	NUMBER(10)	元数据记录号
FID	FSW091000	NUMBER(10)	外键，TSW091000 .PSW091000
观测年	A300120030A	NUMBER(4)	年份，填满四位
观测月	A300120030B	NUMBER(2)	01 ～ 12
观测日	A300120030C	NUMBER(2)	01 ～ 31
观测时	A300120030D	NUMBER(2)	00 ～ 23
观测分	A300120030E	NUMBER(2)	00 ～ 59
观测秒	A300120030F	NUMBER(2)	00 ～ 59
最大风风向	A3020404800	NUMBER(3)	。
最大风风速	A3020404900	NUMBER(3,1)	m/s
最大风风速质量符	A3020404902	VARCHAR2(1)	按 GB/T 14914 的有关规定填写代码
最大风出现时间	A3020405000	VARCHAR2(4)	时分，用四位记录，不足四位高位补 0
极大风风向	A3020405100	NUMBER(3)	。
极大风风速	A3020405200	NUMBER(3,1)	m/s
极大风风速质量符	A3020405202	VARCHAR2(1)	按 GB/T 14914 的有关规定填写代码
极大风出现时间	A3020405300	VARCHAR2(4)	时分，用四位记录，不足四位高位补 0

8.4.3　数据访问

数据库数据访问接口技术的发展经历了开放数据库连接（Open Data Base Connectivity，ODBC）、对象连接与嵌入（Object Link and Embed，OLE DB）、数

据访问接口（Data Access Object，DAO）、远程数据对象（Remote Data Objects，RDO）和数据对象（ActiveX Data Objects，ADO）。ADO 是微软提出的应用程序接口（API），用以实现访问关系型或非关系型数据库数据，是对当前微软所支持的数据库进行操作的最有效和最简单直接的方法，它是一种功能强大的数据访问编程模式。

本章数据访问技术采用 ADO.NET，其名称源于 ADO，它是一组用于和数据源进行交互的面向对象类库，是在 .NET 编程环境中优先使用的数据访问接口。ADO.NET 包含的对象：

● **SqlConnection 对象**

连接指明数据库服务器、数据库名称、用户名、密码，以及连接数据库所需要的其他参数。Connection 对象被 Command 对象使用，用于进行数据库的连接，从而发送 SQL 语句给数据库。

● **SqlDataReader 对象**

SqlDataReader 对象用于获得从 Command 对象的 Select 语句得到的结果。从 Data Reader 返回的数据是快速的且只是"向前"的数据流，能够提高数据返回速度，但是如果需要操作数据，则需使用 DataSet。

● **DataSet 对象**

DataSet 对象是数据在内存中的表示形式。它包括多个 DataTable 对象，而 DataTable 包含列和行，类似于数据库中的数据表。DataSet 在特定的场景下使用，帮助管理内存中的数据并支持对数据的断开操作。

● **SqlDataAdapter 对象**

SqlDataAdapter 对象是用于填充 DataSet 和更新 SQL Server 数据库的一组数据命令和一个数据库连接。它通过断开模型进行 DataSet 数据的填充、更新和修改操作，用于减少数据库访问次数，使程序运行更加高效。

8.5　图形制作与输出

8.5.1　可视化成图类型

海洋水文气象观测数据内容繁杂，格式多样。本章借助于可视化技术手段，在纷繁复杂的观测数据之间建立联系，并用图的形式表现其现象和规律。海洋水文气象信息可视化成图，可以表达信息的维度特征，分为一维图、二维图、三维图、多维图几种类型。

1）一维图：表示某一海洋专有属性值随一维时间或空间特征的变化而变化的统计图，如点图、曲线图、折线图等。

2）二维图：表示某一海洋专有属性值随二维时空特征的变化而变化的统计图，如二维平面分布图、二维断面分布图等。

3）三维图：用（X,Y,Z）三维坐标来表示要素的三维特征。通常，第三维的数值由所要表示的海洋水文气象特征的属性值提供。属性值的值域跨度越大，三维图的立体感相应就越强，其量化表现力也就越强。

4）多维图：主要用于表达区域内某几个要素特征的分布与统计状况。它同时结合了时空维度和要素维度，所表达的信息维度在三维以上（不包括三维），如玫瑰图等。

8.5.2 图形设计

8.5.2.1 AE 专题图程序设计

单幅专题图件的制作输出，可以在 ArcGIS 系统中利用 ArcMap 导入专题数据，对数据图层进行图层渲染，输入地图四至坐标，设置地图边框和打印页面范围，转入地图布局打印输出或导出图形文件即可得到符合要求的专题图。但是对于多年累积的大量数据，仅用 ArcMap 进行人工出图的方法不可取，将严重影响工作效率，经综合分析决定，采用 C# 与 ArcEngine 二次开发的方式进行专题图的程序出图设计。该系统程序的设计思路为：首先进行数据分类，根据海洋水文气象数据特征，将专题图分为单值图和三值图。单值图用于表示要素值的总和，例如降水总量。三值图用于表示要素的最小值、平均值和最大值，例如海水表层温度、海水表层盐度、潮位等。另外，根据观测时间将要素数据按月、季度、半年、年进行分时段统计，分别制作月、季度、半年、年统计专题图。然后是模板文件的设计，制图模板包含数据模型和图形模拟两方面内容。数据模型采用 Excel 表格形式存储当前要素属性信息，在程序设计中根据不同专题要素和统计类型，动态调用数据库数据并导入 Excel 表格文件；图形模拟是对数据图层的图层渲染，其中包含页面布局、格式、样式等信息。最后在 ArcEngine 中加载模板文件，根据不同专题修改模板信息，调用出图函数，导出 jpg 图形文件。实现步骤如下：

8.5.2.1.1 建立数据模板

数据模型是制图模板的重要组成部分，其中包含海洋观测要素的地理坐标、要素名称和要素值。首先建立 Excel 表格文件，命名为 Data.xls，在表格中定义六列数据项，分别为：N 代表要素名称、X 代表经度、Y 代表纬度、Z1 代表最小值、Z2 代表平均值、Z3 代表最大值；在单值图中 Z1、Z2 缺省，Z3 代表要素值总和。程序中根据不同的专题类型，在 Oracle 数据库中动态提取数据，按照统计类型月报、季报、半年报和年报，分别进行极值、平均值和求和计算，将计算结果导入 Data.xls 文件表格。模拟数据表见图 8-2。

	A	B	C	D	E	F
1	N	X	Y	Z1	Z2	Z3
2	小麦岛	120.41667	36.05	6.4	17.43	27.2
3	塘沽	117.67705	38.99372	0.5	14.96	28.5
4	成山头	122.69583	37.38889	4	14.89	24.6
5	秦皇岛	119.61667	39.91667	-0.3	14.91	28.7
6	日照	119.58333	35.46667	5.7	17.6	27.4
7	葫芦岛	120.96667	40.71667	-0.3	14.57	28.1
8	鲅鱼圈	122.1	40.18333	-0.3	14.36	27.2
9	老虎滩	121.68333	38.86667	4.5	15.11	25.2
10	小长山	122.66667	39.23333	2.1	15.9	28.2
11	芷锚湾	119.91667	40	-1.3	13.82	27.2
12	北隍城	120.91833	38.395	7	16.1	24.6
13	龙口	120.22083	37.68361	1.4	15.56	28.4

图 8-2 数据模拟界面

8.5.2.1.2 建立制图模板

ArcMap 靠属性控制符号有五种类型，包括简单要素图（features）、定性分类图（categories）、定量分类图（quantities）、统计图（charts）、多重属性图（multiple attributes）。本程序设计主要实现对各海洋观测要素分时段数据值的统计与图形输出功能，已达到直观表达与横向比较的效果，故采用统计指标图的形式进行图层渲染。在 ArcMap 中新建地图文档，加载行政区划底图图层，选择数据文件 Data.xls 建立数据图层，设置图层属性符号，化为柱状图显示。地图中要标注的字段为 N（台站名称）、Z1、Z2、Z3，标注字段表达式为 "[Z1] &""&[Z2]&""&[Z3]&""&[N]"。输入地图四至坐标，将视图中的地图尺寸与打印设置中的页面尺寸设置为相等，以保证打印输出的图形范围和地图范围相一致。最后在地图中插入图例，设置图例相关参数并保存为 .mxt 模板文件，如图 8-3 所示。

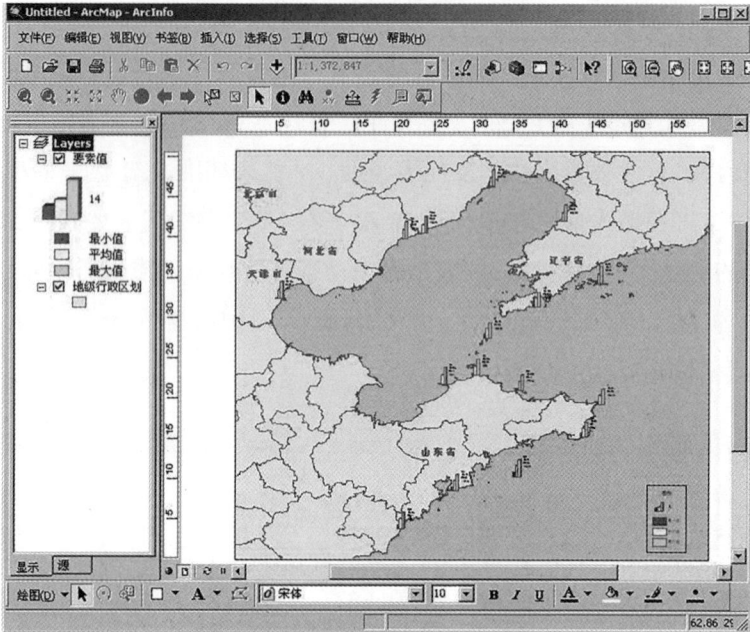

图 8-3　模板文件界面

8.5.2.1.3　程序设计

　　整个制图程序采用循环嵌套设计，最外层为统计年份循环，第二层为统计要素循环，内层为统计值计算循环。程序初始化后只需输入起止年份，点击运行程序将自动循环出图，无需人工干预，系统流程图如图 8-4 所示。本程序设计包括四个主要技术环节，一是提取数据库数据 SQL 语句的编写，二是 Excel 表格数据更新，三是地图模板属性值修改，四是图形文件的输出。

　　结构化查询语言（SQL）是一种通用的、符合工业标准的关系数据库语言。它提供了很多任务命令，包括查询数据，在表中插入、修改和删除记录，建立、修改和删除数据对象，控制对数据和数据对象的存取，并保证数据库的一致性和完整性。以月统计 SQL 语句为例列举如下，其中 max() 是求最大值，min() 是求最小值，avg()

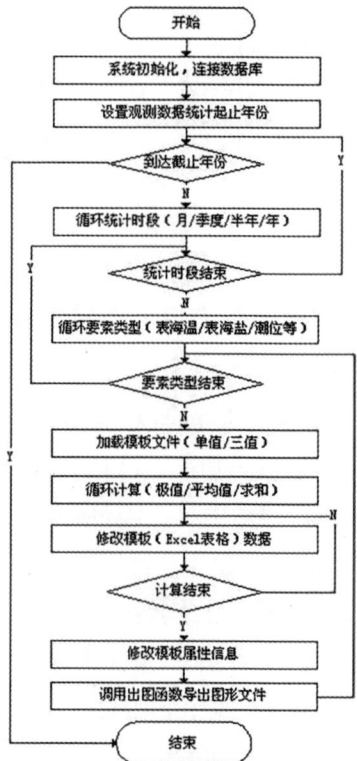

图 8-4　数据库数据提取

是求平均值，sum() 是求和；union 运算符是将两个或多个查询的结果组合为单个结果集，该结果集包含联合查询中的所有查询的全部行；group by 表达式用于结合合计函数，根据一个或多个列对结果集进行分组。

代码清单 8-1　条件查询语句

```
private void MonthStatistic(OracleConnection oraConn, int year, )
    { int i = year;
      for (int j = 1; j <= 12; j++)
       { int k;
         if (cmbType.Text == "三值") //三值图
         {
           if (cmbAlias.Text == "表层海水温度")
          { k = 90;
             Sqlmin = "select A3011300309,A3001100100,A3001100200,m
in(A3010100400) from (" +
             "select...fromTSW090101, TSW091402,TSW091402 where ...
and TSW091402.A300120030A =
             " + i + " and TSW091402.A300120030B = " + j + " and
TSW091402.A3010100400 < " + k + "
               union " + " select...) group by A3011300309,
A3001100100,A3001100200"; //最小值
               Sqlavg = "select ...,round(avg(A3010100400),2) from
(...) group by... ; //平均值
               Sqlmax = "select ...,max(A3010100400) from (...) group
by ..."; //最大值
             }......
       if (cmbType.Text == "单值") //单值图
         {
  SqlSum = "select ..., sum(A3020800200) from (...) group by... ;
//求和
           }......
      }
```

● **Excel 表格数据更新**

Excel 对象模型包含了 128 个从矩形、文本框等简单的对象到透视表、图表等

复杂的对象。本程序用到了最常用的四个对象：Application 对象，处于 Excel 对象层次结构的顶层，表示 Excel 自身的运行环境；Wordbook 对象，直接处于 Application 对象的下层，表示一个 Excel 工簿文件；Worksheet 对象，包含于 Workbook 对象中，表示一个 Excel 工作表；Range 对象，包含于 Worksheet 对象中，表示 Excel 工作表中的一个或多个单元格。在 C# 项目中添加应用 COM 组件 "Microsoft Excel 11.0 Object Library（Office2003）"，将其转换为 .NET 组件，它定义了一个命名空间 Excel，在此命名空间中封装了一个类 Application，这个类和启动 Excel 表格有非常重要的关系。C# 读写 Excel 文件程序如下：

代码清单 8-2　读写 Excel 文件

```
private void ExportData(string exlsqlstring)
    {......// 连接 Oracle 数据库
 Microsoft.Office.Interop.Excel.Application xlApp = new Microsoft.
Office.Interop.Excel.Application();
 xlApp.Application.Visible = false; // 使 Excel 不可视
 Microsoft.Office.Interop.Excel.Workbook xlwb = xlApp.Workbooks._
Open
    (System.Windows.Forms.Application.StartupPath + @"\data.xls",
// 读取 Excel 文件
     Missing.Value, Missing.Value, Missing.Value, Missing.
Value,...);
 Microsoft.Office.Interop.Excel.Worksheet xlws = (Microsoft.Office.
Interop.Excel.Worksheet)
    xlwb.Worksheets;
 xlws.Select(Type.Missing); // 选择工作表 1
 Microsoft.Office.Interop.Excel.Range xlrg = null;
 xlrg = xlws.get_Range(xlws.Cells[2, 1], xlws.Cells[xlws.Rows.
Count, xlws.Columns.Count]);
 xlrg.EntireRow.Delete(Microsoft.Office.Interop.Excel.
XlDeleteShiftDirection.xlShiftUp); // 清空数据
 ......
 xlws.Cells[row, col + 1] = oraDtRd[col]; // 写入数据
 ......
 xlApp.Quit();
```

```
xlApp = null;
    }
```

● 模板文件属性值修改

在 ArcEngine 类库中有大量的 Command 控件用来与地图控件进行操作和交互。其中 PageLayout 控件类似于 ArcMap 桌面应用软件的地图编排界面，用于容纳各种地图编排对象，它有以下属性、方法和和事件：管理控件的外观设置；管理控件的显示属性；管理页面属性；在控件中增加和查找元素；加载地图文档到控件；直接从资源管理器和 ArcCatalog 中拖放数据到控件中；打印页面设计。本程序利用 PageLayoutControl 来加载与管理模板文件，由于 Excel 表格数据是随时变化的，模板中所有跟数据相关的信息都需要修改，包括要素名称、柱状图显示的最大高度以及图例属性。程序实现分为以下几步：获取当前图层并设置为 IGeoFeatureLayer 的实例，定义柱状图渲染组件对象并设置为 IChartRenderer 的实例，通过查找 features 的所有字段的值，计算出数据字段的最大值，作为设置柱状图的比例大小的依据；柱状图各列显示字段在 IRenderFiles 中指定；用 IChartRenderer.CreateLegend 方法重新建立图例；在 PageLayoutControl 的地图容器中对图例的刷新是不可缺少的一步，以保证图例数据显示与以上的数据更新相一致。

代码清单 8-3　模板加载与更新

```
private void ExportJPEG(string sFileName)
{
axPageLayoutControl1.LoadMxFile(sFileName); //加载模板
ILayer pLayer = axPageLayoutControl1.ActiveView.FocusMap.get_
Layer(0); //获取当前图层
IFeatureLayer pFeatureLayer = pLayer as IFeatureLayer;
IGeoFeatureLayer pGeoFeatureLayer = pLayer as IGeoFeatureLayer; //
设置 IGeoFeatureLayer 的实例
IChartRenderer pChartRenderer = (IChartRenderer)pGeoFeatureLayer.
Renderer;
ITable pTable = pGeoFeatureLayer as ITable;
IQueryFilter filter = new QueryFilterClass();
filter.AddField("Z3");
ICursor pCursor = pTable.Search(filter, true);
IDataStatistics pDataStatistics = new DataStatisticsClass();
```

```
pDataStatistics.Cursor = pCursor;

pDataStatistics.Field = "Z3";

double pMaxValue = pDataStatistics.Statistics.Maximum;

IChartSymbol pChartSymbol = (IChartSymbol)pChartRenderer.
ChartSymbol;

pChartSymbol.MaxValue = pMaxValue; // 计算出数据字段最大值作为设置柱状图
比例大小的依据
        IRendererFields pRendererFields = (IRendererFields)
pChartRenderer;
    pRendererFields.set_FieldAlias(0, "最小值"); ......
pChartRenderer.Label = cmbAlias.Text;

pChartRenderer.CreateLegend();

pGeoFeatureLayer.Renderer = (IFeatureRenderer)pChartRenderer;

axPageLayoutControl1.GraphicsContainer.Reset();
        IElement pElement = axPageLayoutControl1.GraphicsContainer.
Next();
        while (pElement != null)
        {
            if (pElement is IMapSurroundFrame)
            {
                    IMapSurroundFrame pMapSurround = pElement as
IMapSurroundFrame;
                    pMapSurround.MapSurround.Refresh(); // 刷新图例
            }
                    pElement = axPageLayoutControl1.GraphicsContainer.
Next();
        }
        axPageLayoutControl1.ActiveView.ContentsChanged();
            axPageLayoutControl1.Refresh(esriViewDrawPhase.
esriViewGeography, null, null);
......
        axPageLayoutControl1.ActiveView.FocusMap.ClearLayers();
            axPageLayoutControl1.GraphicsContainer.
DeleteAllElements();
    }
```

● **图形文件输出**

ArcEngine 提供了多种地图输出方式，包括文件方式和打印等，这些方式受不同参数的控制，有着不同的效果。本程序采用 IActiveView 接口下的 Output 方法，具体输出格式受 IExport 类型限制，如 Export bmp、Export png、Export jpeg 等。将地图导出为图片的过程如下：建立导出类 IExport 实例；准备要导出的地图范围；开始导出（从导出类中获取输出设备 hDC）；调用 IActiveView 的 Output 方法；结束导出；清除导出类。

代码清单 8-4　图形输出

```
private void ExportJPEG()
{
    saveFileMxt.Title = "导出图像";
    saveFileMxt.Filter = "图像格式 (*.jpg)|图片文件 (*.jpg)";
    IExport pExport = null;
    pExport = new ExportJPEGClass(); //出图格式
    int reslution = int.Parse(txtPixl.Text);
    pExport.Resolution = reslution; //分辨率
    tagRECT ptagRect = axPageLayoutControl1.ActiveView.ExportFrame;
//定义图形尺寸和输出范围
    IEnvelope pEnv = new EnvelopeClass(); //通过当前地图框架得到相对
位置
    pEnv.PutCoords(ptagRect.left, ptagRect.top, ptagRect.right,
ptagRect.bottom);
    pExport.PixelBounds = pEnv;
    int hDC = pExport.StartExporting();
    axPageLayoutControl1.ActiveView.Output(hDC, reslution, ref
ptagRect, null, null);
    pExport.FinishExporting();
    pExport.Cleanup();
    System.Runtime.InteropServices.Marshal.
ReleaseComObject(pExport);
}
```

8.5.2.2　玫瑰图程序设计

在海洋工程建设中，风力的计算已成为海洋建筑物设计不可缺少的条件。为了利用良好的天气进行施工、作业以及钻井船、预制沉箱拖航等，必须了解工作海区常年风的规律及特点，并通过绘制风玫瑰图等方法，进一步掌握风对建筑物的影响。同时，风力发电已成为继水利发电之后最具竞争力的可再生能源，未来几十年风力发电产业将持续高速发展。风玫瑰图作为风电场设计前期必不可少的分析工具，愈加受到风力资源评估、风力发电研究等新能源开发者和建设者的重视。风玫瑰图在城市规划、气象统计、工业布局等方面也有十分广泛的应用。本节以黄渤海区海洋站定时气象逐时风数据为例，阐述利用存储过程进行数据提取、分析与统计的方法，并在 C# 开发的环境下，通过编程实现各海洋站风玫瑰图的自动成图设计。为了达到良好的视图效果，本课题利用绘图工具 GDI+ 完成玫瑰图的设计。

8.5.2.2.1　风玫瑰图的概念

风玫瑰图也叫风向频率玫瑰图，它根据某一地区多年平均统计的各个风向和风速的百分数值，以及一定比例绘制，一般多用 8 个或 16 个罗盘方位表示，由于形状酷似玫瑰花朵故名。玫瑰图上所表示的风向，是指从外部吹向地区中心的方向，各方向上按统计数值画出的线段，表示此方向风的频率，线段越长表示该风向出现的次数越多。将各个方向上表示风频的线段按风速数值百分比绘制成不同颜色的分线段，即表示出各风向的平均风速，此类统计图称为风频风速玫瑰图。

风是空气从高压区向低压区的流动。风的特征可以用风速和风向来表示。风向是风吹来的方向，表示风向的特征指标叫做风向频率。风速是指空气在单位时间内流过的距离，单位一般用 $m \cdot s^{-1}$。为了便于使用，蒲福氏风级（Beanfort Wind Scale）将风速的大小划分为 13 级，后经完善成为现在通用的风级表（表 8-10）。风向一共分为 16 个方位，以北向为起始点，每隔 22.5° 确定一个风向，分别为北（N）、东北偏北（NNE）、东北（NE）、东北偏东（ENE）、东（E）、东南偏东（ESE）、东南（SE）、东南偏南（SSE）、南（S）、西南偏南（SSW）、西南（SW）、西南偏西（WSW）、西（W）、西北偏西（WNW）、西北（NW）和西北偏北（NNW）。

表 8-10　风级表

风力等级	名称	相当风速 / m·s⁻¹	风力等级	名称	相当风速 / m·s⁻¹
0	静风	0 ~ 0.2	9	烈风	20.8 ~ 24.4
1	软风	0.3 ~ 1.5	10	狂风	24.5 ~ 28.4
2	轻风	1.6 ~ 3.3	11	暴风	28.5 ~ 32.6
3	微风	3.4 ~ 5.4	12	飓风	32.7 ~ 36.9
4	和风	5.5 ~ 7.9	13		37.0 ~ 41.4
5	清劲风	8.0 ~ 10.7	14		41.5 ~ 46.1
6	强风	10.8 ~ 13.8	15		46.2 ~ 50.9
7	疾风	13.9 ~ 17.1	16		51.0 ~ 56.0
8	大风	17.2 ~ 20.7	17		56.1 ~ 61.2

8.5.2.2.2　数据分析与数据提取

本节数据采用海洋环境基础数据库中的黄渤海区海洋站定时气象逐时风数据。数据的统计分析参照《海滨观测规范》标准，数据的提取、计算采用临时表和存储过程的方式完成。统计方式分逐年、逐季、逐月和跨时段（图 8-6 ~ 图 8-8）。所有符合绘制玫瑰图的数据由程序统一循环提取、分析计算、制图输出，无需人工干预（图 8-5）。

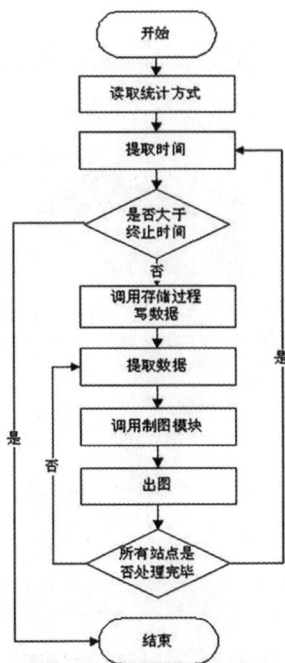

图 8-5　程序流程图

站位: 千里岩海洋站
时间: 2011年
名称: 风频风速玫瑰图

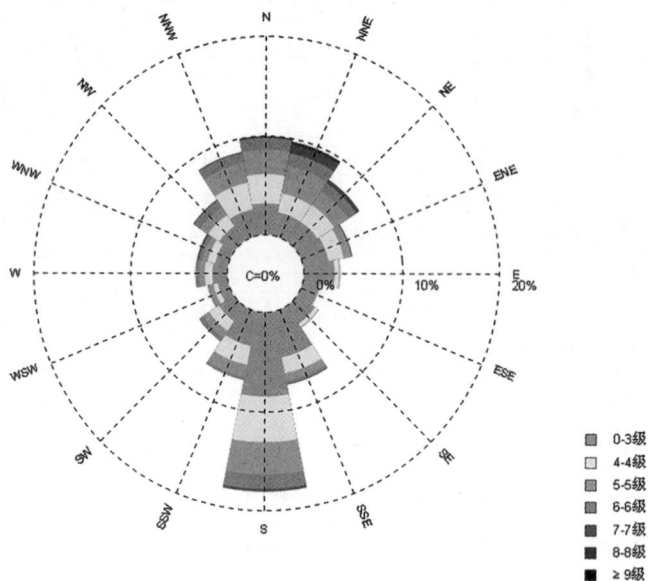

图 8-6　年度统计图

站位: 龙口海洋站
时间: 2009年11月—2011年8月
名称: 风频风速玫瑰图

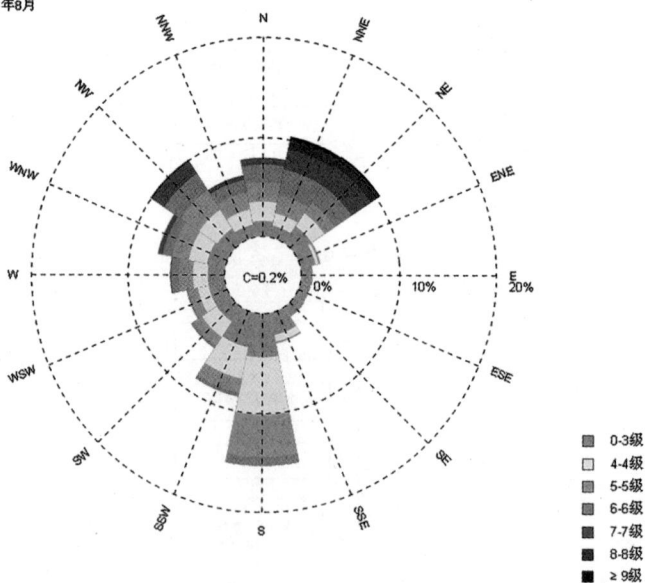

图 8-7　跨时间段统计图

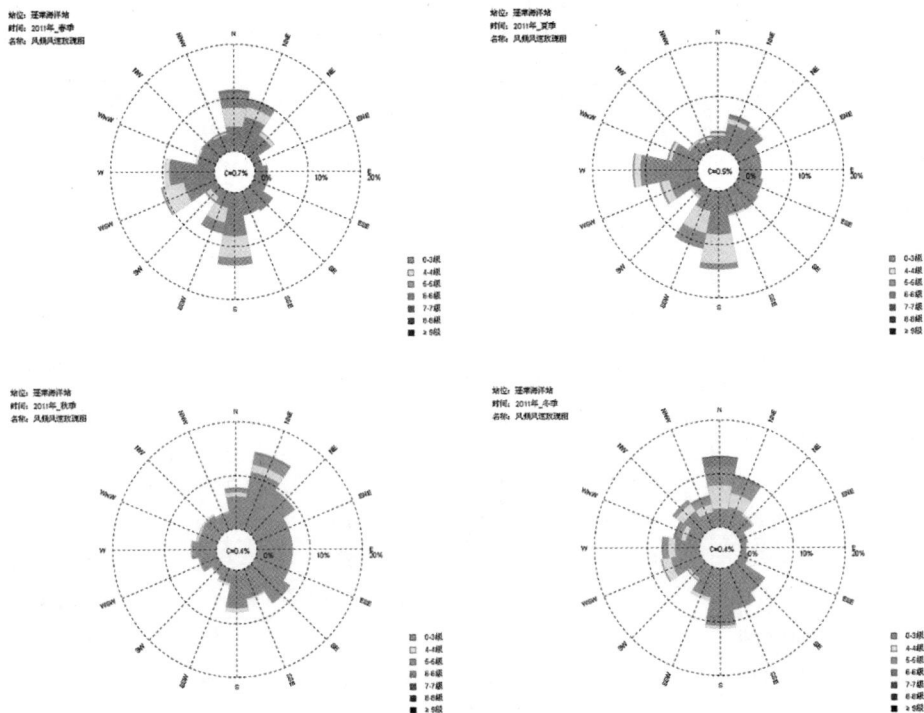

图 8-8　季度统计图

● **数据分析**

数据表中风向数据除静风 C 以外，其余 16 个方位是字符型存储格式存储的数字信息。首先将数字数据转换成各风向，依次为 N ~ NNW，同时将未观测（默认值）或异常数据剔除；第二步统计各海洋站有效观测总次数和各海洋站各风向观测总次数，从而计算出各站各向风频率；第三步提取各海洋站风速数据，按照风级表分为 7 个等级，其中风速在 0 ~ 5.4 m·s^{-1} 之间为 0 ~ 3 级，风速 ≥ 20.8 m·s^{-1} 为 ≥ 9 级，具体参照风级表（表 8-10）；第四步统计各海洋站各风向各级风总次数，结合上述各海洋站各风向观测总次数计算出各站各项各级风频率，其频率决定玫瑰图中各向各分线段的长度；第五步统计除静风 C 以外各站所有风向频率最大值，其值决定玫瑰图外围圈数，此处以 10% 为数量级；最内圈标出静风频率数（表 8-11）。

表 8-11　2011 年风向风速频率统计表

各站风向频率统计值			千里岩海洋站统计值			
站位号	站位简称	各向最大频率	方位	风向频率	风级	N 向风级频率
1201	塘沽	0.104	N	0.100	3 级	0.322
1302	秦皇岛	0.098	NNE	0.097	4 级	0.291
1309	京唐港	0.083	NE	0.075	5 级	0.251
1310	曹妃甸	0.101	ENE	0.051	6 级	0.114
1311	黄骅	0.115	E	0.037	7 级	0.017
2101	葫芦岛	0.121	ESE	0.019	8 级	0.005
2104	鲅鱼圈	0.166	SE	0.026	风级	E 向风级频率
2106	芷锚湾	0.129	SSE	0.075	3 级	0.857
2107	温坨子	0.145	S	0.180	4 级	0.118
……	……	……	SSW	0.071	5 级	0.025
3725	千里岩	0.180	SW	0.044	风级	S 向风级频率
3730	小麦岛	0.159	WSW	0.022	3 级	0.473
3731	日照	0.220	W	0.034	4 级	0.254
3736	黄河海港	0.126	WNW	0.033	5 级	0.176
3737	小岛河	0.194	NW	0.051	6 级	0.081
3739	潍坊	0.182	NNW	0.086	7 级	0.015
3730	岚山	0.117	C	0	……	……

● 使用存储过程

　　存储过程是一组为了完成特定功能的 SQL 语句集，经编译后存储在数据库中。存储过程由 SQL 语句和流程控制语句组成，用户通过制定存储过程的名字并给出参数来执行它。作为数据库系统中极其重要的数据对象，存储过程有执行速度快、可重复使用、安全性高等诸多优点。本节所用定时气象逐时风数据截止到 2011 年，包含 300 万条数据。程序执行过程中要反复提取计算各海洋站各时段数据，采用存储过程进行统计计算将大大提高工作效率。创建临时表，用于存储中间计算和结果数据。创建临时表的语句为：

代码清单 8-5　存储过程读写数据

```
CREATE TABLE #FX_TEMP(
    ID int IDENTITY(1,1) NOT NULL,
    A3011300408 nvarchar(6),
    ……
    primary key(ID)
```

```
);
```

存储过程部分代码如下：

```
CREATE PROCEDURE [dbo].[RoseMap]
@r_year INT,@r_month INT,
@r_year2 INT,@r_month2 INT,@r_type INT
AS
BEGIN
IF(@r_type==1)-- 年度统计
{
INSERT INTO FX_TEMP
SELECT DataTSW091000.A3011300408,
LTRIM(RTRIM(DataTSW091005.A3020400700)) A3020400700,……
FROM DataTSW090101,DataTSW091000,DataTSW091005 WHERE ……
}ELSE IF(@r_type==2)-- 季度统计
{……}
-- 数据转换
UPDATE FX_TEMP SET A3020400700=
CASE
WHEN CAST(A3020400700 AS INT)>=0 AND CAST(A3020400700 AS INT)<=11
THEN 'N'
WHEN CAST(A3020400700 AS INT)>=12 AND CAST(A3020400700 AS INT)<=33
THEN 'NNE'
……
WHEN CAST(A3020400700 AS INT)>=349 AND CAST(A3020400700 AS
INT)<=359 THEN 'N'
ELSE NULL
END ……
-- 计算各站各向频率 ……
-- 计算各站各向各级风频率 ……
-- 提取各站频率最大值
INSERT INTO FX_GZMAXPL
SELECT A3011300408,MAX(GXPL) AS MAXPL,A3011300309
FROM FX_GZGXPL WHERE A3020400700!='C' GROUP BY
A3011300408,A3011300309
END
```

8.5.2.2.3　风玫瑰图程序设计

图形制作采用编程语言 C# 和绘图工具 GDI+ 开发完成。GDI+ 是 .NET Framework 的新类库，用于图形编辑。它提供的工具可以在任何绘图表面上绘制二维"线框图"，包括绘制线条、图形、多边形、曲线、各种笔刷和钢笔。GDI+ 的所有函数都保存在 System.Drawing.dll 程序集中，本程序设计引用了 System.Drawing（提供基本的图形功能）和 System.Drawing.Drawing2D（提供高级光栅和矢量图形功能）。Graphics 类是 GDI+ 类的核心，本程序使用 Image 类的派生类创建 Graphics 对象，以便于后期对图像的处理。

● 图形绘制

提取统计数据最大风向频率数，在极坐标底图上，以 10% 为数量级，以中心圆半径加固定半径差为外圆半径，绘制玫瑰图外围圆；然后以中心点为原点，绘制 16 个方位长度为最大外围圆半径的线段，端点坐标可由以下公式求得。公式中所用方位角为弧度制，计算时需要角度与弧度的转换。

double radians =（ math.PI / 180 ）* degrees;

$$\begin{cases} x = r \cos \alpha \\ y = r \sin \alpha \end{cases}$$

风向风速频率线绘制的角度换算方法同上。绘图时前者使用 Pen 对象的 drawLine 方法，后者使用 Brush 对象的 FillPie 方法。图例使用 Font 对象的 DrawString 方法生成。

● 图形输出

使用系统提供的 BitBlt 函数截取窗口图像保存至文件输出。BitBlt 函数属于 API 位图、图标和光栅运算类函数，其作用是将某一内存块的数据传送到另一内存块，前一内存块被称为"源"，后一内存块被称为"目标"图像程序，开发者可以使用此函数从原设备上下文中拷贝一张 Bitmap 图像至目标设备。C# 对函数的引入操作如以下代码所示：

代码清单 8-6　BitBlt 函数截图与保存

```
[DllImport("gdi32.dll", CharSet = CharSet.Auto, SetLastError =
true, ExactSpelling = true)]
public static extern int BitBlt(HandleRef hDC, int x, int y, int
nWidth, int nHeight, HandleRef hSrcDC, int xSrc, int ySrc, int
dwRop);
private void output(Graphics gf, Graphics gfSave, Bitmap
bmSave,Panel pnlrose,int type,string dateName, int i)
    {
            HandleRef hDcSave = new HandleRef(null, gfSave.
GetHdc());
        HandleRef hDcSrc = new HandleRef(null, gf.GetHdc());
            BitBlt(hDcSave, 0, 0, pnlrose.Width, pnlrose.Height,
hDcSrc, 0, 0, 0xcc0020);
            gf.ReleaseHdc();
            gfSave.ReleaseHdc();
            bmSave.Save(Application.StartupPath + "\\rosemap\\" +
type.ToString() + "\\" + dateName + "_" + i + ".jpg");
        }
```

8.5.2.3　3D 图形设计

三维图形是指在二维图形的基础上加载高度值以形成体积面，使其具备立体空间感，从而达到特定的显示效果。ArcScene 是 ArcGIS 三维分析模块的一部分，它具有管理 3D GIS 数据，进行 3D 分析、编辑 3D 要素、创建 3D 图层以及把二维数据生成 3D 要素等功能。

对于海洋水文气象信息如海水温度、盐度等，可以用 3D 表现图的形式进行可视化表达。这种 3D 表现图是一种表示要素值大小特征的虚拟景观图，其中 Z 坐标表示某一观测要素值，比如温度值、盐度值等。要素值较小的地方，图形表现为凹陷特征，值越小，凹陷越深；要素值较大的地方，图形表现为突起的特征，突起越高，代表值越大。3D 表现图可以更直观、生动地得到某一要素特征的分布情况，丰富了海洋水文气象信息的可视化表达形式。3D 表现图可用于表达的海洋水文气象要素包括水位、水温、盐度、降水量、波高等。

由于数据库中对于连续区域水文气象观测的数据记录还不完整，因此模拟了生成 3D 表现图所需的数据。以降水量为例，图形生成过程为：在 ArcScene 中加载降水量矢量图层，利用 3D 分析工具将图层进行 IDW 插值运算，选择要插值的字段为降水量，将矢量图层转换成栅格图形。然后在图形属性 base height（高层）选项卡中选择插值表面文件，即用插值结果来显示同一插值表面的高程，生成三维显示效果图（图 8-9）。

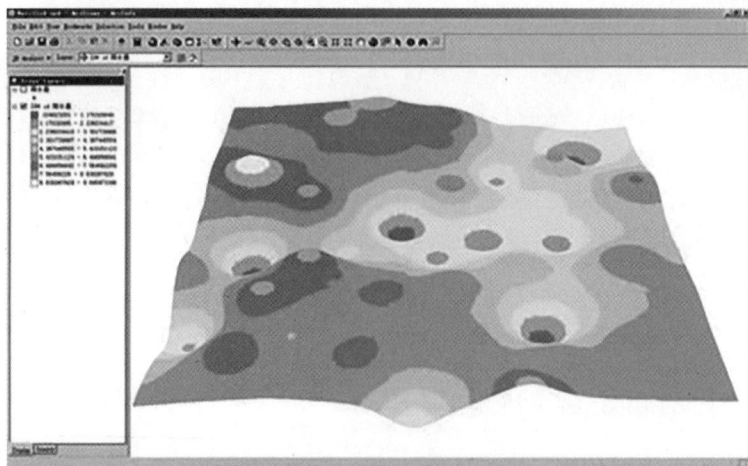

图 8-9　三维显示效果图

8.5.2.4　其他图形设计

一维图可表示空间的某个点、某个要素值随时间连续变化的统计图。例如海表温 / 时间、海表盐 / 时间、潮位 / 时间、气压 / 时间、气温 / 时间等；二维平面分布图可表达的要素有：海表温、海表盐、海冰等（图 8-10）。

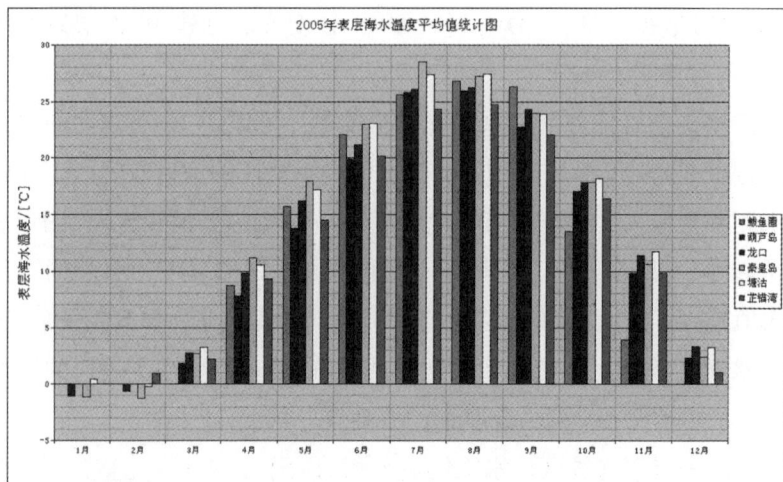

图 8-10　二维显示效果图

8.6　总结与展望

本章从北海区海洋环境基础数据的数字化、可视化现状出发，分析了当前海洋信息数据管理与利用的方式方法，论述了可视化技术在信息管理与"数字海洋"工作中的重要性和必要性。同时在理论研究和借鉴前人研究方法的基础上，结合 GIS、GDI+ 等可视化技术，对北海区海洋观测数据进行了定量、定性分析和数据浅层挖掘与可视化成图的初步探试。尽管取得了一些研究成果，并且已经在"数字海洋"北海分局节点测试运行，但是在数据成图与可视化表达、数据组织方面仍存在一些问题，还需进一步的研究与探讨。

参考文献

［1］ 王印红，王琪. 海洋强国背景下海洋行政管理体制改革的思考与重构［J］. 上海行政学院学报，2014（5）：102-106.

［2］ 吕建华，管晓. 我国海洋行政执法监督主体的发展趋势探究［J］. 成都行政学院学报，2014（4）：32-35.

［3］ 罗万华，刘礼勇，周祥军，等. 交通行政执法信息化技术研究与应用［J］. 数字技术与应用，2014（6）：122+124.

［4］ 傅启明，康永. J2EE 架构的 B/S 系统监控平台［J］. 计算机系统应用，2015（6）：81-84.

［5］ 张建辉，张洁. 基于 SOA 的海洋执法信息共享平台建设［J］. 地理空间信息，2013（1）：7-10.

［6］ 何丽金，徐舜，赵秋萍. 信息化在港口行政执法中的应用［J］. 中国交通信息化，2011（S2）：76-79.

［7］ 孙树峰. 基于网络信息共享的案件处置与执法监督系统设计与应用［J］. 武汉公安干部学院学报，2010（1）：5-11.

［8］ 张良. 构建中国海洋行政管理综合协调机制［D］. 湛江：广东海洋大学，2012.

［9］ 张洁. 海洋行政执法文书管理系统开发与应用［D］. 青岛：中国海洋大学，2012.

［10］ 潘高峰. 基于 J2EE 技术的行政执法管理系统的设计与实现［D］. 长春：吉林大学，2015.

［11］ 袁雪梅. 海洋水文气象观测描述模型研究与应用［D］. 青岛：中国海洋大学，2011.

［12］ AESCHLIMANN M, DINDA P, KAILIVOKAS L, et al. Preliminary Report on the Design of a Framework for Distributed Visualization［C］. Las Vegas: Conference on

Parallel and Distributed Processing Techniques and Applications，1999.

［13］詹林. 基于 GIS 的土地专题图的制图概括技术［J］. 测绘通报，2005(10)：50-53.

［14］王英梅，刘闯.国内外海洋资源环境信息系统研究现状与发展趋势［J］.资源科学，1999，21(6)：75-79.

［15］徐以涛，陈运鹏，张冬梅，等. 数字信号处理［M］.西安：西安电子科技大学出版社，2009.

［16］赵毅. 数字滤波的程序判断法和中值滤波法［J］.仪表技术，2001（4）：34.

［17］纪晓彤. 实际应用中的一种数字滤波方式［J］.山东科学，2000（1）：62-64.

［18］曹丽娟，张莉，陈烽. AE 环境下海洋观测数据专题图自动成图设计［J］. 地理空间信息. 2012，10（1）：164-168+6.

［19］翁跃宗，许建峰. 疏浚驳船吃水监测系统开发与应用［J］. 上海海事大学学报，2010，31（2）：28-31.

［20］袁博，邵进达. 地理信息系统基础与实现［M］.北京：国防工业出版社，2006.

［21］修文群，池天河. 城市地理信息系统［M］.北京：希望电子出版社，2001.

［22］王红梅，郝天姚，张明华. 面向海洋油气资源综合预测的海洋地理信息系统研究［J］.中国图象图形学报，2000，5(10)：868-872.

［23］BRYLA B, LONEY K. Oracle Database 11g DBA 手册［M］.刘伟琴，译.北京：清华大学出版社，2009.

［24］王珊，萨师煊. 数据库系统概论［M］. 北京：高等教育出版社，2006.

［25］宋小冬，钮心毅. 地理信息系统实习教程［M］. 北京：科学出版社，2007.

［26］臧武军. 用 Visual C# 调用 Excel 的编程方法［J］. 计算机与网络，2007（21）：62-63.

［27］杨章伟. 精通 SQL 语言与数据库管理［M］.北京：人民邮电出版社，2008.

［28］董胜，孔令双. 海洋工程环境概论［M］.青岛：中国海洋大学出版社，2005.